理系受験専用

化学の解法フレーム

Frameworks for Chemistry Entrance Exams

『無機化学・有機化学編』

犬塚壮志 Masashi Inutsuka

かんき出版

はじめに

「無機と有機って、ひたすら暗記がんばれば大丈夫ですよね？」

無機化学や有機化学の勉強の仕方で、生徒からよくされる質問です。結論から言うと、半分正解、半分誤りです。なぜか？　それは、「無機や有機の入試問題には、暗記しただけでは解けないものがあるから」です。

無機化学、有機化学は理論化学に比べて覚えるべき用語は多い。これはまぎれもない事実です。多くの物質名や性質はどうしても丸暗記が必要です。また、化学反応式の丸暗記にも注力する人もいるでしょう。

「暗記を懸命にがんばった！　すべての問題が解ける！」

こう思って早速問題に取り組むと。手も足も出ない問題が結構ある……。

何が言いたいのか？　「暗記はムダだ」と言っているのではありません。暗記は絶対必要です。私が強く言いたいのは**「暗記に逃げるな」**ということ。暗記“だけ”では、決して解決しないのです。

●暗記は最低限！　解き方をパターン化せよ！

本書『化学の解法フレーム［無機・有機編］』を手にとっていただき、誠にありがとうございます。著者の犬塚壮志といいます。

現在私は、東京都豊島区にある「The☆WorkShop（ワークショップ）」という大学受験専門塾を経営するかたわら、「JUKEN 7（ジュケンセブン）」という学習コンテンツを提供する総合サイトで講師を務めています。

元々は駿台予備学校で10年間登壇していました。実は私も高校生のころ、無機と有機は丸暗記で済ませてしまいたい、そう思っていました。

ただ、いつまでたっても思ったような成果を得ることはできなかったため、「丸暗記を一生懸命がんばる」という学習戦略を捨てることにしました。

そして、そこから私は、なぜ暗記だけでカバーし切れないのか？　どうすれば暗記に頼らない得点力が身につくのか？　まずはそこから徹底的に考えることにしました。そして、ある活路を見出したのです。

●偏差値40台から生徒が次々に難関大に合格！

まず、無機化学は、物質名や特徴（色や臭い）など丸暗記が必要なもの以外の暗記は極力しないことに決めました。例えば化学反応式などです。

次に、理論化学をベースに作成方法をパターン化し、入試で初見の物質が出題されても即時対応できるようにしました。有機化学は、無機化学と同じような方法に加え、構造式の推定の仕方や有機特有の計算問題への対処方法をパターン化し身につけることに専念しました。

予備校講師になってから、私のパターン化した解法を実際に生徒に使ってもらいながら再現性を確かめました。また、生徒からフィードバックをもらってブラッシュアップし精度を高めていきました。

このような方法で創り上げた解法を、講義や季節講習会の中で伝えていったところ、結果を出す生徒が続出しました。偏差値40台から東大へ現役合格した生徒、何年も浪人していたけど私の受け持った年に医学部に合格した生徒。こういった経緯で生まれた**解き方をまとめた**のが本書です。

●「解き方」をまとめた唯一無二の本

本書の最大の目的は、理論化学編と同様、「良問を通して解法スキルを体系的に学び、最短で習得すること」です。化学の基本を面白おかしく学ぶわけでも、知識をとことん詰め込むことでもありません。

あくまで、問題を解くことだけに徹底的にこだわったノウハウと習得方法を、「フレーム」という言葉を通じて伝えていくことが最大の目的です。

ここでいう「フレーム」とは、ざっくりいうと、「解き方」や「考え方」の型のことです。**「問題を解く」という行為に関しては、当たり前ではあるのですが、ある程度決まった考え方や思考プロセスのパターンが存在します。**こと入試問題においては、それは顕著です。

その一方で、「知識」は体系的に教えている本があるのに、なぜか「解き方」を体系的に教えている本はほとんど見当たりません。

●受験勉強は効率よく！

本書はこの**「解法フレーム」というものを使って、再現性（苦手な人でも再現できる）と汎用性（類題にも使える）を最重要視した解き方を指南**していきます。「１を学んだら、10解けるようになる」。最小限の労力で、最大の成果を。本書はいわゆるコスパやタイパを徹底的に追求しています。

浮いた時間は、ぜひ他教科の学習に充ててください。

●選び抜いた良問だけを掲載しました！

本書内の「実践問題」は、解法フレームを最短で習得するために、万単位の数の問題から時間をかけて選び抜いた秀逸な問題ばかりです。

問題そのもののレベルや大学にばらつきはありますが、それは解法フレームを使いこなすための必然だとお考えください（身につけやすいシンプルな解法フレームもあれば、ステップが多かったり、習得に時間を要したりする解法フレームもありますから）。

●本書の進め方

なお、**本書は初めから丁寧に読み進める必要はありません。**
「本書の使い方」を読んだら、「もくじ」のページからキミの気になるテーマを選び、そこから読み始めてください。各テーマでは「解法フレーム」の説明がありますので、そこをざっと目を通したら、そのテーマにあたる「実践問題」をさっそく解いてみてください。

その際、フレームをどう使えるのかを意識してください。試行錯誤する分には構いませんが、３分間以上手が止まってしまうなら、すぐに解説に移ってくださいください。また、初見では「目標時間」は気にしなくて構いませんが、最終的にはその目標時間内に解けることをめざしてください。

答えが合っていなかった場合、解説は読むのではなく、やってください。手を動かしながら、反応式の作成の流れや構造式の変化の流れを自分自身で確認することが重要です。つまずいた箇所や見落としていたポイントなどに気づいたら、本書にどんどん書き込んでください。

答えが合っていたとしても、念のため解説には必ず目を通してください。キミの解き方がフレームの解き方と同じだったか、違っていたのか。違っていたら、どう違っていたのか。答えが合っていても、たまたま今回合っていただけで、他の問題に対応できるかを謙虚に考えてみてください。

もちろん、私の「解法フレーム」よりも、再現性・汎用性の高い解法で、しかも目標時間内に解くことができたなら、それはぜひメモに残し、使いこなせるようにしておいてくださいね。

なお、不足している知識があれば、別途補うようにしましょう。

謝辞

本書の刊行にあたり、多くの方々にお世話になりました。かんき出版の荒上和人さんには本書の執筆の機会を与えていただき、企画・編集の面で大変お世話になりました。遅筆な私の原稿を辛抱強く待ってくださり、本当にありがとうございました。駿台予備学校の三門恒雄先生と坂元亮先生にはには、助言・校正の面でご協力いただきました。ご多忙中にも関わらず、本書のために多くの時間を割いていただき、本当にありがとうございました。The ☆ WorkShop・JUKEN7・駿台予備学校の諸先輩方や同期がいたからこそ、本書を出すことができたと思っています。感謝の気持ちでいっぱいです。

いつも温かいサポートをしてくれた妻とお義父さん・お義母さん。うちの両親。家族の支えがあって今の自分がいます。心より感謝申し上げます。

そして、何より私の生徒たち。今現在も目の前で授業を受けてくれている生徒、カメラの向こうで受けてくれいる生徒。すでに大学生や社会人になっている元教え子たち。キミたちがいなかったら今の私はいません。この本も生まれていません。本当に本当にありがとう。

これからの時代はキミたちの時代です。本書がその礎になれることを心より願っています。

2024年1月吉日 犬塚壮志

無機編

第1章 化学反応

第2章 実験

第3章 化学工業①（金属）

第4章 化学工業②（非金属）

有機編

第1章 構造決定の基礎フレーム

第2章 構造推定①（分解なし）

カバーデザイン◎根本佐知子(梔図案室)
本文デザイン◎二ノ宮匡(ニクスインク)
DTP◎ニッタプリントサービス
編集協力◎北林潤也(オルタナプロ)

本書の特長と使い方

本書の内容は、化学［無機化学・有機化学］の問題の解き方に特化しています（ですから、高校化学で扱われる知識を体系的に学ぶ内容にはなっていません）。各単元の問題を解くために必要な考え方を「フレーム」として習得し、それを実際に使って解いてみる「実践」を繰り返すことで、あらゆる問題に対応できる力を効率よく身につけることができます。
本書を有効活用し、大学入学共通テストから難関私立大、難関国公立大2次試験まであらやる試験に対応できる実力を獲得しましょう。

問題を解くために必要な考え方を「フレーム」として提示しました。知識を身につけたつもりでも、なかなか点数に結びつかない場合、せっかくの知識が十分に使いこなせていないことに原因があります（そのような受験生をたくさん見てきました）。この考え方を身につければ、知識の実際の使い方がわかり、同単元のどのような問題にも応用できるようになります。

テーマ 7

気体の推定

フレーム 7

◎推定のフロー

見た目(色)・におい ──→ 検出反応

◎気体の性質・検出反応一覧

種 類	気 体	性 質		検出反応
		色	におい	
中性気体	H_2	無色	無臭	爆発的に燃焼
	N_2	無色	無臭	不活性
	O_2	無色	無臭	助燃性あり
	O_3	淡青色	特異臭	ヨウ化カリウムデンプン紙を青変
	CO	無色	無臭	毒性あり，還元性あり
	NO	無色	無臭	空気と触れると赤褐色に変化
酸性気体	Cl_2	黄緑色	刺激臭	ヨウ化カリウムデンプン紙を青変
	F_2	淡黄色	刺激臭	水と激しく反応する
	CO_2	無色	無臭	不燃性，石灰水を白濁
	NO_2	赤褐色	刺激臭	−
	SO_2	無色	刺激臭	還元性・漂白作用あり
	H_2S	無色	腐卵臭	$Pb(CH_3COO)_2$ aq で黒色沈殿
	HCl	無色	刺激臭	NH_3 と反応し白煙発生
	HF	無色	刺激臭	ガラス(主成分 SiO_2)を溶かす
塩基性気体	NH_3	無色	刺激臭	HCl と反応し白煙発生

実践問題　　1回目　2回目　3回目

目標：5分　実施日：　／　　／　　／

次の文章を読み，**問**に答えよ。

下記の気体のうち，8種類の気体 A，B，C，D，E，F，G，H について，いくつかの性質を①から⑧に記している。

水素　酸素　窒素　塩素　塩化水素
フッ化水素　硫化水素　二酸化窒素　二酸化炭素　二酸化硫黄
一酸化窒素

身につけた「フレーム」を「実践問題」を解くことで、確実に自分のものにしましょう。「目標時間」を設定しているので、解くときの目安にしてください。3回分の記録が取れるので、1回目に時間内で解けなくても、2回目、3回目でスピードアップできるように目標を明確にしましょう。

実践問題　　　　1回目　2回目　3回目

目標：12分　実施日：　／　　／　　／

次の文章を読んで**問（1）〜（8）**に答えよ。必要があれば，次の原子量を使用せよ。

H：1.0，C：12.0，O：16.0，
Cl：35.5，Ca：40.0

Al^{3+}，Ca^{2+}，Cu^{2+}，Zn^{2+}，Ag^{+} の5種類の金属イオンを含む水溶液について，金属イオンを系統分析するため，右図の操作Pから操作Sを行った。沈殿A，B，C，Dはそれぞれ単独の化合物として分離できている。

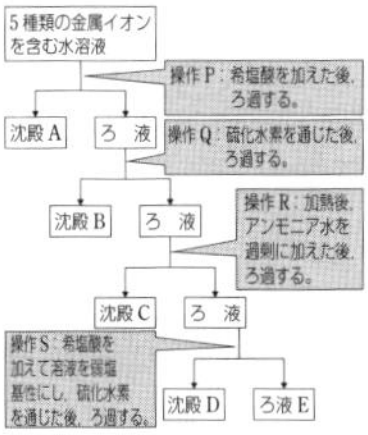

5種類の金属イオンを含む水溶液
操作P：希塩酸を加えた後，ろ過する。
沈殿A　ろ　液
操作Q：硫化水素を通じた後，ろ過する。
沈殿B　ろ　液
操作R：加熱後，アンモニア水を過剰に加えた後，ろ過する。
沈殿C　ろ　液
操作S：希塩酸を加えて溶液を弱塩基性にし，硫化水素を通じた後，ろ過する。
沈殿D　ろ液E

(1) 沈殿Aと沈殿Bを化学式で示せ。

(2) 沈殿Bを硝酸に溶かし，その後過剰のアンモニア水を加えると，溶液の色は何色になるかを答えよ。また，このとき溶液中に存在する錯イオンの名称と化学式を答えよ。

(3) 沈殿Cは酸の水溶液にも強塩基の水溶液にも溶ける金属水酸化物である。このような金属水酸化物は何と呼ばれるか，その名称を書け。

(4) 沈殿Cに塩酸を加えた場合と，水酸化ナトリウム水溶液を加えた場合の化学反応をそれぞれ反応式で示せ。

(5) 沈殿Dを化学式で示せ。

(6) ろ液Eに炭酸アンモニウム水溶液を加えてろ過したところ，沈殿（化合物F）が生じた。この沈殿（化合物F）を化学式で示せ。

(7) **問（6）**で得られた化合物F 10.0 gに塩酸G（質量パーセント濃度15.0 %）を加えて，化合物Fを全て反応させた。このときの反応式を示せ。また，化合物Fを全て反応させるためには，この塩酸Gが何g以上必要かを有効数字3けたで答えよ。

(8) 操作Rで，アンモニア水を過剰に加える理由を，アンモニア水を少量加えた場合と，過剰に加えた場合の違いが分かるように，60字以上90字以内で答えよ。

（2010 東京農工（後））

56

「実践問題」の解説です。コンパクトでありながら、ポイントをついた解説をしっかり読み込めば、「フレーム」の実際の使い方がわかり、たとえ間違った問題があっても修正点がどこにあるかがはっきりわかります。解けた問題も、解けなかった問題もしっかり確認しましょう。

「無機化学」分野で、「暗記」に役立つツールをダウンロード特典としてまとめました。本文と合わせて活用すれば、効果は倍増します。

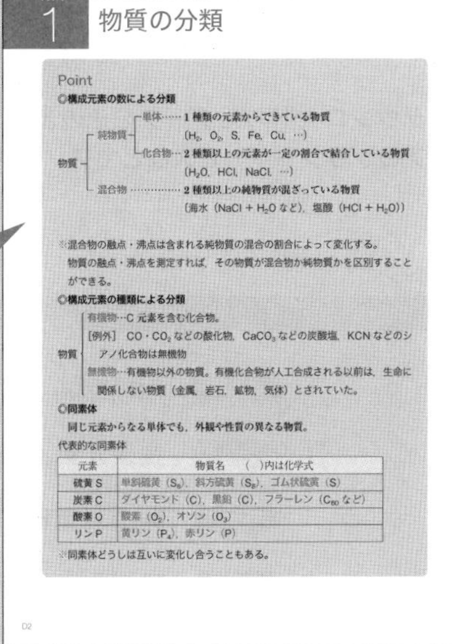
特典 1　ダウンロード特典　知識問題演習

物質の分類

Point

◎構成元素の数による分類

物質 ─ 純物質 ─ 単体……**1種類の元素からできている物質**
〔H_2，O_2，S，Fe，Cu，…〕
　　　　　　　─ 化合物…**2種類以上の元素が一定の割合で結合している物質**
〔H_2O，HCl，NaCl，…〕
　　─ 混合物……………**2種類以上の純物質が混ざっている物質**
〔海水（NaCl＋H_2Oなど），塩酸（HCl＋H_2O）〕

※混合物の融点・沸点は含まれる純物質の混合の割合によって変化する。
物質の融点・沸点を測定すれば，その物質が混合物か純物質かを区別することができる。

◎構成元素の種類による分類

物質
有機物…C元素を含む化合物。
［例外］ CO・CO_2などの酸化物，$CaCO_3$などの炭酸塩，KCNなどのシアノ化合物は無機物
無機物…有機物以外の物質。有機化合物が人工合成される以前は，生命に関係しない物質（金属，岩石，鉱物，気体）とされていた。

◎同素体

同じ元素からなる単体でも，外観や性質の異なる物質。

代表的な同素体

元素	物質名　（　）内は化学式
硫黄S	単斜硫黄（S_8），斜方硫黄（S_8），ゴム状硫黄（S）
炭素C	ダイヤモンド（C），黒鉛（C），フラーレン（C_{60}など）
酸素O	酸素（O_2），オゾン（O_3）
リンP	黄リン（P_4），赤リン（P）

※同素体どうしは互いに変化し合うこともある。

D2

ダウンロード特典について

この本の特典として、「暗記」に役立つツールを、パソコンやスマートフォンからダウンロードすることができます。本文と合わせて活用してください。

ダウンロード方法

1 インターネットで下記のページにアクセス

パソコンから ▶ URL を入力
https://kanki-pub.co.jp/pages/cflame2/

スマートフォンから ▶ 

2 ダウンロードボタンをクリックして、パソコンまたはスマートフォンに保存。

3 ダウンロードしたデータをそのまま読むか、プリンターやコンビニエンスストアのプリントサービスなどでプリントアウトする。

特典内容

特典1 無機総論　暗記チェック

特典2 金属元素　暗記チェック

特典3 非金属元素　暗記チェック

特典4 無機化学　「完全網羅」暗記シート

無機編

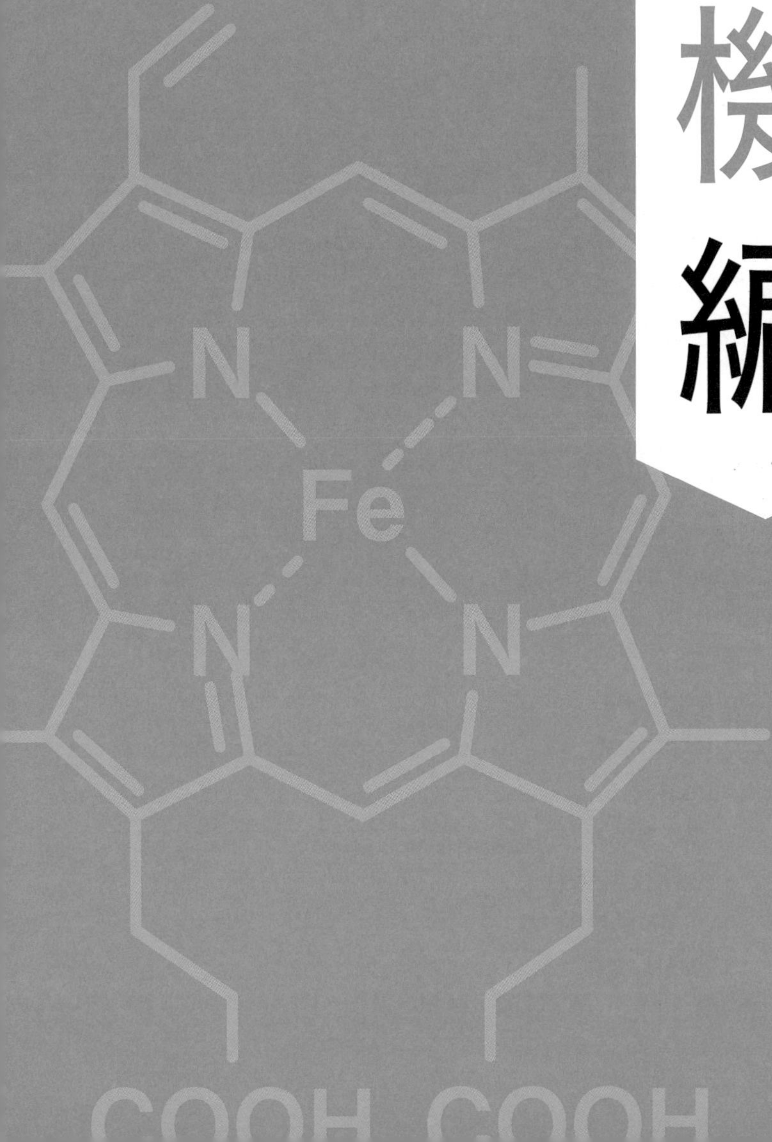

テーマ 1

元素の反応

フレーム 1

■非金属元素

◎非金属元素 X の反応フロー

単体 X

Step1 ↓ $+ O_2$

酸化物 X_mO_n （一般に，塩基と反応するため**酸性酸化物**と呼ばれる。）

Step2 ↓ $+ H_2O$

オキソ酸 $XO_a(OH)_b$

Step3 ↓ ＋塩基

塩（イオン）$XO_\alpha{}^{\beta-}$

◎各ステップの反応式

Step1　$mX + \frac{n}{2}O_2 \longrightarrow 1X_mO_n$

$2mX + nO_2 \longrightarrow 2X_mO_n$

（X_mO_n の係数を 1 と仮定し，元素 X と O 原子の数を合わせる。その後，両辺を 2 倍にする。）

［例］ $C + O_2 \longrightarrow CO_2$

Step2　$1X_mO_n + b\frac{m}{2}H_2O \longrightarrow mXO_a(OH)_b$

$2X_mO_n + bm\,H_2O \longrightarrow 2mXO_a(OH)_b$

（X_mO_n の係数を 1 と仮定し，元素 X と O 原子の数を合わせる。その後，両辺を 2 倍にする。

※ O 原子について $n+b\frac{m}{2} = m(a+b)$ の関係）

［例］ $P_4O_{10} + 6H_2O \longrightarrow 4H_3PO_4$

Step3　$XO_a(OH)_b + bOH^- \longrightarrow XO_\alpha{}^{\beta-} + bH_2O$

（$XO_a(OH)_b$ から放出される b 個の H^+ を中和するために b 個の OH^- を加える。結果，b 個の H_2O が生じる。）

［例］ $H_2SO_4 + 2OH^- \longrightarrow SO_4{}^{2-} + 2H_2O$

（$H_2SO_4 = SO_2(OH)_2$ と考えることができる。）

■金属元素

◎金属元素 M の反応フロー

単体 M

Step1 ↓ $+ O_2$

酸化物 M_2O_n （一般に，酸と反応するため**塩基性酸化物**と呼ばれる。）

Step2 ↓ $+ H_2O$

水酸化物 $M(OH)_n$

Step3 ↓ ＋酸

塩（イオン）M^{n+}（あるいは $MO_\alpha{}^{\beta-}$）

◎**各ステップの反応式**

Step1 $2M + \frac{n}{2}O_2 \longrightarrow 1M_2O_n$

［例］ $2Fe + \frac{3}{2}O_2 \longrightarrow 1Fe_2O_3$

$4Fe + 3O_2 \longrightarrow 2Fe_2O_3$

> Fe_2O_3 の係数を 1 と仮定し，Fe 原子と O 原子の数を合わせる。その後，両辺を 2 倍する。

Step2 $1M_2O_n + nH_2O \longrightarrow 2M(OH)_n$

［例］ $Na_2O + H_2O \longrightarrow 2NaOH$

Step3 $M(OH)_n + nH^+ \longrightarrow M^{n+} + nH_2O$

［例］ $Cu(OH)_2 + 2H^+ \longrightarrow Cu^{2+} + 2H_2O$

> $M(OH)_n$ 中の n 個の OH^- を中和するために n 個の H^+ を加える。結果，n 個の H_2O が生じる（単純な中和反応）。

■**両性元素**

◎**両性元素とは**

⇨ 単体・酸化物・水酸化物それぞれが酸とも（強）塩基とも反応する元素。代表的なものに Al・Zn・Sn・Pb がある。

> 酸化物は酸とも塩基とも反応するため**両性酸化物**と呼ばれる。

◎**反応のフロー**

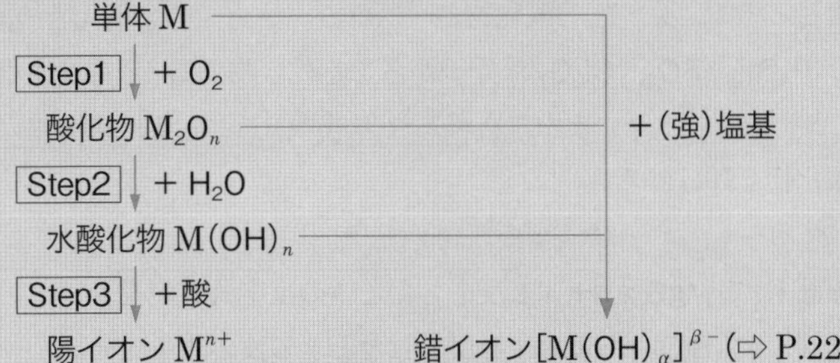

［例 1］ アルミニウムの単体と塩酸との反応

Al は H_2 よりもイオン化傾向が大きいため，塩酸のような高濃度の H^+ がある中に Al を入れると Al は H^+ に e^- を渡し Al^{3+} となり，H_2 が発生する（**酸化還元反応**）。この両辺に Cl^- を加えることで反応式を完成させる。

$$
\begin{array}{rl}
 & 2Al + 6H^+ \longrightarrow 2Al^{3+} + 3H_2 \\
+) & \quad\quad 6Cl^- \quad\quad\quad 6Cl^- \\
\hline
 & 2Al + 6HCl \longrightarrow 2AlCl_3 + 3H_2\uparrow
\end{array}
$$

［例 2］ 酸化アルミニウムと塩酸の反応

酸化アルミニウム Al_2O_3 を，（実際には溶解しないが）いったん H_2O と反応させて水酸化物の水酸化アルミニウム $Al(OH)_3$ にする。この $Al(OH)_3$ から放出される OH^- を，HCl から放出される H^+ で中和するイメージで反応式を作成する。

$$Al_2O_3 + 3H_2O\ (\longrightarrow 2Al(OH)_3) \longrightarrow 2Al^{3+} + 6OH^-$$

$$+)\ (HCl \longrightarrow H^+ + Cl^-) \times 6$$

$$Al_2O_3 + 6HCl + 3H_2O \longrightarrow 2AlCl_3 + 6H_2O$$

$$\Rightarrow\ Al_2O_3 + 6HCl \longrightarrow 2AlCl_3 + 3H_2O$$

[例 3] 水酸化アルミニウムと塩酸の反応(単純な中和反応)

$$Al(OH)_3 + 3H^+ \longrightarrow Al^{3+} + 3H_2O$$

$$+)\quad 3Cl^- \quad\quad 3Cl^-$$

$$Al(OH)_3 + 3HCl \longrightarrow AlCl_3 + 3H_2O$$

実践問題　　1回目　2回目　3回目

目標：8分　実施日：　／　　／　　／

［Ⅰ］ つぎの文章を読み，以下の**問**に答えよ。

酸素と他の元素との化合物は酸化物と呼ばれる。金属の酸化物である Na_2O や MgO は（　ア　）からなる化合物である。i)これらの酸化物は酸と直接反応して塩と水を生じるので，（　イ　）酸化物と呼ばれる。一方，非金属元素の酸化物である SiO_2，P_4O_{10}，SO_3，Cl_2O_7 は分子からなる化合物である。これらは水と反応して（　ウ　）を生じる。また，ii)塩基と直接反応して塩と水を生じるので（　エ　）酸化物と呼ばれる。

問1　（　ア　）～（　エ　）に適当な語句を記せ。

問2　下線部 i ）で MgO が HCl と反応したときの反応式を記せ。

問3　下線部 ii ）で SiO_2 が $NaOH$ と反応したときの反応式を記せ。

（2007 名城）

［Ⅱ］ 次の表は周期表の一部である。以下の文章を読み，**各問**に答えよ。

1	2	3	4	5	6	7	8	9	10	11	12	13	14	15	16	17	18
Li	Be											B	①	②	O	F	Ne
③	④											⑤	⑥	⑦	⑧	⑨	Ar
⑩	⑪	Sc	Ti	V	Cr	Mn	Fe	Co	Ni	Cu	⑫	Ga	Ge	As	Se	Br	Kr

元素①～⑫のうち，非金属元素の酸化物は，融点や沸点の低いものが多い。これらの酸化物の多くが水に溶けて酸性を示すか，または，塩基と反応するので，酸性酸化物といわれる。他方，金属元素の酸化物は，融点や沸点の高いものが多い。これらの酸化物は，水に溶けて塩基性を示すか，または，酸と反応するので，塩基性酸化物といわれる。金属元素の酸化物の中には，酸とも塩基とも反応する

ものがあり，このような酸化物を両性酸化物という。

問1　元素①～⑫のそれぞれについて，酸化数の最も高い酸化物の化学式とその酸化数を記せ。

問2　**問1**で解答した酸化物は，(ア)酸性酸化物，(イ)塩基性酸化物，(ウ)両性酸化物の3つに分類できる。①～⑫の番号を用いて分類せよ。

問3　**問1**で解答した酸化物について，次の[i]～[iii]の反応をそれぞれ化学反応式で記せ。

[i]　元素③の酸化物に水を加えたときの反応

[ii]　元素⑦の酸化物に水を加えて加熱したときの反応

[iii]　元素⑨の酸化物に水を加えたときの反応

(2001 大阪女子 改)

解答

[Ⅰ]**問1** ア　イオン　　イ　塩基性　　ウ　オキソ酸　　エ　酸性

問2　$MgO + 2HCl \longrightarrow MgCl_2 + H_2O$

問3　$SiO_2 + 2NaOH \longrightarrow Na_2SiO_3 + H_2O$

[Ⅱ]**問1** ①　CO_2，　+4　②　N_2O_5，　+5　③　Na_2O，　+1　④　MgO，　+2

⑤　Al_2O_3，　+3　⑥　SiO_2，　+4　⑦　P_4O_{10}，　+5　⑧　SO_3，　+6

⑨　Cl_2O_7，　+7　⑩　K_2O，　+1　⑪　CaO，　+2　⑫　ZnO，　+2

問2　酸性酸化物…①，②，⑥，⑦，⑧，⑨

塩基性酸化物…③，④，⑩，⑪

両性酸化物…⑤，⑫

問3 [i]　$Na_2O + H_2O \longrightarrow 2NaOH$

[ii]　$P_4O_{10} + 6H_2O \longrightarrow 4H_3PO_4$

[iii]　$Cl_2O_7 + H_2O \longrightarrow 2HClO_4$

[解説]

[Ⅰ]　**問2**　塩基性酸化物である酸化マグネシウム MgO を，いったん H_2O と反応させて水酸化物の水酸化マグネシウム $Mg(OH)_2$ にする。この $Mg(OH)_2$ から放出される OH^- を，HCl から放出される H^+ で中和するイメージで反応式を作成する。

$$\begin{array}{lll} & MgO + H_2O\ (\longrightarrow Mg(OH)_2\ ) & \longrightarrow Mg^{2+} + 2OH^- \\ +) & \quad (\ HCl & \longrightarrow H^+ + Cl^-\ ) \times 2 \\ \hline & MgO + 2HCl + H_2O & \longrightarrow MgCl_2 + 2H_2O \\ \Rightarrow & \underline{MgO + 2HCl} & \underline{\longrightarrow MgCl_2 + H_2O} \end{array}$$

別解　上の作成法より，塩基性酸化物中の酸化物イオン O^{2-} は酸からの H^+ で H_2O になることがわかる。よって，もともと塩基性酸化物はイオンからなる化合物のため，塩基性酸化物を金属イオンと O^{2-} に分け，O^{2-} の数の 2 倍の数の H^+ で H_2O をつくるように反応式を作成する(こちらの作成法のほうが上述の作成法よりも手順は少なくて済む)。

$$\begin{array}{ccccc} MgO & + & 2HCl & \longrightarrow MgCl_2 & + \ H_2O \\ (Mg^{2+}\ O^{2-}) & & (2H^+\ Cl^-) & & \end{array}$$

問 3　酸性酸化物である二酸化ケイ素 SiO_2 を，いったん H_2O と反応させてオキソ酸であるケイ酸 H_2SiO_3 にする。この H_2SiO_3 から放出される 2 つの H^+ を，NaOH から放出される OH^- で中和するイメージで反応式を作成する。

$$\begin{array}{lll} & SiO_2 + H_2O\ (\longrightarrow H_2SiO_3\ ) & \longrightarrow 2H^+ + SiO_3{}^{2-} \\ +) & (\ NaOH & \longrightarrow Na^+ + OH^-\ ) \times 2 \\ \hline & SiO_2 + 2NaOH + H_2O & \longrightarrow Na_2SiO_3 + 2H_2O \\ \Rightarrow & \underline{SiO_2 + 2NaOH} & \underline{\longrightarrow Na_2SiO_3 + H_2O} \end{array}$$

［Ⅱ］ **問 1，2**　一般に，酸化物中の元素の最高酸化数は，価電子がすべて O 原子に奪われたと見なしたときの酸化数である。例えば，Cl 原子の価電子は 7 個であり，七酸化二塩素 Cl_2O_7 中の Cl 原子の酸化数は，Cl 原子の酸化数を x とおくと，$2x + (-2) \times 7 = 0$ より，$x = +7$ と求められる。分類した酸化物を以下の表にまとめる。また，酸化物中の O 原子以外の原子の酸化数を記す。

分　類	化学式					
酸性酸化物	① $\underline{C}O_2$ $+4$	② $\underline{N}_2O_5$ $+5$	⑥ $\underline{Si}O_2$ $+4$	⑦ $\underline{P}_4O_{10}$ $+5$	⑧ $\underline{S}O_3$ $+6$	⑨ $\underline{Cl}_2O_7$ $+7$
塩基性酸化物	③ $\underline{Na}_2O$ $+1$	④ $\underline{Mg}O$ $+2$	⑩ $\underline{K}_2O$ $+1$	⑪ $\underline{Ca}O$ $+2$		
両性酸化物	⑤ $\underline{Al}_2O_3$ $+3$	⑫ $\underline{Zn}O$ $+2$				

問 3　［i］　酸化ナトリウム Na_2O は塩基性酸化物であり，水 H_2O と反応すると水酸化物である水酸化ナトリウム NaOH になる。

$$\underline{Na_2O + H_2O \longrightarrow 2NaOH}$$

[ii]　十酸化四リン P_4O_{10} は酸性酸化物であり，加熱した水 H_2O と反応するとオキソ酸であるリン酸 H_3PO_4 になる。

$$^{①}1P_4O_{10} + {}^{③}6H_2O \longrightarrow {}^{②}4H_3PO_4$$

P_4O_{10} の係数を 1 と仮定し（手順①），P 原子の個数を合わせるために右辺の H_3PO_4 の係数を 4 とする（手順②）。最後に O 原子の数を合わせるために H_2O の係数を 6 とする（手順③）。

[iii]　七酸化二塩素 Cl_2O_7 は酸性酸化物であり，水 H_2O と反応するとオキソ酸である過塩素酸 $HClO_4$ になる。

$$^{①}1Cl_2O_7 + {}^{③}H_2O \longrightarrow {}^{②}2HClO_4$$

Cl_2O_7 の係数を 1 と仮定し(手順①)，Cl 原子の個数を合わせるために右辺の $HClO_4$ の係数を 2 とする(手順②)。最後に O 原子の数を合わせるために H_2O の係数を 1 とする(手順③)。

七酸化二塩素 Cl_2O_7 の加水分解

実際には Cl_2O_7 は以下のような構造をしており(矢印は配位結合を表している)，H_2O により Cl-O-Cl の結合が切断されて 2 分子の $HClO_4$ に分かれる。

$$O \leftarrow \overset{\overset{O}{\uparrow}}{\underset{\underset{O}{\downarrow}}{Cl}} - O \wr \overset{\overset{O}{\uparrow}}{\underset{\underset{O}{\downarrow}}{Cl}} \rightarrow O + \underset{(H \wr OH)}{H_2O} \longrightarrow O \leftarrow \overset{\overset{O}{\uparrow}}{\underset{\underset{O}{\downarrow}}{Cl}} - OH + HO - \overset{\overset{O}{\uparrow}}{\underset{\underset{O}{\downarrow}}{Cl}} \rightarrow O$$

テーマ 2

イオン反応①(沈殿生成)

フレーム 2

◎沈殿の生成

⇨ 溶解度の小さいイオン性物質を構成するイオンの組合せで沈殿する(以下の表の組合せは覚える)。

	陽イオン		陰イオン	結果	その他
典型元素	アルカリ土類金属元素		SO_4^{2-}, CO_3^{2-}	白色↓	−
			[Ca^{2+}のみ] F^-	CaF_2↓(白)	−
			CrO_4^{2-}	$BaCrO_4$↓(黄)	−
	両性元素		OH^-	白色↓	過剰の OH^- で再溶解 (⇨ P.51)
			[Pb^{2+}のみ] Cl^-, SO_4^{2-}, CrO_4^{2-}	$PbCl_2$↓(白) $PbCrO_4$↓(黄) $PbSO_4$↓(白)	−
遷移元素	鉄	Fe^{2+} (淡緑色)	OH^-	$Fe(OH)_2$↓(緑白)	−
			$K_3[Fe(CN)_6]$	濃青色↓	−
		Fe^{3+} (黄褐色)	OH^-	$Fe(OH)_3$↓(赤褐)	−
			$K_4[Fe(CN)_6]$	濃青色↓	−
	銅 Cu^{2+} (青色)		OH^-	$Cu(OH)_2$↓(青白)	過剰の NH_3 で再溶解 (⇨ P.51)
	銀 Ag^+		OH^-	Ag_2O↓(褐)	過剰の NH_3 で再溶解 (⇨ P.51)
			ハロゲン化物イオン	$AgCl$↓(白) $AgBr$↓(淡黄)	
				AgI↓(黄)	−
			CrO_4^{2-}	Ag_2CrO_4↓(赤褐)	−

◎反応式の作成法

Step1 電離させてイオンを書き出す。

Step2 沈殿する(溶解度が小さい)イオンを組み合わせる。

Step3 両辺で重複する物質の化学式は消去する。

[例 1] 塩化鉄(Ⅲ)水溶液にアンモニア水を加える。

$$FeCl_3 \longrightarrow Fe^{3+} + 3Cl^-$$

$$+)\ (NH_3 + H_2O \longrightarrow NH_4^+ + OH^-) \times 3$$

$$FeCl_3 + 3NH_3 + 3H_2O \longrightarrow Fe(OH)_3 + 3NH_4Cl$$

[例 2]　硝酸銀水溶液に水酸化ナトリウム水溶液を加える。

$$\begin{array}{rl} & AgNO_3 \longrightarrow Ag^+ + NO_3^- \\ +) & NaOH \longrightarrow Na^+ + OH^- \\ \hline & AgNO_3 + NaOH \longrightarrow AgOH + NaNO_3 \quad \cdots① \end{array}$$

ここで，AgOH は非常に不安定で，AgOH 2 つあたり H_2O が 1 分子脱水し，安定な Ag_2O になる(これは例外として覚えておく)。

$$2AgOH \longrightarrow Ag_2O + H_2O \quad \cdots②$$

よって，以下のように(中間生成物である)AgOH を消去すると，

$$\begin{array}{rl} & (AgNO_3 + NaOH \longrightarrow AgOH + NaNO_3) \times 2 \\ +) & 2AgOH \longrightarrow Ag_2O + H_2O \\ \hline & 2AgNO_3 + 2NaOH \longrightarrow Ag_2O + H_2O + 2NaNO_3 \end{array}$$

実践問題　1回目　2回目　3回目

目標：10 分　実施日：　/　/　/

［Ⅰ］　次の文章を読み，**問 1 ～ 2** に答えよ。

水溶液中の塩化物イオン濃度の測定には，銀イオンとの反応を利用した次のような方法がある。

試料溶液を〔　ア　〕で正確にはかりとり，〔　イ　〕に入れる。はかりとった溶液に指示薬としてクロム酸カリウム(K_2CrO_4)試液を少量加える。これに濃度が既知の硝酸銀水溶液を〔　ウ　〕を用いて滴下していく。この滴定では塩化銀の白色の沈殿が析出し終わると，クロム酸銀の赤褐色沈殿(Ag_2CrO_4)が析出しはじめる。この時点を滴定の終点とする。

問 1　〔　ア　〕～〔　ウ　〕にあてはまるガラス器具の名称を記せ。

問 2　不純物を含む塩化ナトリウムの混合物 1.0 g を水に溶かして正確に 100 mL とし，この 25 mL を 0.100 mol/L の硝酸銀水溶液を用いて滴定したところ，30.0 mL の硝酸銀水溶液を要した。混合物 1.0 g 中に含まれる塩化ナトリウムの割合〔%〕として最も近い値はどれか。ただし，不純物は硝酸銀とは反応しないものとし，また原子量は Na = 23，Cl = 35.5 とする。

1. 20　2. 30　3. 40　4. 50　5. 60　6. 70　7. 80　8. 90

(2007 星薬科)

［Ⅱ］ 次の文章を読んで以下の**問**に答えよ。なお，数値は有効数字3桁で答えよ。

質量パーセント濃度が98.0％の濃硫酸(密度：1.83 g/cm^3)10.0 mLを170 mLの水に少しずつ加え，溶液Aを作成した。また，塩化バリウム4.16 gを水に溶かし，100 mLの溶液とした(溶液B)。溶液A 50.0 mLに溶液B 20.0 mLを加えたところ，白色沈殿が生じた。H = 1.0，O = 16，S = 32，Cl = 35.5，Ba = 137

問1 溶液Aと溶液Bの反応を反応式で示せ。

問2 **問1**の反応で生じる白色沈殿の名称を記せ。

問3 Ba^{2+}が完全に反応したとき，生じた白色沈殿の質量〔g〕を求めよ。

(2002 産業医科 改)

解答

［Ⅰ］**問1** ア ホールピペット イ コニカルビーカー(または三角フラスコ)
ウ ビュレット

問2 6

［Ⅱ］**問1** $BaCl_2 + H_2SO_4 \longrightarrow BaSO_4 + 2HCl$

問2 硫酸バリウム

問3 9.32×10^{-1} g

[解説]

［Ⅰ］ **問2** 以下のように各物質を電離させることで，塩化銀AgClの沈殿が生じる反応式を作成することができる。

$$\begin{array}{rl} NaCl & \longrightarrow Na^{+} + Cl^{-} \\ +)\quad AgNO_3 & \longrightarrow Ag^{+} + NO_3^{-} \\ \hline 1NaCl + 1AgNO_3 & \longrightarrow AgCl\downarrow(\text{白}) + NaNO_3 \end{array}$$

ここで，混合物中のNaClの含有率をx〔%〕とおくと，上式よりNaClと$AgNO_3$の物質量〔mol〕について次式が成り立つ。

NaCl〔mol〕：$AgNO_3$〔mol〕＝1：1

$$\Leftrightarrow \frac{\overbrace{1.0\,[\mathrm{g}] \times \frac{x}{100}}^{\text{NaCl[g]}}}{58.5\,[\mathrm{g/mol}]} \times \underbrace{\frac{25\,[\mathrm{mL}]}{100\,[\mathrm{mL}]}}_{\text{採取による減少率}} : 0.100\,[\mathrm{mol/L}] \times \frac{30.0}{1000}\,[\mathrm{L}] = 1:1$$

(NaCl〔mol〕)

$\therefore\ x = 70.2$〔%〕

［Ⅱ］ **問1～3** 以下のように各物質を電離させることで，問2 <u>硫酸バリウム $BaSO_4$</u> の沈殿が生じる反応式を作成することができる。

$$
\begin{array}{rl}
BaCl_2 & \longrightarrow Ba^{2+} + 2Cl^- \\
+) \quad H_2SO_4 & \longrightarrow 2H^+ + SO_4^{2-} \\
\hline
1BaCl_2 + H_2SO_4 & \longrightarrow 1BaSO_4 \downarrow (白) + 2HCl
\end{array}
$$

ここで，生じた $BaSO_4$ の沈殿の質量を x〔g〕とおくと，Ba^{2+} が完全に反応したので，上式より $BaCl_2$ と $BaSO_4$ の物質量〔mol〕について次式が成り立つ。

$BaCl_2$〔mol〕：$BaSO_4$〔mol〕＝1：1

$$\Leftrightarrow \frac{4.16\text{〔g〕}}{208\text{〔g/mol〕}} \times \frac{20.0\text{〔mL〕}}{100\text{〔mL〕}} : \frac{x\text{〔g〕}}{233\text{〔g/mol〕}} = 1 : 1$$

採取による減少率

$\therefore \quad x = \underline{9.32 \times 10^{-1}\text{〔g〕}}$

無機編 第1章 化学反応

テーマ

3 イオン反応②(錯イオン生成)

フレーム 3

◎錯イオンの生成

⇨ 陰イオンや極性分子から非共有電子対を受け取り，配位結合しやすい陽イオンがある。

⇨ 錯イオン生成の反応式は，**配位子と金属イオンの組合せ，さらには配位数を覚え，これをもとにして作成**する。

[配位子と金属イオンの組合せ]

配位子	金属イオン		錯イオン
NH_3	Ag^+		ジアンミン銀(Ⅰ)イオン$[Ag(NH_3)_2]^+$
	Cu^{2+}		テトラアンミン銅(Ⅱ)イオン$[Cu(NH_3)_4]^{2+}$
	Zn^{2+}		テトラアンミン亜鉛(Ⅱ)イオン$[Zn(NH_3)_4]^{2+}$
OH^-	両性元素	Al^{3+}	テトラヒドロキシドアルミン酸イオン$[Al(OH)_4]^-$
		Zn^{2+}	テトラヒドロキシド亜鉛(Ⅱ)酸イオン$[Zn(OH)_4]^{2-}$
CN^-	Fe^{2+}		ヘキサシアニド鉄(Ⅱ)酸イオン$[Fe(CN)_6]^{4-}$
	Fe^{3+}		ヘキサシアニド鉄(Ⅲ)酸イオン$[Fe(CN)_6]^{3-}$
$S_2O_3^{2-}$	Ag^+		ビス(チオスルファト)銀(Ⅰ)酸イオン$[Ag(S_2O_3)_2]^{3-}$

◎反応式の作成法

Step1 **配位子を組み合わせることで，イオン反応式を作る。**

Step2 **対のイオンを足し合わせて化合物にする。**

[例 1] 水酸化銅(Ⅱ)の沈殿を含む溶液に多量の NH_3 水を加える。

Step1 $Cu(OH)_2 + 4NH_3 \longrightarrow [Cu(NH_3)_4]^{2+} + 2OH^-$

Step2 $Cu(OH)_2 + 4NH_3 \longrightarrow [Cu(NH_3)_4](OH)_2$

[例 2] 水酸化アルミニウムの沈殿を含む溶液に多量の NaOH 水溶液を加える。

Step1 $Al(OH)_3 + OH^- \longrightarrow [Al(OH)_4]^-$

Step2 +) Na^+ 　　　Na^+

$Al(OH)_3 + NaOH \longrightarrow Na[Al(OH)_4]$

※例 1，2 ともに，もし設問で「イオン反応式で記せ」とあった場合は，Step1 の反応式で OK。「化学反応式で記せ」とあった場合は，一般的にイオン式のない状態で書き記す。

実践問題

1回目　2回目　3回目

目標：10分　実施日：　／　　／　　／

［Ⅰ］ AgClの沈殿に過剰のアンモニア水を加えた。この反応の化学反応式を記せ。

（2016 京都産業）

［Ⅱ］ 青色の硫酸銅（Ⅱ）水溶液に塩基を加えると水酸化銅（Ⅱ）の青白色沈殿を生じる。この沈殿にアンモニア水を加えると深青色の溶液となる。下線部の反応式を記せ。

（2009 九州工業）

［Ⅲ］ 次の文章を読み，**問い**に答えよ。

金属イオンに非共有電子対をもつ分子や陰イオンが配位結合したイオンを錯イオンという。錯イオンの構造や配位数は，主に金属イオンの種類によって決まる。

問　次の(1)～(3)の反応を化学反応式で記せ。

(1)　酸化銀 Ag_2O の褐色沈殿にアンモニア水を加えると，沈殿は溶けて無色の溶液となる。

(2)　水酸化亜鉛 $Zn(OH)_2$ の白色沈殿に水酸化ナトリウム水溶液を加えると，沈殿は溶けて無色の溶液となる。

(3)　塩化銀AgClの白色沈殿にチオ硫酸ナトリウム $Na_2S_2O_3$ 水溶液を加えると，沈殿は溶けて無色の溶液となる。

（2015 大阪府立）

［Ⅳ］ 亜鉛や鉛は酸や塩基の水溶液にいずれも溶けるため（　①　）と呼ばれる。亜鉛に塩酸を加えると気体が発生する。(a)この水溶液に水酸化ナトリウム水溶液を少量加えると（　②　）が沈殿する。(b)（　②　）に過剰のアンモニア水を加えると溶解する。

問1　（　①　）に適切な語句を，（　②　）にあてはまる物質名を入れよ。

問2　下線部(a)，(b)の化学反応式を記せ。

（2013 昭和・医）

［Ⅴ］ アルミニウムは水酸化ナトリウムに溶けて気体を発生する。この反応の化学反応式を書け。

（2011 昭和・医）

［Ⅵ］ 亜鉛の単体に過剰の水酸化ナトリウム水溶液を作用させると溶解し，気体が発生する。この反応を化学反応式で記せ。

（2015 長崎）

解答

［Ⅰ］ $AgCl + 2NH_3 \longrightarrow [Ag(NH_3)_2]Cl$

［Ⅱ］ $Cu(OH)_2 + 4NH_3 \longrightarrow [Cu(NH_3)_4](OH)_2$

（または $Cu(OH)_2 + 4NH_3 \longrightarrow [Cu(NH_3)_4]^{2+} + 2OH^-$）

［Ⅲ］(1) $Ag_2O + 4NH_3 + H_2O \longrightarrow 2[Ag(NH_3)_2]OH$

(2) $Zn(OH)_2 + 2NaOH \longrightarrow Na_2[Zn(OH)_4]$

(3) $AgCl + 2Na_2S_2O_3 \longrightarrow Na_3[Ag(S_2O_3)_2] + NaCl$

［Ⅳ］**問 1** ① 両性元素　② 水酸化亜鉛

問 2 (a) $ZnCl_2 + 2NaOH \longrightarrow Zn(OH)_2 + 2NaCl$

(b) $Zn(OH)_2 + 4NH_3 \longrightarrow [Zn(NH_3)_4](OH)_2$

［Ⅴ］ $2Al + 2NaOH + 6H_2O \longrightarrow 2Na[Al(OH)_4] + 3H_2$

［Ⅵ］ $Zn + 2NaOH + 2H_2O \longrightarrow Na_2[Zn(OH)_4] + H_2$

[解説]

［Ⅰ］ Step1 $AgCl + 2NH_3 \longrightarrow [Ag(NH_3)_2]^+ + Cl^-$

Step2 $AgCl + 2NH_3 \longrightarrow [Ag(NH_3)_2]Cl$

［Ⅱ］ Step1 $Cu(OH)_2 + 4NH_3 \longrightarrow [Cu(NH_3)_4]^{2+} + 2OH^-$

Step2 $Cu(OH)_2 + 4NH_3 \longrightarrow [Cu(NH_3)_4](OH)_2$

［Ⅲ］ (1) まず，酸化銀(Ⅰ)Ag_2O を H_2O と反応させて(実際には溶解しないが)，$AgOH$ にして Ag^+ と OH^- に電離させる。ここで生じた Ag^+ に NH_3 を配位させ，中間生成物である Ag^+ を消去する。

$$
\begin{array}{rll}
 & Ag_2O + H_2O\ (\longrightarrow 2AgOH) & \longrightarrow 2Ag^+ + 2OH^- \\
+) & (Ag^+ + 2NH_3 & \longrightarrow [Ag(NH_3)_2]^+)\times 2 \\
\hline
 & Ag_2O + 4NH_3 + H_2O & \longrightarrow 2[Ag(NH_3)_2]^+ + 2OH^- \\
\Rightarrow & Ag_2O + 4NH_3 + H_2O & \longrightarrow 2[Ag(NH_3)_2]OH
\end{array}
$$

(2)

$$
\begin{array}{rll}
 & Zn(OH)_2 + 2OH^- & \longrightarrow [Zn(OH)_4]^{2-} \\
+) & 2Na^+ & \quad 2Na^+ \\
\hline
 & Zn(OH)_2 + 2NaOH & \longrightarrow Na_2[Zn(OH)_4]
\end{array}
$$

(3)

$$
\begin{array}{rlll}
 & AgCl + 2S_2O_3^{2-} & \longrightarrow [Ag(S_2O_3)_2]^{3-} & + Cl^- \\
+) & 4Na^+ & \quad 3Na^+ & \quad Na^+ \\
\hline
 & AgCl + 2Na_2S_2O_3 & \longrightarrow Na_3[Ag(S_2O_3)_2] & + NaCl
\end{array}
$$

［Ⅳ］ **問2** (a)

$$\begin{array}{rl} & Zn^{2+} + 2OH^- \longrightarrow Zn(OH)_2 \\ +) & 2Cl^- \quad 2Na^+ \qquad\qquad 2Na^+2Cl^- \\ \hline & \underline{ZnCl_2 + 2NaOH \longrightarrow Zn(OH)_2 + 2NaCl} \end{array}$$

(b) $Zn(OH)_2 + 4NH_3 \longrightarrow [Zn(NH_3)_4]^{2+} + 2OH^-$

⇨ $\underline{Zn(OH)_2 + 4NH_3 \longrightarrow [Zn(NH_3)_4](OH)_2}$

［Ⅴ］ まず，H_2O を酸と見立て，イオン化傾向の大きい Al を H_2O に溶かし Al^{3+} にする。このとき，H_2O から放出される H^+ は Al から e^- を受け取り H_2 となって発生する。

$$2Al + 6H_2O \longrightarrow 2Al(OH)_3 + 3H_2 \quad \cdots①$$

ここで生じた $Al(OH)_3$ を NaOH に溶解させることを考える（$Al(OH)_3$ と OH^- が錯イオンを形成する）。

$$\begin{array}{rl} & Al(OH)_3 + OH^- \longrightarrow [Al(OH)_4]^- \\ +) & \qquad Na^+ \qquad\quad Na^+ \\ \hline & Al(OH)_3 + NaOH \longrightarrow Na[Al(OH)_4] \quad \cdots② \end{array}$$

ここで，①式＋②式× 2 より，中間生成物である $Al(OH)_3$ を消去すると，次式のようになる。

$$\underline{2Al + 2NaOH + 6H_2O \longrightarrow 2Na[Al(OH)_4] + 3H_2} \uparrow$$

［Ⅵ］ ［Ⅴ］と同様に考える。まず，H_2O を酸と見立て，イオン化傾向の大きい Zn を H_2O に溶かし Zn^{2+} にする。このとき，H_2O から放出される H^+ は Zn から e^- を受け取り H_2 となって発生する。

$$Zn + 2H_2O \longrightarrow Zn(OH)_2 + H_2 \quad \cdots①$$

ここで生じた $Zn(OH)_2$ を NaOH に溶解させることを考える（$Zn(OH)_2$ と OH^- が錯イオンを形成する）。

$$\begin{array}{rl} & Zn(OH)_2 + 2OH^- \longrightarrow [Zn(OH)_4]^{2-} \\ +) & \qquad 2Na^+ \qquad\quad 2Na^+ \\ \hline & Zn(OH)_2 + 2NaOH \longrightarrow Na_2[Zn(OH)_4] \quad \cdots② \end{array}$$

ここで，①式＋②式より，中間生成物である $Zn(OH)_2$ を消去すると，次式のようになる。

$$\underline{Zn + 2NaOH + 2H_2O \longrightarrow Na_2[Zn(OH)_4] + H_2} \uparrow$$

テーマ 4

分解反応

フレーム 3

■熱分解

◎**水和物**：水和物 ⟶ 無水物 ＋ 水

⇨ 水和物を加熱すると，**結晶中に組み込まれている水和水（結晶水）が追い出される。**

$M \cdot nH_2O \longrightarrow M + nH_2O$ （n: 水和水の個数）

［例］ $CuSO_4 \cdot 5H_2O \longrightarrow CuSO_4 + 5H_2O$

◎**水酸化物**：水酸化物 ⟶ 酸化物 ＋ 水

⇨ 水酸化物を加熱すると，**水が取れて酸化物が生じる。**

$2OH^- \longrightarrow O^{2-} + H_2O$

［例］ $Ca(OH)_2 \longrightarrow CaO + H_2O$

◎**炭酸塩**：炭酸塩 ⟶ 酸化物 ＋ 二酸化炭素

⇨ アルカリ金属以外の炭酸塩を加熱すると，**酸化物が生じるとともに二酸化炭素が発生する。**

$CO_3^{2-} \longrightarrow O^{2-} + CO_2\uparrow$

［例］ $CaCO_3 \longrightarrow CaO + CO_2\uparrow$

◎**炭酸水素塩**：炭酸水素塩 ⟶ 炭酸塩 ＋ 二酸化炭素 ＋ 水

⇨ 炭酸水素塩を加熱すると，**炭酸塩が生じるとともに二酸化炭素が発生し，水が生じる。**

$2HCO_3^- \longrightarrow CO_3^{2-} + CO_2\uparrow + H_2O$

［例］ $2NaHCO_3 \longrightarrow Na_2CO_3 + CO_2\uparrow + H_2O$

◎**二元化合物**：二元化合物 ⟶ 単体 ＋ 単体′

［例］ $2Ag_2O \longrightarrow 4Ag + O_2\uparrow$

◎**その他**：上記のパターンに属さないもの

［例］ 亜硝酸アンモニウムの分解

$NH_4NO_2 \longrightarrow N_2\uparrow + 2H_2O$

■触媒による分解反応

⇨ 触媒を用いることで分解反応が起こりやすくなる場合がある。

⇨ 以下の 2 つの例は**酸化マンガン（Ⅳ）**MnO_2 **を用いることで起こる**（例 2 の反

応は加熱も必要)

[例 1] 過酸化水素 H_2O_2 の分解

$$2H_2O_2 \longrightarrow 2H_2O + O_2\uparrow$$

[例 2] 塩素酸カリウム $KClO_3$ の分解

$$2KClO_3 \longrightarrow 2KCl + 3O_2\uparrow$$

実践問題　　1回目　2回目　3回目

目標：12分　実施日：　／　　／　　／

[Ⅰ] 塩素酸カリウムに酸化マンガン(Ⅳ)を触媒として混合し，加熱する。この反応の化学反応式を記せ。

(2014 学習院 改)

[Ⅱ] 酸化銀を加熱したときに起こる反応を化学反応式で記せ。

(2012 長崎)

[Ⅲ] 次の文章を読み，**問**に答えよ。

五酸化二窒素は窒素酸化物の一種であり，その化学式は N_2O_5 で表される。この五酸化二窒素は硝酸と十酸化四リンとの反応により生成する。五酸化二窒素は気体の状態において以下の分解反応機構が提案されている。

$N_2O_5 \longrightarrow$ (ア) + (イ) …①

(ア) $\longrightarrow$ (ウ) + NO_2 …②

N_2O_5 + (ウ) $\longrightarrow 3NO_2$ …③

五酸化二窒素の分解反応は多段階であり，この分解反応で生成する二酸化窒素は産業排出ガスによる大気汚染物質の一成分として知られている。式①から式③を組み合わせると，

$2N_2O_5 \longrightarrow 4NO_2 + O_2$ …④

となる。

問 (ア) ～ (ウ) にあてはまる化学式を下の(a)～(h)から一つ選び記号で記せ。

(a) NO　(b) NO_2　(c) N_2O_3　(d) N_2O_4　(e) N_2O_5

(f) O_2　(g) O_3　(h) N_2

(2014 北海道)

［Ⅳ］ 青色の硫酸銅（Ⅱ）五水和物結晶 $CuSO_4 \cdot 5H_2O$ の 20.0 g を 102 ℃で加熱したところ，結晶水の一部が失われて淡青色の結晶 15.7 g が得られた。硫酸銅（Ⅱ）五水和物 1mol につき，何 mol の水和水が失われたかを求め，有効数字 2 桁で記せ。なお，必要であれば，下の値を用いよ。

原子量　H：1.0　　O：16　　S：32　　Cu：64

（2008 名古屋工業）

［Ⅴ］ 次の文章を読み，**問 1 ～問 2** に答えよ。必要なときは，次の原子量の値を用いよ。H：1.00　C：12.0　O：16.0　Ca：40.0

［ X ］mg のシュウ酸カルシウム一水和物 $CaC_2O_4 \cdot H_2O$ を石英の容器に入れ，乾燥した窒素気流中，常圧で徐々に温度を上げながら質量を測定した。図 1 に，その時の測定結果を示した。図 1 の曲線中，b － c，d － e，f － g の質量の減少量①，②および③は，それぞれ，27.0 mg，42.0 mg，66.0 mg であった。

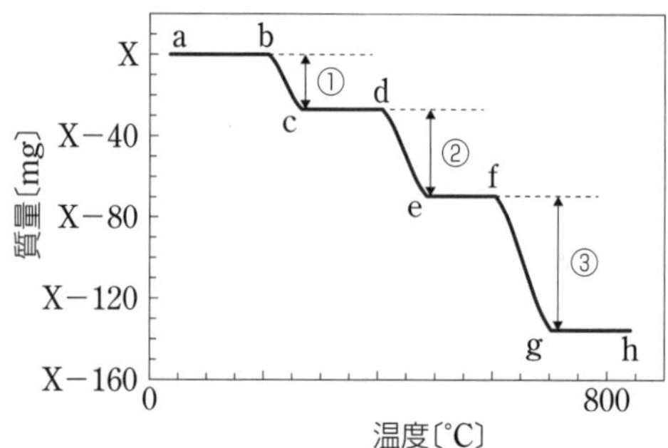

図 1　温度と質量の関係

b － c 間では，式(1)の変化が起こっている。

$$CaC_2O_4 \cdot H_2O \longrightarrow CaC_2O_4 + H_2O \qquad \cdots(1)$$

また，a から h までの変化は，式(2)となる。

$$CaC_2O_4 \cdot H_2O \longrightarrow CaO + CO_2 + CO + H_2O \qquad \cdots(2)$$

問 1　［ X ］を，有効数字 3 桁（けた）で答えよ。また，計算過程も示せ。

問 2　図 1 の d － e および f － g 間で起こる変化を，それぞれ化学反応式で書け。また，d － e および f － g 間でそれぞれ発生する気体を特定するに至った根拠を 60 字以内で書け。

（2006 岩手）

解答

［Ⅰ］ $2KClO_3 \longrightarrow 2KCl + 3O_2$

［Ⅱ］ $2Ag_2O \longrightarrow 4Ag + O_2$

［Ⅲ］（ア） (c) （イ） (f) （ウ） (a)

［Ⅳ］ 3.0 mol

［Ⅴ］**問１** 2.19×10^2 mg（計算過程は解説を参照）

問２ d − e 間：$CaC_2O_4 \longrightarrow CaCO_3 + CO$

f − g 間：$CaCO_3 \longrightarrow CaO + CO_2$

根拠…質量の減少量と発生した気体の分子量の関係から，d − e 間で発生した物質は CO，f − g 間で発生した物質は CO_2 と決定できる。（57 字）

［解説］

［Ⅰ］ $KClO_3$ が分解すると，酸素 O_2 が発生し，塩化カリウム KCl が生じることは覚えておく（厳密にいうと，塩素酸イオン ClO_3^- どうしの自己酸化還元反応が起こっている）。なお，触媒である酸化マンガン（Ⅳ）MnO_2 は反応式に書き入れない。

［Ⅱ］ Ag_2O を加熱すると熱分解し，単体に分かれる。

［Ⅲ］ この分解反応機構や中間生成物を暗記する必要はない。原子保存則を用いることで各反応式における物質の化学式を推測すればよい。まず，空欄が１つしかない③式から見ていく。両辺の各元素の原子の数が等しくなること（原子保存則）から，空欄（ウ）にあてはまる化学式は，$3NO_2 - N_2O_5 = {}_{(ウ)}\underline{NO}$ と決まる。次に②式に注目する。空欄（ウ）が確定したことにより，②式は次式で表される。

$\boxed{（ア）} \longrightarrow {}^{(ウ)}NO + NO_2$

よって，原子保存則より空欄（ア）にあてはまる化学式は，$NO + NO_2 = {}_{(ア)}\underline{N_2O_3}$ と決まる。最後に，空欄（ア）が確定したことにより，①式は次式で表される。

$N_2O_5 \longrightarrow {}^{(ア)}N_2O_3 + \boxed{（イ）}$

以上より，原子保存則から空欄（イ）にあてはまる化学式は，$N_2O_5 - N_2O_3 = {}_{(イ)}\underline{O_2}$ と決まる。

［Ⅳ］ 失われる水和水の物質量を n〔mol〕とおくと，この反応は次式で表される。

$1CuSO_4 \cdot 5H_2O \longrightarrow 1CuSO_4 \cdot (5 - n)H_2O + nH_2O$

よって，$CuSO_4 \cdot 5H_2O$ と $CuSO_4 \cdot (5 - n)H_2O$ の物質量〔mol〕について次式が成り立つ。

$CuSO_4 \cdot 5H_2O$〔mol〕：$CuSO_4 \cdot (5-n)H_2O$〔mol〕＝1：1

$$\Leftrightarrow \quad \frac{20.0\text{〔g〕}}{250\text{〔g/mol〕}} : \frac{15.7\text{〔g〕}}{160+18\times(5-n)\text{〔g/mol〕}} = 1:1$$

$\therefore \quad n = 2.98\cdots \fallingdotseq \underline{3.0}$〔mol〕

［V］ **問1**　この実験で用いたシュウ酸カルシウム一水和物 $CaC_2O_4 \cdot H_2O$ の質量を x〔mg〕（$= 10^{-3}x$〔g〕）とおくと(1)式「$1CaC_2O_4 \cdot H_2O \longrightarrow CaC_2O_4 + 1H_2O$」の係数より，$CaC_2O_4 \cdot H_2O$ と取れた水和水の物質量〔mol〕について次式が成り立つ。

$CaC_2O_4 \cdot H_2O$〔mol〕：H_2O〔mol〕＝1：1

$$\Leftrightarrow \quad \frac{10^{-3}x\text{〔g〕}}{146\text{〔g/mol〕}} : \frac{27.0\times10^{-3}\text{〔g〕}}{18\text{〔g/mol〕}} = 1:1 \qquad \therefore \quad x = \underline{2.19\times10^2\text{〔mg〕}}$$

問2　(2)式「$CaC_2O_4 \cdot H_2O \longrightarrow CaO + CO_2 + CO + H_2O$」より，$H_2O$ 以外に生じた物質は CO_2（＝44）と CO（＝28）であり，図1の②，③で減少した質量の関係（②の減少質量＜③の減少質量）と両物質の分子量の関係から，②で発生した物質は CO，③で発生した物質は CO_2 と決まる。なお，炭酸カルシウム $CaCO_3$ をはじめとする炭酸塩は，加熱すると熱分解し，酸化物と二酸化炭素 CO_2 に分かれる。

テーマ 5

濃硫酸を用いた反応・その他の反応

フレーム 5

■濃硫酸を用いた反応

濃硫酸は特徴的な性質がたくさんあるため，特殊な化学反応を引き起こす。

◎不揮発性

⇨ 濃硫酸は沸点が高く，加熱しても蒸気にならない不揮発性があり，**沸点が低い揮発性の酸の生成に利用**される（次式）。

揮発性の酸の塩＋不揮発性の酸（濃硫酸）

⟶ 不揮発性の酸の塩＋揮発性の酸↑

［例 1］ 塩化ナトリウム NaCl に濃硫酸を加えて加熱すると塩化水素 HCl が発生する。

$NaCl + H_2SO_4 \longrightarrow NaHSO_4 + HCl\uparrow$

$(Na^+Cl^-\ \ H^+HSO_4^-)$

※濃硫酸中で H_2SO_4 の 2 段目（$HSO_4^- \longrightarrow SO_4^{2-} + H^+$）の電離度はあまり大きくないため，$HSO_4^-$の塩となる。

［例 2］ フッ化カルシウム CaF_2 に濃硫酸を加えて加熱するとフッ化水素 HF が発生する。

$CaF_2 + H_2SO_4 \longrightarrow CaSO_4 + 2HF\uparrow$

$(Ca^{2+}2F^-\ \ 2H^+SO_4^{2-})$

※ Ca^{2+}と SO_4^{2-}で難溶性の塩である硫酸カルシウム $CaSO_4$ が生じる。

◎脱水作用

⇨ 濃硫酸は，主に有機化合物から水分子 H_2O を奪う（この場合の濃硫酸は脱水剤なので，反応式には書き入れない）。

［例］ ギ酸 HCOOH に濃硫酸を加えて加熱すると，脱水により一酸化炭素 CO が発生する。

$HCOOH \longrightarrow CO\uparrow + H_2O$

■**パターン化されない反応**

⇨　以下のような，これまでのパターンに分類しにくい反応式は，別個で覚えていく。

[例 1]　酸素 O_2 に**紫外線を照射させるか，無声放電を行う**と，オゾン O_3 が生成する。

$$3O_2 \rightleftarrows 2O_3$$

[例 2]　二酸化窒素は放置すると，2 分子の NO_2 が結合し，四酸化二窒素 N_2O_4 が生成する。

$$2NO_2 \rightleftarrows N_2O_4$$

実践問題　　1 回目　2 回目　3 回目

目標：5 分　実施日：　／　　／　　／

［Ⅰ］　NaCl や CaF_2 に濃硫酸を加え加熱すると，ハロゲン化水素が発生する。それぞれの化学反応式は

NaCl について

［　　ア　　］

CaF_2 について

［　　イ　　］

と表される。

問　［ア］，［イ］に適切な化学反応式を記入せよ。　(2008 京都)

［Ⅱ］　揮発性の酸の塩に不揮発性の強酸を加えて加熱すると，揮発性の酸が発生する。実験室で硝酸を発生させる反応の化学反応式を書け。

(2011 奈良県立医科)

［Ⅲ］　一酸化炭素は，実験室ではギ酸を濃硫酸などと共に加熱し，分解してつくられる。このときの反応を表す以下の**化学反応式**を完成させよ。

［A］ ⟶ ［B］ + CO　(2016 秋田)

［Ⅳ］　次の文章を読み，**問**に答えよ。

褐色の二酸化窒素は，2 分子が結合して化学エネルギーのより小さな無色の四酸化二窒素を生成する。この場合，窒素原子の［ア］同士が［イ］結合を形成する。この反応において，二酸化窒素はその沸点(21℃)以上の室温から 140℃程度の範囲で四酸化二窒素と平衡にある事が知られている。二酸化窒素 2 mol と四酸化二窒素 1 mol になるときのエンタルピー変化 ΔH は -57 kJ である。

問1　空欄 ア ，イ に適切な語句を入れよ。

問2　二酸化窒素と四酸化二窒素の平衡反応を化学反応式に反応エンタルピーを書き加えた式で表せ。（2016 関西学院 改）

解答

［Ⅰ］ア　$NaCl + H_2SO_4 \longrightarrow NaHSO_4 + HCl$

イ　$CaF_2 + H_2SO_4 \longrightarrow CaSO_4 + 2HF$

［Ⅱ］　$NaNO_3 + H_2SO_4 \longrightarrow NaHSO_4 + HNO_3$

（$KNO_3 + H_2SO_4 \longrightarrow KHSO_4 + HNO_3$ でも可）

［Ⅲ］A　HCOOH

B　H_2O

［Ⅳ］**問1** ア　不対電子　　イ　共有

問2　$2NO_2$(気) $\rightleftarrows$ N_2O_4(気) + $\Delta H = -57$ kJ

[解説]

［Ⅰ］　濃硫酸の不揮発性を利用し，揮発性の酸を発生させる反応である。

［Ⅱ］　硝酸 HNO_3 は揮発性の酸であるため，実験室的には硝酸塩（一般的にアルカリ金属の硝酸塩）に濃硫酸を加えて加熱することで，気体の HNO_3 を得る。

$NaNO_3 + H_2SO_4 \longrightarrow NaHSO_4 + HNO_3\uparrow$

（$Na^+NO_3^-$ $H^+HSO_4^-$）

※工業的には，硝酸はオストワルト法でつくる（⇨ P.96）

［Ⅲ］　ギ酸 A HCOOH に濃硫酸を加えて加熱すると，次図のように分子内から水 B H_2O が取れて一酸化炭素 CO が発生する。

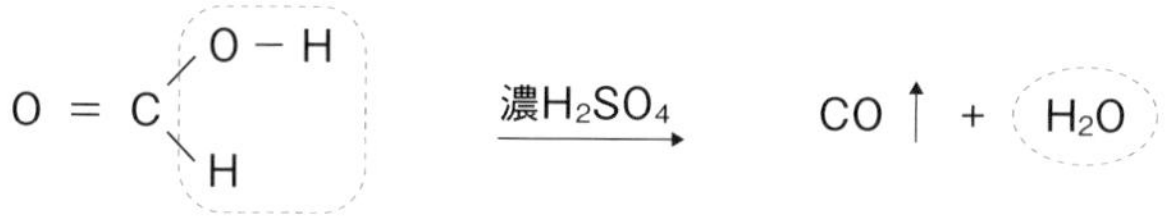

$O=C(-O-H)(-H)$ $\xrightarrow{\text{濃}H_2SO_4}$ $CO\uparrow + H_2O$

［Ⅳ］ **問１** 二酸化窒素 NO_2 中の N 原子は$_ア$<u>不対電子</u>をもつため，この不対電子は電子対をつくろうと NO_2 分子どうしが$_イ$<u>共有結合</u>し，四酸化二窒素 N_2O_4 になる。

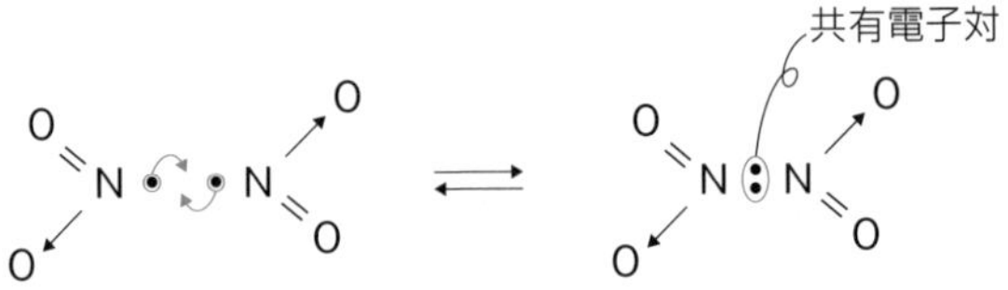

共有電子対

問２ 題意より，NO_2 は２分子が結合し，よりエンタルピーが小さい N_2O_4 となるため，エンタルピーの関係は次図のようになる。

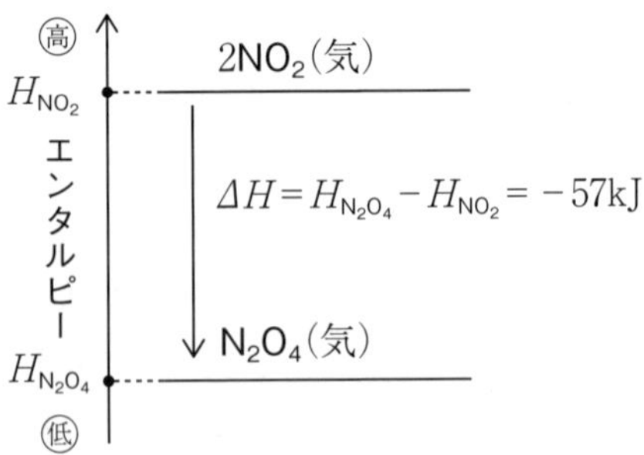

よって，反応エンタルピーを加えた化学反応式は次式のようになる。

<u>$2NO_2$（気）⇄ NO_2（気）＋$\Delta H = -57$ kJ</u>

NO_2 は不対電子をもったまま比較的安定に存在できる理由

NO_2 は次図のように，二重結合 N＝O と配位結合 N→O が高速で入れ替わり（これを共鳴しているという），実際にはその中間の安定性の高い構造をとっているため。

テーマ 6 気体発生と捕集

フレーム 6

◎気体発生実験のフロー

発生反応（試薬と装置の確定） → 乾燥 → 捕集

※捕集方法は，気体を水に溶かしたときの液性で分類できる。

◎発生反応

種　類	捕集法	気　体	製　法	反応の種類	加　熱※
中性気体	水上置換法	H_2	Zn ＋強酸（希 HCl や希 H_2SO_4）	酸化還元	×
		N_2	NH_4NO_2（固）	熱分解	○
		O_2	H_2O_2 ＋ MnO_2（固）	触媒分解	×
			$KClO_3$（固）＋ MnO_2（固）	触媒分解	○
		CO	HCOOH ＋濃 H_2SO_4	濃硫酸の脱水作用	○
		NO	Cu（or Ag）＋希 HNO_3	酸化還元	×
酸性気体	下方置換法	Cl_2	MnO_2（固）＋濃 HCl	酸化還元	○
			CaCl（ClO）・H_2O（固）＋希 HCl	弱酸遊離＋酸化還元	×
		CO_2	$CaCO_3$（固）＋希 HCl	弱酸遊離	×
			$NaHCO_3$（固）	熱分解	○
		NO_2	Cu（or Ag）＋濃 HNO_3	酸化還元	×
		SO_2	Cu（or Ag）＋濃 H_2SO_4	酸化還元	○
			$NaHSO_3$ ＋希 H_2SO_4	弱酸遊離	×
		H_2S	FeS ＋強酸（希 HCl や希 H_2SO_4）	弱酸遊離	×
		HCl	NaCl（固）＋濃 H_2SO_4	濃硫酸の不揮発性	○
塩基性気体	上方置換法	NH_3	NH_4Cl（固）＋ $Ca(OH)_2$（固）	弱塩基遊離	○

※加熱が必要な場合（ガスバーナーを設置する）は，以下の 3 パターンのみと覚える。

パターン 1　固体のみ

パターン 2　濃硫酸を用いる場合

パターン 3　MnO_2（固）＋濃 HCl

◎乾　燥（適切な乾燥剤の選択）

⇨　気体を発生させる際，捕集目的の気体と一緒に水蒸気が混ざって出てきてしまうことがあるため，その水蒸気を取り除くために乾燥剤を用いる。しかし，捕集する目的の気体と乾燥剤が反応しないように注意しなければならず，水蒸気だけを吸収し，目的の気体と反応しない乾燥剤を選ぶ必要がある（次表）。基本的には，捕集目的の気体と乾燥剤が中和反応しない組合せで乾燥剤を選ぶと覚えておく。なお，例外的に，「H_2S の乾燥に濃硫酸は不適」，「NH_3 の乾燥に塩化カルシウムは不適」は覚えておくとよい。

乾燥剤		酸性気体	塩基性気体（NH_3）	中性気体
酸　性	P_4O_{10}（固）	○	×	○
	濃 H_2SO_4（液）	○ （H_2S は酸化還元反応するので×）		○
塩基性	ソーダ石灰 （$CaO + NaOH$）	×	○	○
中　性	塩化カルシウム $CaCl_2$	○	× （NH_3 と $CaCl_2 \cdot 8NH_3$ という化合物をつくってしまう）	○

◎捕　集

⇨　気体の捕集方法は次の 2 段階で決定する。結果的に，捕集方法は気体の液性で決まることになる。

水上置換法

水

Step1　水に溶けるか溶けないか

- 溶けない ⇨ 水上置換法 ⇨ 中性気体（H_2，N_2，O_2，O_3，CO，NO）
- 溶ける ⇨ **Step2** へ

Step2　空気より重いか軽いか

- 軽い ⇨ 上方置換法 ⇨ 塩基性気体（NH_3 のみ）
- 重い ⇨ 下方置換法 ⇨ 酸性気体（Cl_2，CO_2，NO_2，SO_2，H_2S，HCl）

空気の組成を N_2 80 %，O_2 20 % とすると，空気の平均分子量 $\overline{M}$ は以下のようになる。

$$\overline{M} = 28 \times \frac{80}{100} + 32 \times \frac{20}{100} = 28.8$$

この値より捕集気体の分子量が大きいければ空気より重く，小さければ空気より軽い。

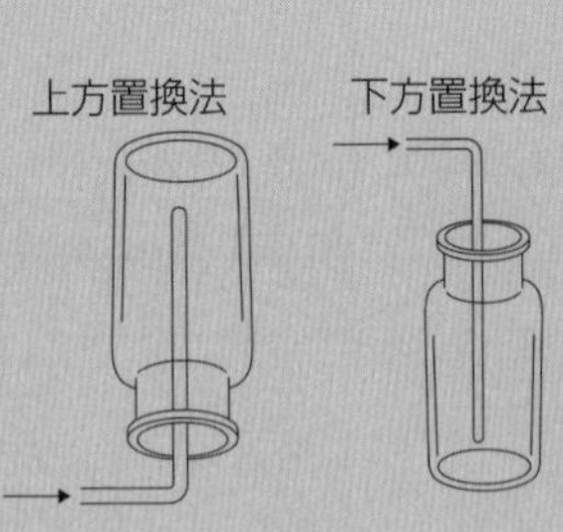

実践問題

1回目　2回目　3回目

目標：20分　実施日：　／　　／　　／

［Ⅰ］　原子量：H = 1.0, N = 14, O = 16, Cl = 35.5, Mn = 55

次の文章を読み，表1を参考に**問1**～**問5**に答えよ。

物質の中には常温で気体として存在しているものもある。表1は5種の気体について実験室における主な製法をまとめたものである。

表1　気体の製法

気体	実験室での主な製法
アンモニア	水酸化カルシウムと塩化アンモニウムから発生
二酸化窒素	銅と濃硝酸から発生
塩素	酸化マンガン(Ⅳ)に濃塩酸を加えて加熱
酸素	触媒による過酸化水素の分解
水素	亜鉛と硫酸から発生

問1　表1で示した製法にしたがって発生させたアンモニア NH_3 の気体の全量を，0.100 mol/L の希硫酸 H_2SO_4 80.0 mL に吸収させて完全に反応させた。未反応の硫酸を 0.100 mol/L の水酸化ナトリウム NaOH 水溶液で滴定したところ，中和点までに加えた水酸化ナトリウム水溶液の体積は 20.0 mL であった。アンモニアの発生にもちいた塩化アンモニウム NH_4Cl は少なくとも何 g か。有効数字2桁で答えよ。

問2　銅と濃硝酸から二酸化窒素を発生させる化学反応式を，下の例にならって記せ。

（例）　$CaCO_3 + 2HCl \longrightarrow CaCl_2 + H_2O + CO_2\uparrow$

問3　酸化マンガン(Ⅳ)MnO_2 1.74 g に十分な量の濃塩酸を加えて発生した塩素 Cl_2 が，標準状態で占める体積は何 L か。有効数字2桁で答えよ。

問4　表1に示した製法で，酸化マンガン(Ⅳ)を触媒として，質量パーセント濃度 5.00％の過酸化水素水 H_2O_2 aq 100mL をすべて反応させて酸素 O_2 を得た。得られた酸素 O_2 の全量は何 mol か。有効数字2桁で答えよ。ただし，もちいた過酸化水素水の密度は 1.02 g/mL とする。

問5　表1に示した製法で発生した水素 H_2 を 27.0 ℃，1.00×10^5 Pa において水上置換法で捕集して体積を測定したところ，6.00×10^{-2} L となった。このとき得られた水素は何 mol か。有効数字2桁で答えよ。ただし，27.0 ℃における飽和水蒸気圧は 4.00×10^3 Pa とし，気体定数を 8.31×10^3 Pa·L/(K·mol)とする。

（2017 上智）

［Ⅱ］ アンモニアを実験室でつくるには，塩化アンモニウムと水酸化カルシウムを混合して加熱する方法が用いられる。

(1) この反応式を示せ。

(2) 塩化アンモニウムの代用として使用できる試薬を下記の選択肢の中からすべて選び，記号で答えよ。もし該当する選択肢がない場合には，×印を記せ。

(ア) 塩化ナトリウム　　(イ) 硫酸アンモニウム

(ウ) 炭酸アンモニウム　　(エ) 窒化ホウ素

(3) 塩化アンモニウムと水酸化カルシウムの混合物を試験管に入れて加熱する際，試験管の向きに気をつけなければならない。どのようにするべきか。理由とともに簡潔に記せ。

(4) 下記の文章の(　　　)内に入る適切な語句を答えよ。また，それは，アンモニアのどのような性質によるものか，答えよ。

発生したアンモニアは，(　　　)置換で捕集する。

(2015 慶應・医)

［Ⅲ］ 次の文を読み，以下の問いに答えよ。

塩素は種々の化合物をつくるうえで重要な物質であり，工業的には高濃度の食塩水を電気分解して得られる。実験室においては，<u>酸化マンガン(Ⅳ)に濃塩酸を加え加熱することで塩素を発生させることができる</u>。

問 下線部の方法で塩素を発生させるための実験装置を示した。以下の問いに答えよ。

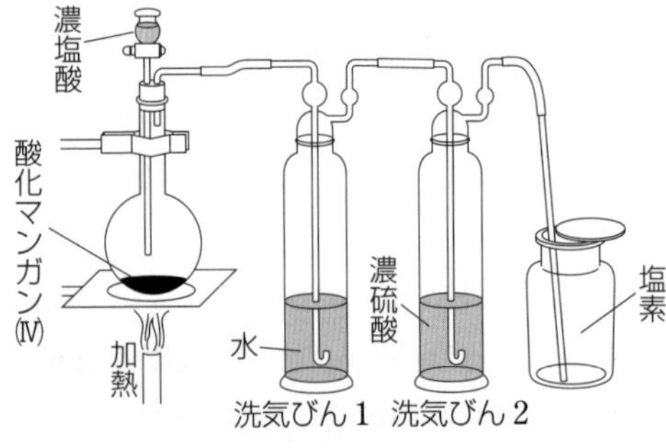

(1) フラスコ内で起こる反応の化学反応式を示せ。

(2) 洗気びん1の役割を20字以内で述べよ。

(3) 洗気びん2の役割を20字以内で述べよ。

(4) 図に示した実験装置における塩素の集め方の名称を示し，この方法を用いる理由を20字以内で述べよ。

(2010 横浜国立)

［Ⅳ］ 次の文章を読み，以下の問い(**問 1 ～ 6**)に答えよ。

図 1 の装置を用い，石灰石と希塩酸を反応させると，純粋な二酸化炭素を製造することができる。

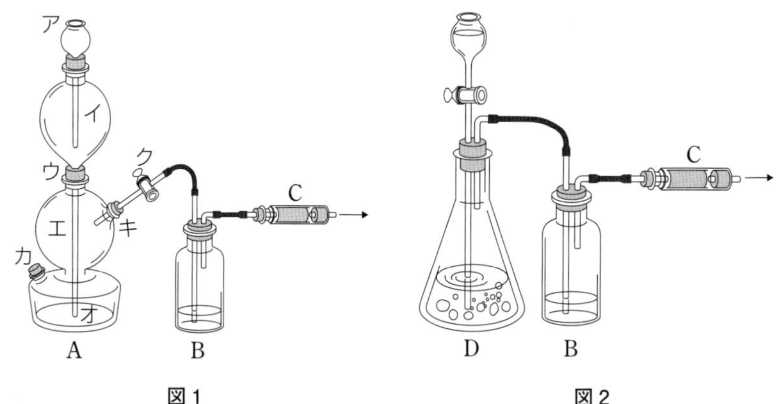

図 1　　図 2

問 1　A ～ C の器具の名称をかけ。

問 2　石灰石と希塩酸はどこから入れたらよいか。それぞれ図 1 中のア・ウ・カ・キから選べ。

問 3　この装置を用いて二酸化炭素を発生させるとき，通常は酸として希塩酸を用いるが希硫酸は用いない。これと関係のある事実として，最も適切なものを次の(a)～(d)から選べ。

(a)　硫酸の溶解熱は塩化水素よりも大きい。

(b)　硫酸の酸化力は塩酸よりも大きい。

(c)　硫酸のカルシウム塩は難溶性であるが，塩酸のカルシウム塩は可溶性である。

(d)　硫酸は 2 価の酸であるが，塩酸は 1 価の酸である。

問 4　C に充てんする化学物質として適切なものは何か。その化学式を一つかけ。

問 5　反応中にクを閉じると，酸はどの部分に入っていくか。図 1 中のア～キから選べ。

問 6　図 1 の A が図 2 の D よりも優れている点として，最も適切なものを次の(a)～(d)から選べ。

(a)　用いる酸の取り替えが容易である。

(b)　気体を発生させる操作が容易である。

(c)　純粋な気体を得ることが容易である。

(d)　気体の発生の調節が容易である。　(2015 千葉)

解答

［Ⅰ］**問1**　7.5×10^{-1} g

問2　$Cu + 4HNO_3 \longrightarrow Cu(NO_3)_2 + 2NO_2 \uparrow + 2H_2O$

問3　4.5×10^{-1} L　　**問4**　7.5×10^{-2} mol　　**問5**　2.3×10^{-3} mol

［Ⅱ］(1)　$2NH_4Cl + Ca(OH)_2 \longrightarrow CaCl_2 + 2NH_3 + 2H_2O$

(2)　(イ)，(ウ)

(3)　試験管の底部を水平よりも少し高くする。なぜなら，発生した水蒸気が試験管の口付近で冷却され凝縮し，生じた液体の水が加熱している試験管の底部に流れると，試験管が割れてしまう可能性があるから。

(4)　語句…上方　　性質…水に溶けやすく，空気よりも軽い。

［Ⅲ］(1)　$MnO_2 + 4HCl \longrightarrow MnCl_2 + Cl_2 + 2H_2O$

(2)　混入する塩化水素を除去する。

(3)　混入する水分を除去する。

(4)　名称…下方置換法　　理由…塩素は水に溶け，空気よりも重いため。

［Ⅳ］**問1**A　キップの装置　　B　洗気びん　　C　乾燥管(または気体乾燥管)

問2　石灰石…キ　　希塩酸…ア

問3　(c)　　**問4**　$CaCl_2$ (または P_4O_{10})　　**問5**　イ　　**問6**　(d)

[解説]

［Ⅰ］ **問1**　弱塩基由来の塩である塩化アンモニウム NH_4Cl に強塩基である水酸化カルシウム $Ca(OH)_2$ を加えると，次式のように弱塩基であるアンモニア NH_3 が遊離し，強塩基由来の塩である塩化カルシウム $CaCl_2$ が生じる。

$$
\begin{array}{lrcl}
 & (NH_4Cl & \longrightarrow & NH_4^+ + Cl^-)\times 2 \\
+) & Ca(OH)_2 & \longrightarrow & Ca^{2+} + 2OH^- \\
\hline
 & 2NH_4Cl + Ca(OH)_2 & \longrightarrow & CaCl_2 + 2NH_3\uparrow + 2H_2O \\
 & & & \quad (2NH_4OH)
\end{array}
$$

用いた NH_4Cl の物質量を x〔mol〕とおくと，上式の反応式の関係($NH_3 : NH_4Cl = 2 : 2$)より，発生した NH_3 の物質量も x〔mol〕となる。ここで，本問の滴定では次の線分図に示す関係がある(詳しくは『化学の解法フレーム[理論編]』の P.103 を参照のこと)。

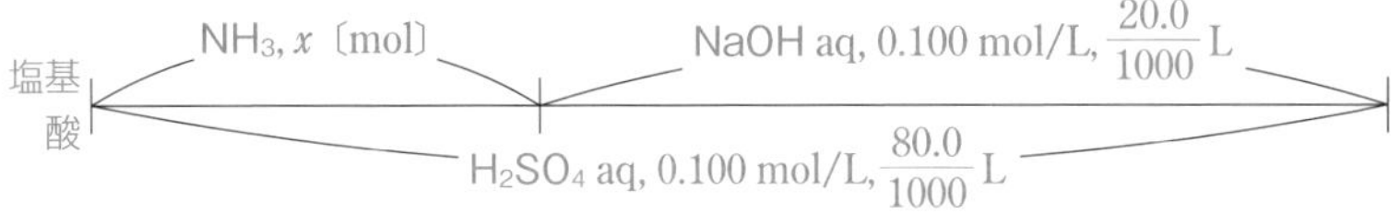

よって，上の線分図より，次式が成り立つ。

$$\underbrace{0.100\,[\mathrm{mol/L}] \times \frac{80.0}{1000}\,[\mathrm{L}] \times \overset{\text{価数}}{2}}_{H_2SO_4\text{が放出する}H^+[\mathrm{mol}]} = \underbrace{x\,[\mathrm{mol}] \times \overset{\text{価数}}{1}}_{NH_3\text{が受け取る}H^+[\mathrm{mol}]} + \underbrace{0.100\,[\mathrm{mol/L}] \times \frac{20.0}{1000}\,[\mathrm{L}] \times \overset{\text{価数}}{1}}_{NaOH\text{が放出する}OH^-[\mathrm{mol}]}$$

$\therefore\ x = 1.4 \times 10^{-2}\,[\mathrm{mol}]$

以上より，用いた NH_4Cl(= 53.5)の質量〔g〕は，

$53.5\,[\mathrm{g/mol}] \times 1.4 \times 10^{-2}\,[\mathrm{mol}] = 7.49 \times 10^{-1} \fallingdotseq \underline{7.5 \times 10^{-1}\,[\mathrm{g}]}$

問 2　濃硝酸は強い酸化力を持ち，次式のように Cu が溶解し，NO_2 が発生する。

$$\begin{array}{lll}
\text{還元剤} & Cu & \longrightarrow Cu^{2+} + 2e^- \\
\text{酸化剤} & +)\ (HNO_3 + H^+ + e^- & \longrightarrow NO_2 + H_2O) \times 2 \\
\hline
 & Cu + 2HNO_3 + 2H^+ & \longrightarrow Cu^{2+} + 2NO_2 + 2H_2O \\
 & +)\qquad 2NO_3^- & \qquad 2NO_3^- \\
\hline
 & \underline{Cu + 4HNO_3} & \underline{\longrightarrow Cu(NO_3)_2 + 2NO_2\uparrow + 2H_2O}
\end{array}$$

問 3　酸化マンガン(Ⅳ)MnO_2 は酸性下で酸化力を持ち，濃塩酸中の Cl^- を酸化し，塩素 Cl_2 が発生する。

$$\begin{array}{lll}
\text{酸化剤} & MnO_2 + 4H^+ + 2e^- & \longrightarrow Mn^{2+} \qquad\qquad + 2H_2O \\
\text{還元剤} & +)\qquad 2Cl^- & \longrightarrow \qquad\qquad Cl_2 + 2e^- \\
\hline
 & MnO_2 + 2Cl^- + 4H^+ & \longrightarrow Mn^{2+} + Cl_2 + 2H_2O \\
 & +)\qquad 2Cl^- & \qquad 2Cl^- \\
\hline
 & 1MnO_2 + 4HCl & \longrightarrow MnCl_2 + 1Cl_2\uparrow + 2H_2O
\end{array}$$

よって，発生した Cl_2 の標準状態で占める体積は，上式より，

$$\overbrace{\frac{1.74\,[\mathrm{g}]}{87\,[\mathrm{g/mol}]}}^{MnO_2[\mathrm{mol}] = Cl_2[\mathrm{mol}]} \times 22.4\,[\mathrm{L/mol}] = 4.48 \times 10^{-1} \fallingdotseq \underline{4.5 \times 10^{-1}\,[\mathrm{L}]}$$

問 4　酸化マンガン(Ⅳ)MnO_2 を触媒として過酸化水素 H_2O_2 水を分解すると酸素 O_2 が発生する。

$$2H_2O_2 \longrightarrow 1O_2\uparrow + 2H_2O$$

よって，得られたO_2の物質量〔mol〕は，上式より

$$\frac{1.02\,[\text{g/mL}] \times 100\,[\text{mL}] \times \dfrac{5.00}{100}}{34\,[\text{g/mol}]} \times \frac{1}{2} = \underline{7.5 \times 10^{-2}\ [\text{mol}]}$$

（H_2O_2aq〔g〕，H_2O_2〔g〕，H_2O_2〔mol〕，係数比）

問 5　亜鉛 Zn は水素 H_2 よりイオン化傾向が大きいため，硫酸 H_2SO_4 のような H^+が豊富な水溶液中では Zn は H^+に e^-を渡し，H_2 を発生しながら Zn^{2+}となって溶解する。

$$Zn + H_2SO_4 \longrightarrow ZnSO_4 + H_2\uparrow$$

$$(Zn + 2H^+ + SO_4^{2-} \longrightarrow Zn^{2+} + SO_4^{2-} + H_2)$$

ここで，ドルトンの分圧の法則より，水上置換法で捕集した H_2 の分圧 P_{H_2}〔Pa〕は，

$$P_{H_2} = P_{大気圧} - P_{H_2O}$$
$$= (1.00 \times 10^5) - (4.00 \times 10^3)$$
$$= 9.6 \times 10^4\ [\text{Pa}]$$

よって，得られた H_2 の物質量を n_{H_2}〔mol〕とおくと，気体の状態方程式より，

$$P_{H_2}V = n_{H_2}RT$$

$$\Leftrightarrow\quad n_{H_2} = \frac{P_{H_2}V}{RT} = \frac{(9.6\times10^4)\times(6.00\times10^{-2})}{(8.31\times10^3)\times(27.0+273)} = 2.31\cdots\times10^{-3} \fallingdotseq \underline{2.3\times10^{-3}\ [\text{mol}]}$$

［Ⅱ］（1）　反応式の作成法は［Ⅰ］**問 1** 解説を参照のこと。

（2）　アンモニウム塩である<u>(イ)</u>の硫酸アンモニウム$(NH_4)_2SO_4$と<u>(ウ)</u>の炭酸アンモニウム$(NH_4)_2CO_3$であれば，次式のように弱塩基であるアンモニア NH_3 を発生させることができる。

［硫酸アンモニウム$(NH_4)_2SO_4$を用いた場合］

$$(NH_4)_2SO_4 \longrightarrow 2NH_4^+ + SO_4^{2-}$$
$$+)\quad Ca(OH)_2 \longrightarrow Ca^{2+} + 2OH^-$$
$$(NH_4)_2SO_4 + Ca(OH)_2 \longrightarrow CaSO_4 + 2NH_3\uparrow + 2H_2O$$

［炭酸アンモニウム$(NH_4)_2CO_3$を用いた場合］

$$(NH_4)_2CO_3 \longrightarrow 2NH_4^+ + CO_3^{2-}$$
$$+)\quad Ca(OH)_2 \longrightarrow Ca^{2+} + 2OH^-$$
$$(NH_4)_2CO_3 + Ca(OH)_2 \longrightarrow CaCO_3 + 2NH_3\uparrow + 2H_2O$$

(3), (4)　アンモニア NH_3 の発生・乾燥・捕集装置は右図のようになる。NH_3 は水に溶けやすく，空気よりも軽いため，上方置換法で捕集する。なお，NH_3 は塩基性の気体であるため酸性の乾燥剤を用いることができない上，中性の乾燥剤である塩化カルシウム $CaCl_2$ とも反応してしまう。そのため，NH_3 の乾燥には塩基性の乾燥剤であるソーダ石灰を用いる。

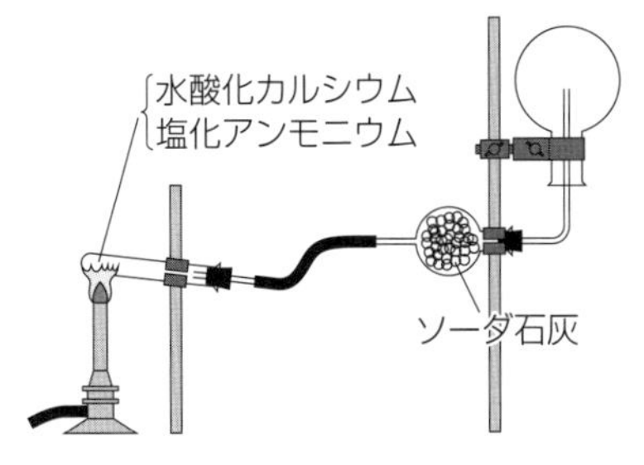

[Ⅲ]　(1)　反応式の作成法は[Ⅰ]**問3**解説を参照のこと。

(2)～(4)　塩素 Cl_2 の発生・乾燥・捕集装置は右図のようになる。

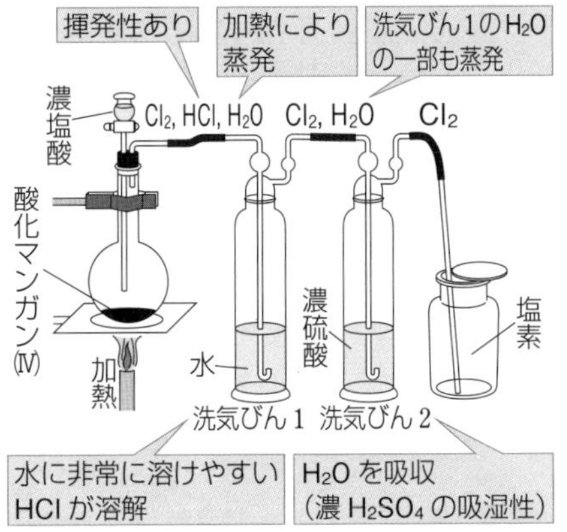

[Ⅳ]　**問3**　炭酸カルシウム $CaCO_3$ は弱酸由来の塩であり，強酸である硫酸 H_2SO_4 を加えることで，弱酸である H_2CO_3(CO_2 + H_2O)が遊離する。

$$CaCO_3 + H_2SO_4 \longrightarrow CaSO_4 + \underset{(H_2CO_3)}{CO_2 + H_2O}$$

しかし，生じる硫酸カルシウム $CaSO_4$ は難溶性の塩のため，CO_2 の発生には不向きである($CaCO_3$ の表面を $CaSO_4$ が覆い，反応しにくくなる)。

問4　酸性気体である CO_2 と反応しない乾燥剤，つまり中性の乾燥剤である塩化カルシウム $\underline{CaCl_2}$，または酸性の乾燥剤である十酸化四リン $\underline{P_4O_{10}}$ を入れる(乾燥管の形状から，適切な乾燥剤は固体である)。

問5　反応を止めたいときはクのコックを閉じると(発生した気体により)エの内圧が上がり，反応溶液(酸)は押し戻されて<u>イ</u>の部分に溜まり，反応物どうしの接触がなくなることで反応を停止させることができる。

テーマ 7

気体の推定

フレーム 7

◎推定のフロー

見た目(色)・におい → 検出反応

◎気体の性質・検出反応一覧

種類	気体	性質		検出反応
		色	におい	
中性気体	H_2	無色	無臭	爆発的に燃焼
	N_2	無色	無臭	不活性
	O_2	無色	無臭	助燃性あり
	O_3	淡青色	**特異臭**	ヨウ化カリウムデンプン紙を青変
	CO	無色	無臭	毒性あり，還元性あり
	NO	無色	無臭	空気と触れると赤褐色に変化
酸性気体	Cl_2	黄緑色	刺激臭	ヨウ化カリウムデンプン紙を青変
	F_2	淡黄色	刺激臭	水と激しく反応する
	CO_2	無色	無臭	不燃性，石灰水を白濁
	NO_2	赤褐色	刺激臭	−
	SO_2	無色	刺激臭	還元性・漂白作用あり
	H_2S	無色	**腐卵臭**	$Pb(CH_3COO)_2$ aq で黒色沈殿
	HCl	無色	刺激臭	NH_3 と反応し白煙発生
	HF	無色	刺激臭	ガラス(主成分 SiO_2)を溶かす
塩基性気体	NH_3	無色	刺激臭	HCl と反応し白煙発生

実践問題　　1回目　2回目　3回目

目標：5分　実施日：　／　　／　　／

次の文章を読み，**問**に答えよ。

下記の気体のうち，8種類の気体A，B，C，D，E，F，G，Hについて，いくつかの性質を①から⑧に記している。

水素　酸素　窒素　塩素　塩化水素
フッ化水素　硫化水素　二酸化窒素　二酸化炭素　二酸化硫黄
一酸化窒素

① A, B, C, D, F, GおよびHは無色であるが，Eは有色である。

② A, BおよびFは無臭であるが，C, D, E, GおよびHは刺激臭ないし悪臭を有する。

③ AおよびFは水に溶けにくいが，B, C, D, E, GおよびHは水に溶け，その水溶液は酸性を示す。

④ Fは，空気中ですみやかに酸化される。

⑤ CおよびEは酸性の硝酸銀水溶液に通すと，同一の白色沈殿を生じる。

⑥ AとEを混合して日光にあてると，爆発的に反応してCを生成する。

⑦ Dを硫酸酸性の過マンガン酸カリウム水溶液に通すと，Dは酸化されて反応溶液は白濁する。

⑧ Gを硫酸酸性の過マンガン酸カリウム水溶液に通すと，Gは酸化されて反応溶液の色は変化するが，白濁しない。

問 上記文中のA, B, C, D, E, F, G, Hがどの気体かを推定して，それぞれ化学式で答えよ。

(2015 東北・後)

解答

A H_2　B CO_2　C HCl　D H_2S　E Cl_2　F NO
G SO_2　H HF

[解説]

性質の説明文①～⑧を気体A～Hに振り分けると以下のようになる。

A
- ①無色
- ②無臭
- ③水に不溶(中性)
- ⑥[気体E] Cl_2 ＋光で[気体C] HCl が生成

以上より，水素 $\underline{H_2}$ だとわかる。

B
- ①無色
- ②無臭
- ③水に溶けて，酸性を示す

以上より，二酸化炭素 $\underline{CO_2}$ だとわかる。

C
- ①無色
- ②刺激臭または悪臭
- ③水に溶けて，酸性を示す
- ⑤ $AgNO_3(Ag^+)$水溶液で白色沈殿 → F^-以外のハロゲン化物イオン含む

以上より，塩化水素 <u>HCl</u> だとわかる。

D
- ①無色
- ②刺激臭または悪臭
- ③水に溶けて，酸性を示す
- ⑦ $KMnO_4(MnO_4^-)$水溶液を脱色し，白濁 → 還元性あり＋S(単体)を生成

以上より，硫化水素 <u>H_2S</u> だとわかる(水溶液中で生じる硫黄 S の沈殿は微粒子で光を散乱し，黄色よりはむしろ白っぽく見える)。

E
- ①有色→ Cl_2(黄緑) or NO_2(赤褐)
- ②刺激臭または悪臭
- ③水に溶けて，酸性を示す
- ⑤ $AgNO_3(Ag^+)$水溶液で白色沈殿 → F^-以外のハロゲン化物イオン含む

以上より，塩素 <u>Cl_2</u> だとわかる。

F
- ①無色
- ②無臭
- ③水に不溶(中性)
- ④空気中で容易に酸化される

以上より，一酸化窒素 <u>NO</u> だとわかる。

G
- ①無色
- ②刺激臭または悪臭
- ③水に溶けて，酸性を示す
- ⑦ $KMnO_4(MnO_4^-)$水溶液を脱色し，白濁はなし → 還元性あり

以上より，二酸化硫黄 <u>SO_2</u> だとわかる(⑦では MnO_4^-に酸化され，SO_4^{2-}となる)。

H
- ①無色
- ②刺激臭または悪臭
- ③水に溶けて，酸性を示す

以上より，類似の性質をもつ他の気体が確定しているため，フッ化水素 <u>HF</u> だとわかる。

テーマ 8 金属単体の推定

フレーム 8

◎イオン化列と金属単体の反応性

イオン化傾向

大 ← 小

Li	K	Ca	Na	Mg	Al	Zn	Fe	Ni	Sn	Pb	(H_2)	Cu	Hg	Ag	Pt	Au
冷水と反応																
熱水と反応																
高温の水蒸気と反応																
希酸(希 HCl，希 H_2SO_4 と反応)※1																
酸化力のある酸(濃 HNO_3，希 HNO_3，熱濃 H_2SO_4)と反応※2																
王水(濃 HNO_3：濃 HCl = 1：3)と反応																

※1　Pb は，希塩酸や希硫酸を加えると，表面を難溶性の $PbCl_2$ や $PbSO_4$ が覆ってしまうので，すぐに反応が停止する。

※2　Al，Fe，Ni は酸化力の非常に強い濃硝酸を加えると，表面を酸化被膜が覆い，内部の金属を保護するので，すぐに反応が停止する(**不動態**(ふどうたい)の形成)。

実践問題　　1回目　2回目　3回目

目標：8分　実施日：　／　　／　　／

つぎの文を読み，**問(1) ～ (5)** に答えよ。

Al，Cu，Fe，Pb，Mg，Ni，Pt，Ag，Na，Zn の 10 種類の金属元素を，金属の化学的な性質の違いによって A ～ G の 7 種類の金属群に，それぞれ分類した。乾いた空気中では，B は速やかに酸化されるが，F と G は酸化されなかった。D は空気中で加熱により酸化され，A, C, E はさらに強熱しなければ酸化されなかった。水との反応では，B が常温で最も激しく反応し，水素を発生するのに対して，D は熱水と，A は高温の水蒸気とそれぞれ反応し，水素を発生した。残りの C, E, F，G は水と反応しなかった。希酸には A，B，C，D が溶けて，水素を発生するが，(a)E と F は酸化力のある酸に溶け，(b)G はある 2 種類の酸の混合物にのみ溶けた。ただし，C の中には(c)塩酸や希硫酸に溶けにくい金属もあった。

(1) 次の0～9の各金属元素を文章中のA～Gの7種類にそれぞれ分類せよ。

0 Al　1 Cu　2 Fe　3 Pb　4 Mg　5 Ni　6 Pt

7 Ag　8 Na　9 Zn

(2) 下線部(a)で，EとFに分類される金属元素を(ア)熱濃硫酸と(イ)濃硝酸に溶かした場合に，共通に発生する気体を解答群から選べ。

解答群

0 H_2　1 O_2　2 N_2　3 Cl_2　4 NO_2　5 NO　6 SO_2

7 SO_3

(3) 下線部(b)で，金属Gが溶ける酸の混合物を解答群から選べ。

解答群

0 濃硝酸と濃塩酸の混合物　1 濃硝酸と濃硫酸の混合物

2 濃硫酸と濃塩酸の混合物　3 濃塩酸と酢酸の混合物

4 濃硝酸と酢酸の混合物

(4) 下線部(c)の溶けにくい理由を解答群から選べ。

解答群

0 金属表面がち密な酸化皮膜で覆われるから。

1 金属表面が水に溶けにくい塩で覆われるから。

2 金属表面が水酸化物によって覆われるから。

3 金属表面が水素化物によって覆われるから。

(5) 次のうち，金属樹が生成する組み合わせを解答群から選べ。

解答群

0 Gの金属とFの金属イオンを含む水溶液

1 Fの金属とAの金属イオンを含む水溶液

2 Aの金属とEの金属イオンを含む水溶液

3 Cの金属とDの金属イオンを含む水溶液

4 Eの金属とCの金属イオンを含む水溶液

(2011 東京理科・理)

解答

(1) 0 A　1 E　2 A　3 C　4 D　5 C　6 G　7 F　8 B　9 A

(2)（ア） 6　（イ） 4　**(3)** 0　**(4)** 1　**(5)** 2

[解説]

(1) 代表的な金属のイオン化列とその反応性を以下に記し，A～Gの該当グループを決める(本問で決定する金属元素は□で囲っておく)。

イオン化列　大 ←→ 小

B				D	A			C			E			F	G	
Li	K	Ca	Na	Mg	Al	Zn	Fe	Ni	Sn	Pb	(H_2)	Cu	Hg	Ag	Pt	Au

(囲まれた元素：Na，Mg，Al，Zn，Fe，Ni，Pb，Cu，Ag，Pt)

水との反応	冷水と反応
	熱水と反応
	高温の水蒸気と反応
酸との反応	希酸(希 HCl，希 H_2SO_4 と反応)
	酸化力のある酸(濃 HNO_3，希 HNO_3，熱濃 H_2SO_4)と反応
	王水(濃 HNO_3 : 濃 HCl = 1 : 3)と反応
空気との反応	速やかに空気と反応
	加熱により空気と反応
	強熱により空気と反応

A ｛空気中で強熱により酸化される。
高温の水蒸気となら反応する。
希酸に溶ける。

以上より，Al～Fe グループだとわかる。

B ｛空気中で速やかに酸化される。
常温の水と激しく反応する。
希酸に溶ける。

以上より，Li～Na グループだとわかる。

C ｛空気中で強熱により酸化される。
水と反応しない。
希酸に溶ける(ただし，希 HCl や希 H_2SO_4 に溶けにくいものもある)。

以上より，Ni～Pb グループだとわかる。

D ｛空気中で加熱により酸化される。
熱水となら反応する。

以上より，Mg だとわかる。

E ｛空気中で強熱により酸化される。
水と反応しない。
(希酸には溶けないが)酸化力のある酸に溶ける。

以上より，Cu，Hg グループだとわかる。

無機編　第2章　実験

F｛空気中で酸化されない。
水と反応しない。
(希酸に溶けないが)酸化力のある酸に溶ける。

以上より，Ag だとわかる。

G｛空気中で酸化されない。
水と反応しない。
2 種類の酸の混合物(王水)には溶ける。

以上より，Pt，Au グループだとわかる。

(2)　グループ E は Cu，グループ F は Ag であり，それぞれに熱濃 H_2SO_4 を加えると SO_2 が，濃 HNO_3 を加えると NO_2 が発生する(反応式の作成法は P.41 を参照のこと)。

(3)　王水は，濃 HNO_3：濃 HCl = 1：3 の体積比で混合した溶液であり，HNO_3 で酸化後，HCl からの Cl^- で Pt や Au を錯イオンにし，溶解させる。

(4)　グループ C で希 HCl や希 H_2SO_4 に溶けにくい元素は鉛 Pb である。Pb を希 HCl や希 H_2SO_4 に浸すと，以下の反応が起こるが，Pb の表面を難溶性の塩化鉛(Ⅱ) $PbCl_2$ や硫酸鉛(Ⅱ) $PbSO_4$ が覆ってしまい，すぐに反応が停止してしまう。

$$\begin{cases} Pb + H_2SO_4 \longrightarrow PbSO_4 + H_2 \\ Pb + 2HCl \longrightarrow PbCl_2 + H_2 \end{cases}$$

反応ストップ！
Pb
水に難溶の $PbCl_2$ や $PbSO_4$ がまわりを覆うので，内部の Pb は反応しない。
希 HCl あるいは希 H_2SO_4

(5)　金属樹とは，水溶液中に浸した金属単体の表面に，水溶液中の金属イオンが単体に戻り，樹木の枝のように析出したものである。金属樹が生成するのは，水溶液に浸した金属単体よりもイオン化傾向の小さい金属がイオンとして水溶液に溶けていた場合に，その金属イオンが単体に戻り金属樹となって析出する。本問の場合，金属樹が生成する組合せは <u>2</u>(A の金属と E の金属イオンを含む水溶液)のみである。例えば，グループ A の金属単体として Fe を，グループ E の金属イオンとして Cu^{2+} を考えてみる。次図のように Cu^{2+} を含む水溶液の中に Fe を浸すと，Cu よりもイオン化傾向の大きい Fe が e^- を Cu^{2+} に渡し，Fe^{2+} となって水溶液中に溶け出す。このとき，Cu^{2+} は e^- を受け取り Cu の単体となり，Fe の表面に金属樹として析出する。

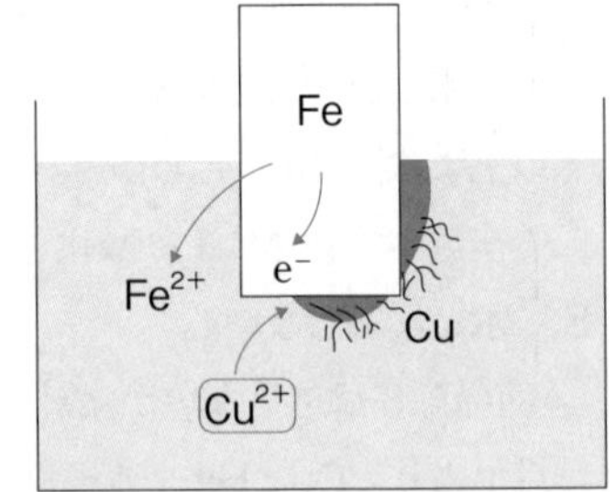

$$Fe + Cu^{2+} \longrightarrow Fe^{2+} + Cu$$

テーマ 9
金属イオンの推定

フレーム9

◎推定のフロー

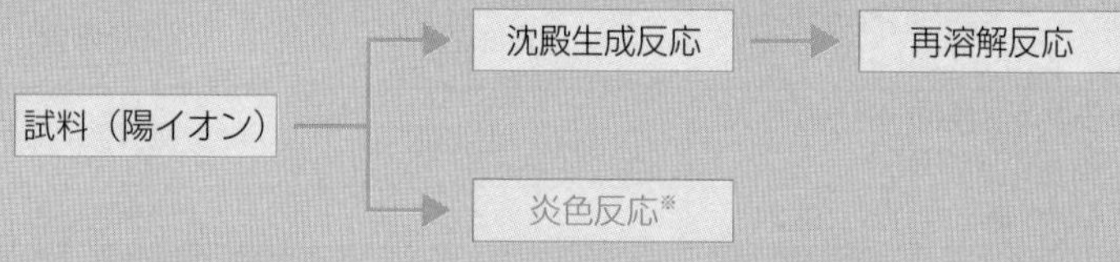

※炎色反応：**沈殿生成が起こらないような金属イオンの検出によく用いる。**

ゴロ　リアカー　無き　K村　勝とう！　動力　を　馬力 に　するべに！

Li^+赤　Na^+黄　K^+紫　Ca^{2+}橙　Cu^{2+}(青)緑　Ba^{2+}(黄)緑　Sr^{2+}紅

◎沈殿生成反応

陰イオン(試薬)	金属陽イオン
塩化物イオン Cl^-	Ag^+，Pb^{2+}など
水酸化物イオン OH^-	アルカリ金属，アルカリ土類金属以外
硫酸イオン $SO_4{}^{2-}$	アルカリ土類金属(Ca^{2+}，Ba^{2+}など)，Pb^{2+}
炭酸イオン $CO_3{}^{2-}$	アルカリ金属以外(ただし，出題はアルカリ土類金属)
クロム酸イオン $CrO_4{}^{2-}$	Ag^+，Pb^{2+}，Ba^{2+}など
硫化物イオン S^{2-}	(液性に関係なし)イオン化傾向が Sn^{2+}以下 (中性・塩基性) Zn^{2+}，Fe^{2+}，Ni^{2+}など

◎再溶解反応

反　応	金属イオン・沈殿		操作・試薬	理　由
錯イオン生成	Ag^+		過剰の NH_3 aq を加える	$[Ag(NH_3)_2]^+$が生じる
	Cu^{2+}			$[Cu(NH_3)_4]^{2+}$が生じる
	Zn^{2+}			$[Zn(NH_3)_4]^{2+}$が生じる
	両性元素	Al^{3+}	過剰の OH^- aq を加える	$[Al(OH)_4]^-$が生じる
		Zn^{2+}		$[Zn(OH)_4]^{2-}$が生じる
中和反応	水酸化物		酸を加える	中和する
	炭酸塩		強酸を加える	弱酸である H_2CO_3(CO_2 + H_2O)が遊離する
塩化鉛(Ⅱ) $PbCl_2$			熱水を加える	溶解度が大きくなる
炭酸カルシウム $CaCO_3$			水中で CO_2 を通じる	水溶性の $Ca(HCO_3)_2$ が生じる

◎**鉄イオン**(鉄(Ⅱ)イオン Fe^{2+}・鉄(Ⅲ)イオン Fe^{3+} の比較)

	鉄(Ⅱ)イオン Fe^{2+}	鉄(Ⅲ)イオン Fe^{3+}
水溶液の色	**淡緑色**	**黄褐色**
OH^- を加える	$Fe(OH)_2$↓(**緑白**)	$Fe(OH)_3$↓(**赤褐**)
酸化剤を加える	黄褐色へ (酸化されて Fe^{3+} へ)	そのまま
ヘキサシアニド鉄(Ⅲ)酸カリウム $K_3[Fe(CN)_6]$	**濃青色**沈殿	(褐色溶液)
ヘキサシアニド鉄(Ⅱ)酸カリウム $K_4[Fe(CN)_6]$	(青白色沈殿)	**濃青色**沈殿
チオシアン酸カリウム KSCN	そのまま	**血赤色**溶液

実践問題　　1回目　2回目　3回目

目標：8分　実施日：　／　　／　　／

次の文を読んで，**(1)** ～ **(3)** の問いに答えよ。必要があれば，原子量は次の値を使うこと。

O = 16.0，Fe = 56

金属イオンとして，亜鉛，アルミニウム，カリウム，鉄，銅，バリウムのどれか1つがそれぞれ含まれている6種類の水溶液がある(溶液1～溶液6と呼ぶ)。各溶液に含まれる金属イオンを調べるために，(a)～(d)の独立した4つの実験を行った。以下にその実験と結果を示す。

実験(a)：溶液1～6に水酸化ナトリウム水溶液を加えアルカリ性にすると，溶液1，2，3，4で，沈殿が生成した。その後，溶液1，2，3，4にさらに水酸化ナトリウム水溶液を過剰に加えると，溶液1と3で，沈殿が溶解した。

実験(b)：実験(a)と同様に水酸化ナトリウム水溶液の添加により溶液1～4で沈殿を生成させた。これらに，アンモニア水を過剰に加えると，溶液3と4で，沈殿が溶解した。

実験(c)：溶液2にチオシアン酸カリウム(KSCN)水溶液を加えると，溶液が血赤色となった。

実験(d)：溶液5と6に［ア］を加えると，溶液6で白色沈殿が生成した。

(1) 溶液1～4に含まれる金属イオンをイオン式で答えよ。また，実験(a)で生成した沈殿の色を答えよ。

(2) 実験(d)の［ア］に当てはまる適切な試薬を1つ答えよ。また，溶液5と6に含まれる金属イオンをイオン式で答えよ。

(3) 100 mL の溶液 2 に水酸化ナトリウム水溶液を加えてアルカリ性にし，沈殿を生成させた。この沈殿をろ過し，強く熱したところ，0.484 g の固体を得た。この固体を化学式で答えよ。また，溶液 2 の金属イオン濃度〔mol/L〕を求めよ。有効数字を 2 桁として計算過程も示せ。

(2010 首都大学東京)

解答

(1) ［イオン式］ 溶液 1…Al^{3+} 溶液 2…Fe^{3+} 溶液 3…Zn^{2+} 溶液 4…Cu^{2+}

［沈殿の色］ 溶液 1…白 溶液 2…赤褐 溶液 3…白 溶液 4…青白

(2) 試薬…炭酸アンモニウム水溶液(または希硫酸など)

溶液 5…K^{+} 溶液 6…Ba^{2+}

(3) 固体…Fe_2O_3 濃度…6.1×10^{-2} mol/L（計算過程は解説を参照）

［解説］

(1) 溶液 1 〜溶液 4 における実験(a)〜(c)の結果を振り分けると以下のようになる。

溶液 1
- (a) NaOHaq(OH^-)で沈殿を生成後，過剰の NaOHaq(OH^-)で再溶解
  ⇨ 両性元素のイオン(Al^{3+}または Zn^{2+})
- (b) NaOHaq(OH^-)で沈殿を生成後，過剰のNH_3aq(OH^-)で再溶解なし
  ⇨ Zn^{2+}と Cu^{2+}ではない

以上より，含まれているイオンはAl^{3+}と決まる。

溶液 2
- (a) NaOHaq(OH^-)で沈殿を生成後，過剰のNaOHaq(OH^-)で再溶解なし
  ⇨ Fe^{3+}(or Fe^{2+})または Cu^{2+}
- (b) NaOHaq(OH^-)で沈殿を生成後，過剰のNH_3aq(OH^-)で再溶解なし
  ⇨ Zn^{2+}と Cu^{2+}ではない
- (c) KSCNaq で血赤色へ ⟶ Fe^{3+}

以上より，含まれているイオンはFe^{3+}と決まる。

溶液 3
- (a) NaOHaq(OH^-)で沈殿を生成後，過剰の NaOHaq(OH^-)で再溶解
  ⇨ 両性元素のイオン(Al^{3+}または Zn^{2+})
- (b) NaOHaq(OH^-)で沈殿を生成後，過剰の NH_3aq(OH^-)で再溶解
  ⇨ Zn^{2+}または Cu^{2+}

以上より，含まれているイオンは $\underline{Zn^{2+}}$と決まる。

溶液 4
- (a) NaOHaq(OH^-)で沈殿を生成後，過剰のNaOHaq(OH^-)で再溶解なし
  ⇨ Fe^{3+}(or Fe^{2+})または Cu^{2+}
- (b) NaOHaq(OH^-)で沈殿を生成後，過剰のNH_3aq(OH^-)で再溶解
  ⇨ Zn^{2+}または Cu^{2+}

以上より，含まれているイオンは $\underline{Cu^{2+}}$と決まる。

(2) **(1)** の結果より，溶液 5 と溶液 6 にはそれぞれ K^+(アルカリ金属元素のイオン)または Ba^{2+}(アルカリ土類金属元素のイオン)のいずれかが含まれる。実験(d)において溶液 6 でのみ白色沈殿が生じたことから，炭酸アンモニウム$(NH_4)_2CO_3$水溶液を加えて，溶液 6 に含まれていた $\underline{Ba^{2+}}$が $BaCO_3$ の白色沈殿となって生じたと推測できる。

※前述の$(NH_4)_2CO_3$ 水溶液だけでなく，希硫酸 H_2SO_4aq など $SO_4{}^{2-}$を豊富に含む試薬であれば可。

(3) **(1)** の結果より，溶液 2 には Fe^{3+}が含まれていることがわかり，NaOHaq により水酸化鉄(Ⅲ)$Fe(OH)_3$ の赤褐色沈殿が生じ，これを加熱することで酸化鉄(Ⅲ)$\underline{Fe_2O_3}$ が生じる。

$$1Fe^{3+} \xrightarrow{\text{NaOHaq}(OH^-)} Fe(OH)_3 \xrightarrow{\text{加熱}} \frac{1}{2}Fe_2O_3$$

ここで，溶液 2 に Fe^{3+}が x〔mol/L〕含まれていたとすると，上式より Fe^{3+}と Fe_2O_3 の物質量について次式が成り立つ。

$$Fe^{3+}\,〔mol〕:Fe_2O_3\,〔mol〕= 1 : \frac{1}{2}$$

$$\Leftrightarrow\ x\,〔mol/L〕\times \frac{100}{1000}〔L〕: \frac{0.484〔g〕}{160〔g/mol〕} = 1 : \frac{1}{2}$$

$$\therefore\ x = 6.05 \times 10^{-2} \fallingdotseq \underline{6.1 \times 10^{-2}\,〔mol/L〕}$$

テーマ10 金属イオンの分離

フレーム10

◎系統分析

⇨ 一定の手順に従って，**何種類も金属イオンが入った混合溶液から金属イオンをきちんと分離・分析する方法。**

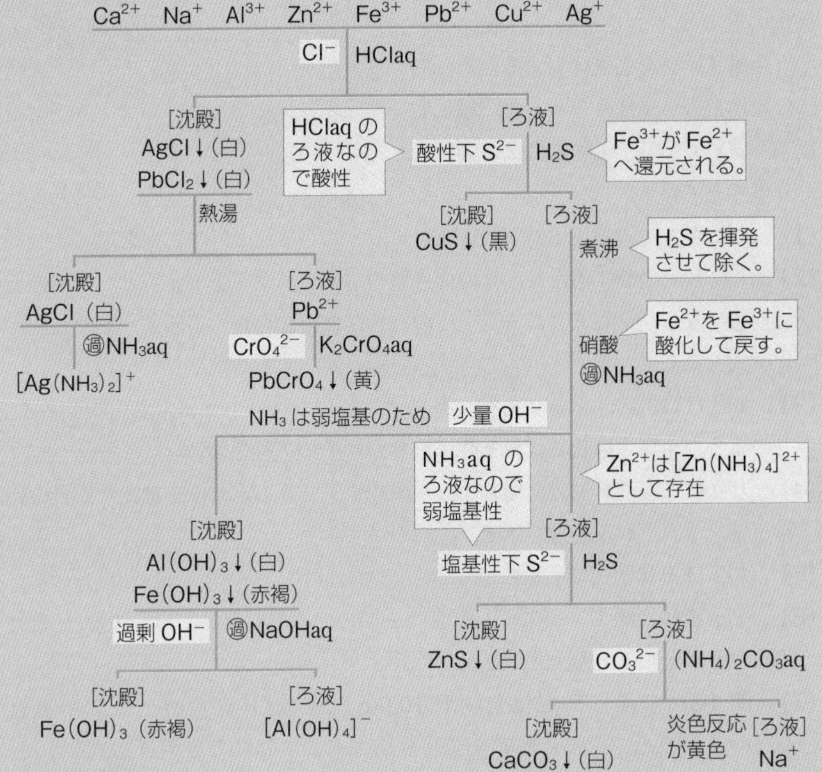

※分離の着眼点

①各金属イオンの沈殿生成反応(⇨ P.51)。特に，$H_2S(S^{2-})$による沈殿生成。

②**錯イオン**の生成を中心とした再溶解反応(⇨ P.51)。

③金属イオンの**炎色反応**(⇨ P.51)。

実践問題　　　　　　　　　　　　　　　　　　1回目　2回目　3回目

目標：12分　実施日：　／　　／　　／

次の文章を読んで**問〔1〕～〔8〕**に答えよ。必要があれば，次の原子量を使用せよ。

H：1.0，C：12.0，O：16.0，
Cl：35.5，Ca：40.0

Al^{3+}，Ca^{2+}，Cu^{2+}，Zn^{2+}，Ag^{+} の5種類の金属イオンを含む水溶液について，金属イオンを系統分析するため，右図の操作Pから操作Sを行った。沈殿A，B，C，Dはそれぞれ単独の化合物として分離できている。

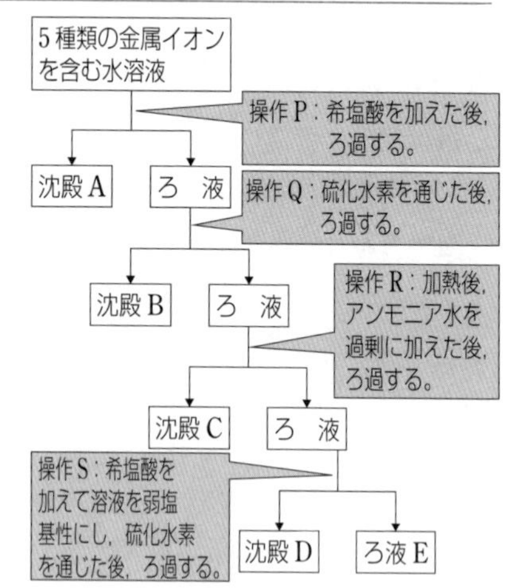

〔1〕 沈殿Aと沈殿Bを化学式で示せ。

〔2〕 沈殿Bを硝酸に溶かし，その後過剰のアンモニア水を加えると，溶液の色は何色になるかを答えよ。また，このとき溶液中に存在する錯イオンの名称と化学式を答えよ。

〔3〕 沈殿Cは酸の水溶液にも強塩基の水溶液にも溶ける金属水酸化物である。このような金属水酸化物は何と呼ばれるか，その名称を書け。

〔4〕 沈殿Cに塩酸を加えた場合と，水酸化ナトリウム水溶液を加えた場合の化学反応をそれぞれ反応式で示せ。

〔5〕 沈殿Dを化学式で示せ。

〔6〕 ろ液Eに炭酸アンモニウム水溶液を加えてろ過したところ，沈殿(化合物F)が生じた。この沈殿(化合物F)を化学式で示せ。

〔7〕 **問〔6〕**で得られた化合物F 10.0 gに塩酸G(質量パーセント濃度15.0 %)を加えて，化合物Fを全て反応させた。このときの反応式を示せ。また，化合物Fを全て反応させるためには，この塩酸Gが何g以上必要かを有効数字3けたで答えよ。

〔8〕 操作Rで，アンモニア水を過剰に加える理由を，アンモニア水を少量加えた場合と，過剰に加えた場合の違いが分かるように，60字以上90字以内で答えよ。

(2010 東京農工(後))

解答

(1) 沈殿 A…AgCl　　沈殿 B…CuS

(2) 色…深青色　　名称…テトラアンミン銅(Ⅱ)イオン
化学式…$[Cu(NH_3)_4]^{2+}$

(3) 両性水酸化物

(4) 塩酸：$Al(OH)_3 + 3HCl \longrightarrow AlCl_3 + 3H_2O$
水酸化ナトリウム水溶液：$Al(OH)_3 + NaOH \longrightarrow Na[Al(OH)_4]$

(5) ZnS　　**(6)** $CaCO_3$

(7) 反応式：$CaCO_3 + 2HCl \longrightarrow CaCl_2 + H_2O + CO_2$　　G…4.87×10 g

(8) アンモニア水を少量加えた場合，$Al(OH)_3$ と $Zn(OH)_2$ の両方が沈殿する。しかし，過剰に加えれば $Zn(OH)_2$ のみ錯イオン $[Zn(NH_3)_4]^{2+}$ として溶解させることができ，$Al(OH)_3$ の沈殿を分離できるようになるため。(82 字)

[解説]

(1)，(2)，(5)，(6)　各金属イオンは，次図のように分離される。

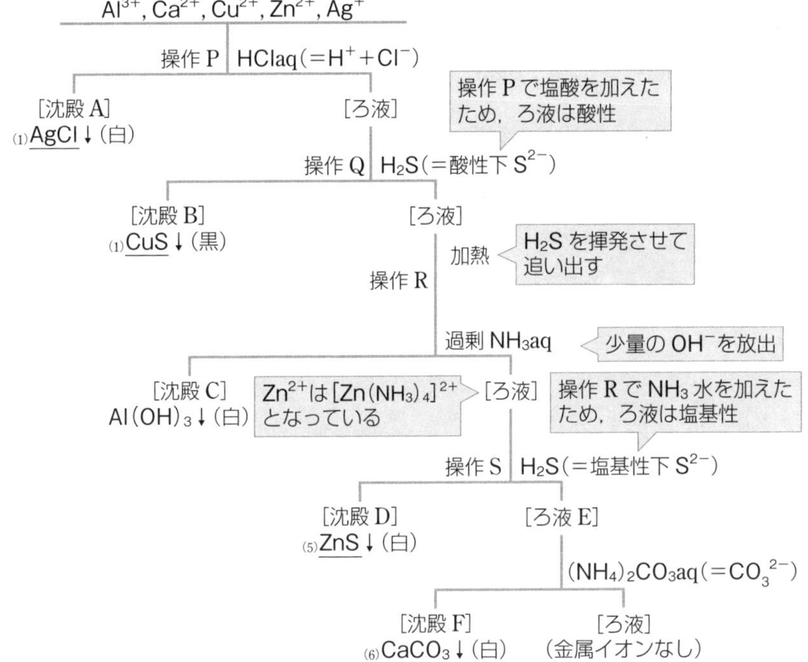

(3)　Al をはじめとする両性元素を含む水酸化物を両性水酸化物といい，酸や強塩基の水溶液に溶解する。ちなみに，両性元素を含む酸化物を両性酸化物という。

(4)　両性水酸化物が酸と反応する際は単なる中和反応であるが，強塩基と反応する際は錯イオンを生成する。

[酸と反応する場合]

$$Al(OH)_3 + 3H^+ \longrightarrow Al^{3+} + 3H_2O$$

[強塩基と反応する場合]

$$Al(OH)_3 + OH^- \longrightarrow [Al(OH)_4]^-$$

(7)　炭酸カルシウム $CaCO_3$(化合物 F)に塩酸を加えると溶解し，弱酸である炭酸 H_2CO_3 が遊離する(次式)。

$$1CaCO_3 + 2HCl \longrightarrow CaCl_2 + \underbrace{CO_2 + H_2O}_{(H_2CO_3)}$$

ここで，塩酸 G(15.0％)の必要量を x〔g〕とおくと，上式より $CaCO_3$ と HCl の物質量について次式が成り立つ。

$$CaCO_3\,[\text{mol}] : HCl\,[\text{mol}] = 1 : 2$$

$$\Leftrightarrow \quad \frac{10.0\,[\text{g}]}{100\,[\text{g/mol}]} : \frac{x\,[\text{g}] \times \dfrac{15.0}{100}}{36.5\,[\text{g/mol}]} = 1 : 2$$

$$\therefore \quad x = 4.866\cdots \times 10 \fallingdotseq \underline{4.87 \times 10\,[\text{g}]}$$

テーマ 11 錯イオンの構造決定

フレーム 11

◎錯イオン決定のフロー

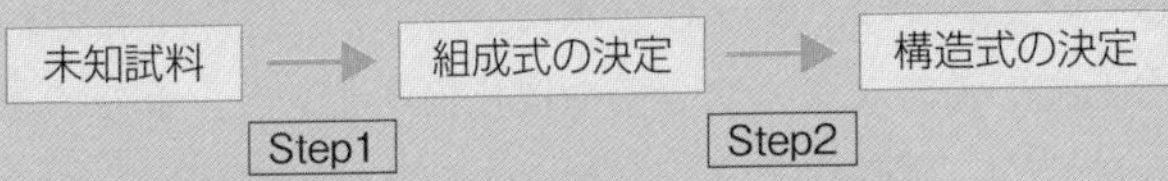

Step1　錯塩水溶液からの沈殿生成により**配位子**と**配位数**を求める。

最頻出は，Cl^-の配位数を，Ag^+による沈殿生成により決定する(次式)。

$Ag^+ + Cl^- \longrightarrow AgCl$

※ただし，この定量で判明するのは，金属イオンに**配位していない** Cl^-**の個数**である。金属イオンに配位結合している Cl^-は(配位結合が強く)，Ag^+とは結合せず，AgCl の沈殿にはならない。

Step2　**異性体**を書き出す。

[配位数 4 (正方形)]

MA_2B_2 の異性体

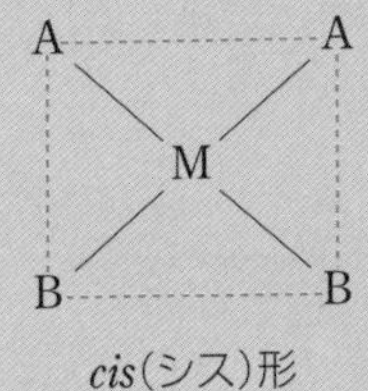

cis(シス)形

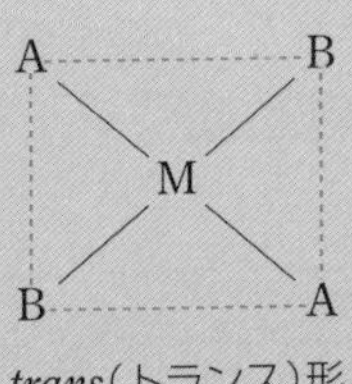

trans(トランス)形

※同じ配位数 4 の錯イオンでも正四面体形をとる場合は，異性体はない。

[配位数 6 (正八面体形)]

MA_4B_2 の異性体

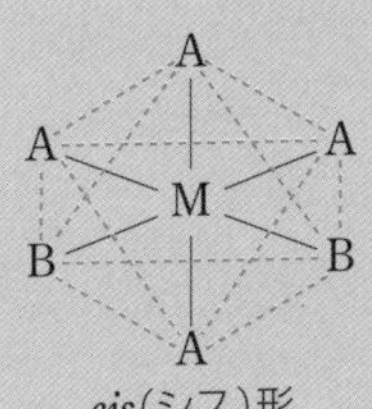

cis(シス)形

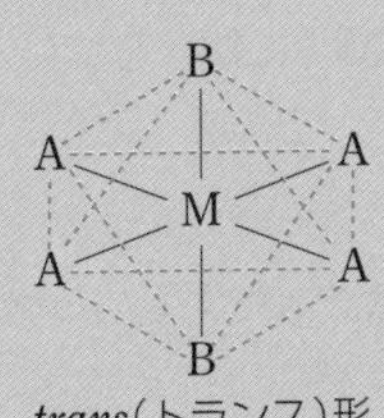

trans(トランス)形

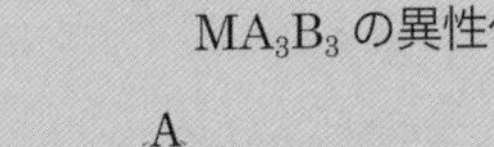

MA_3B_3 の異性体

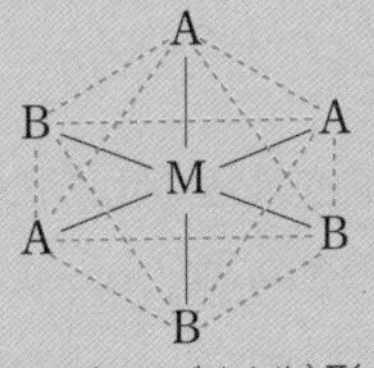

mer(メリジオナル)形

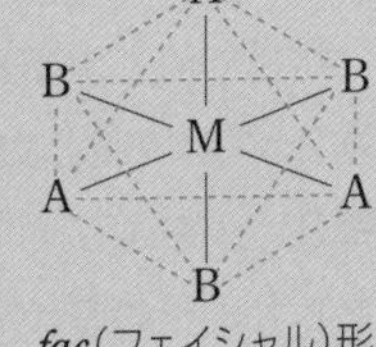

fac(フェイシャル)形

実践問題

1回目　2回目　3回目

目標：15分　実施日：　／　　／　　／

遷移金属陽イオンM^{3+}がアンモニア分子や塩化物イオンと結合してできた錯イオンを構成要素に含む錯塩A，BおよびCがある。それらの組成式は下のように表される。A～Cに含まれるアンモニア分子は，そのすべてがM^{3+}と結合して錯イオンを形成している。また，A～Cを水に溶解したとき，それぞれの錯イオンのM^{3+}に結合しているアンモニア分子や塩化物イオンは，水分子や他のイオンと置き換わりにくく，硝酸銀とほとんど反応しない。(1)，(2)の文章を読んで問いに答えよ。ただし，原子量をM = 60, Cl = 35, N = 14, H = 1.0, Ag = 108とする。

錯塩A：　$MCl_3 \cdot 5NH_3$

錯塩B：　$MCl_3 \cdot xNH_3$

錯塩C：　$MCl_3 \cdot yNH_3$　　　　ただし，x，yは正の整数

(1)　A，BおよびCのアンモニア含有量を分析した。それぞれの錯塩の採取量に対して，表①欄の結果が得られた。

(2)　A，BおよびCのそれぞれについて，(1)と同じ量をとり，蒸留水に溶かして水溶液とした。これらの水溶液に過剰量の硝酸銀水溶液を加えると，いずれも白色沈殿を生じた。沈殿をろ別して十分に乾燥した後，沈殿の重量を測定して，表②欄の結果を得た。

表

錯塩		①	②
種類	採取量〔g〕	アンモニア含有量〔g〕	生じた白色沈殿の量〔g〕
A	1.00	0.34	1.16
B	1.07	0.41	1.72
C	0.93	0.27	0.60

問1　A～Cに含まれる錯イオンにおいて，アンモニア分子や塩化物イオンとM^{3+}との間の結合を何とよぶか。また，M^{3+}に結合している分子やイオンを総称して何とよぶか。

問2　(2)で生じた白色沈殿の化学式を書け。

問3　BおよびCの組成式のxおよびyはそれぞれいくつか。ただし，x，yはともに正の整数である。

問4　1 mol の A に含まれる塩化物イオンのうち，錯イオンを形成しているものは何 mol か。

問5　B の錯イオンのイオン式を書け。

問6　C において，1 個の M^{3+} に結合して錯イオンを形成している分子およびイオンの合計数はいくつか。

問7　C の錯イオンには，M^{3+} に結合している原子やイオンの配置が異なる 2 種類の異性体が存在しうる。この錯イオンの構造として考えられるものをア～シの中から選んで記号で答えよ。ただし，それぞれの図形や立体の中心(重心)に M^{3+} が位置し，各頂点には，M^{3+} に結合している原子またはイオンが位置するものとする。

ア　直線形	イ　正三角形	ウ　正方形	エ　正五角形
オ　正六角形	カ　正七角形	キ　正八角形	ク　正四面体
ケ　立方体	コ　正八面体	サ　三角両錐	シ　三角柱

問8　エチレンジアミン($C_2H_8N_2$ または $H_2N{-}CH_2{-}CH_2{-}NH_2$ で示される)は，下図のように 1 分子中にある 2 個の窒素原子で M^{3+} と結合する。いま，A に含まれるアンモニアが 2 分子あたりエチレンジアミン 1 分子で置き換わった錯塩 D を考える。D が組成式 $MCl_3 \cdot NH_3 \cdot 2C_2H_8N_2$ で表され，D に含まれる錯イオンが C の錯イオンと同じ構造をとるとき，D の錯イオンには何種類の異性体が考えられるか。ただし，錯イオンの構造を**問7**のア～シの図形または立体で表したとき，同一のエチレンジアミン分子内の 2 個の窒素原子は必ず隣り合う頂点に位置するものとする。また，光学異性体があるときはそれぞれを 1 種類と数えよ。

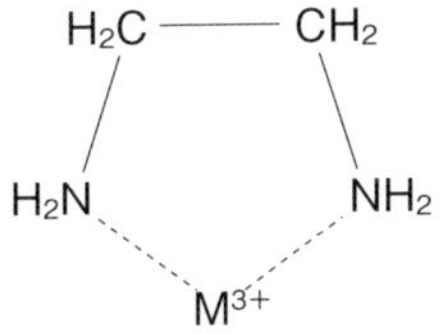

(2011 日本医科)

解答

問1　配位結合，配位子　**問2**　AgCl　**問3**　$x = 6$，$y = 4$

問4　1 mol　**問5**　$[M(NH_3)_6]^{3+}$　**問6**　6 個　**問7**　コ

問8　3 種類

[解説]

問3　[錯塩B]　$MCl_3 \cdot xNH_3 (= 165 + 17x)$　1 mol 中に NH_3 は x〔mol〕含まれているため，NH_3 の質量〔g〕について表①より次式が成り立つ。

$$\underbrace{\frac{1.07\text{〔g〕}}{165+17x\text{〔g/mol〕}}}_{MCl_3\cdot xNH_3\text{〔mol〕}} \underbrace{\times x}_{NH_3\text{〔mol〕}} \times 17\text{〔g/mol〕} = 0.41\text{〔g〕}$$

$\therefore$　$x = 6.0\cdots \fallingdotseq \underline{6}$

[錯塩C]　$MCl_3 \cdot yNH_3 (= 165 + 17y)$　1 mol 中に NH_3 は y〔mol〕含まれているため，NH_3 の質量〔g〕について表①より次式が成り立つ。

$$\underbrace{\frac{0.93\text{〔g〕}}{165+17y\text{〔g/mol〕}}}_{MCl_3\cdot yNH_3\text{〔mol〕}} \underbrace{\times y}_{NH_3\text{〔mol〕}} \times 17\text{〔g/mol〕} = 0.27\text{〔g〕}$$

$\therefore$　$y = 3.9\cdots \fallingdotseq \underline{4}$

問2，4　錯塩A($MCl_3 \cdot 5NH_3$)　1単位の中で M^{3+} に配位結合している Cl^- の個数を α とおくと，錯塩Aの化学式は $[MCl_\alpha(NH_3)_5]Cl_{3-\alpha}$ とおくことができる。ここで，錯塩Aの水溶液に硝酸銀 $AgNO_3$ 水溶液を加えると，金属イオン M^{3+} に配位結合していない Cl^- が塩化銀 $\underline{AgCl}$ となって沈殿する(次式)。

$$1[MCl_\alpha(NH_3)_5]Cl_{3-\alpha} + (3-\alpha)Ag^+ \longrightarrow [MCl_\alpha(NH_3)_5]^{(3-\alpha)+} + (3-\alpha)AgCl\downarrow\text{(白)}$$

よって，上式より錯塩A($MCl_3 \cdot 5NH_3 = 250$)と $AgCl(= 143)$ の物質量〔mol〕について次式が成り立つ。

$$MCl_3\cdot 5NH_3\text{〔mol〕} : AgCl\text{〔mol〕} = 1 : (3-\alpha)$$

$$\Leftrightarrow \quad \frac{1.00\text{〔g〕}}{250\text{〔g/mol〕}} : \frac{1.16\text{〔g〕}}{143\text{〔g/mol〕}} = 1 : (3-\alpha)$$

$\therefore$　$\alpha = 0.97\cdots \fallingdotseq \underline{1}$

問5　**問4**と同様にして，錯塩B($MCl_3 \cdot 6NH_3$)1単位の中で M^{3+} に配位結合している Cl^- の個数を β とおくと，錯塩Bの化学式は $[MCl_\beta(NH_3)_6]Cl_{3-\beta}$ とおくことができる。ここで，錯塩Bの水溶液に硝酸銀 $AgNO_3$ 水溶液を加えると，次式で表される反応が起こる。

$$1[MCl_\beta(NH_3)_6]Cl_{3-\beta} + (3-\beta)Ag^+ \longrightarrow [MCl_\beta(NH_3)_6]^{(3-\beta)+} + (3-\beta)AgCl\downarrow\text{(白)}$$

よって，上式より錯塩B($MCl_3 \cdot 6NH_3 = 267$)と $AgCl(= 143)$ の物質量〔mol〕

について次式が成り立つ。

$MCl_3 \cdot 6NH_3$〔mol〕：AgCl〔mol〕 = 1：(3 − β)

$$\Leftrightarrow \quad \frac{1.07〔g〕}{267〔g/mol〕} : \frac{1.72〔g〕}{143〔g/mol〕} = 1 : (3 - \beta)$$

$$\therefore \quad \beta = 0.0\cdots \fallingdotseq 0$$

以上より，錯塩B($MCl_3 \cdot 6NH_3$)中で配位結合しているCl^-は1つもないことがわかるので，錯塩B中にはNH_3のみが配位結合しており，そのイオン式は$[M(NH_3)_6]^{3+}$となる。

問6　**問4**の結果より，錯塩1単位中にはNH_3 5つとCl^-が1つの計6つの配位子が結合している。一方，**問5**の結果より，錯塩1単位中にNH_3が6つ含まれる場合にはCl^-は1つも配位できていない。以上より，Cl^-はイオン結合と配位結合の両方が可能であるが，NH_3は配位結合だけが可能なので，配位子の最大数は6であることがわかる。

問7　**問3**，**6**の結果より，錯塩C($MCl_3 \cdot 4NH_3$)の化学式は$[MCl_2(NH_3)_4]Cl$となる(M^{3+}の配位数の合計は6であり，NH_3が4つ配位するため，Cl^- 3つのうち配位できるのは6 − 4 = 2つまでである)。よって，錯塩Cに含まれる錯イオンのイオン式は$[MCl_2(NH_3)_4]^+$と推定できる。

ここで，題意より，この6配位の錯イオン$[MCl_2(NH_3)_4]^+$に2種類の異性体が存在することから，次図で表される正八面体形をとることがわかる(異性体はシス形とトランス形である)。

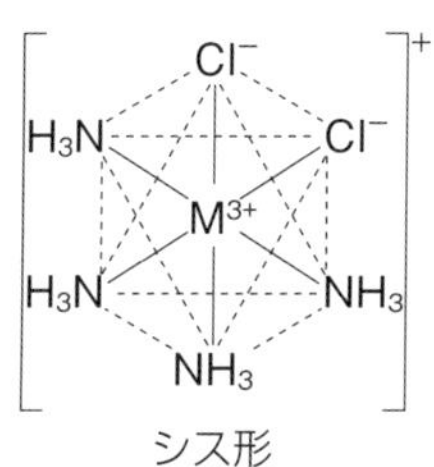

シス形

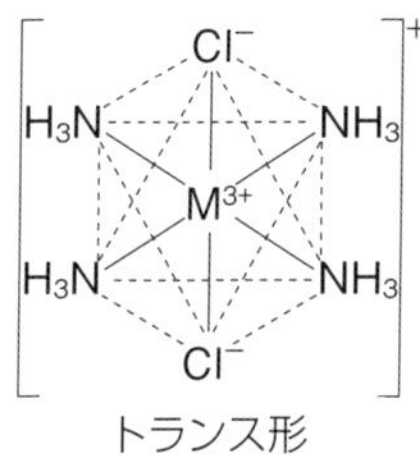

トランス形

問8　2つのエチレンジアミン$H_2N{-}CH_2{-}CH_2{-}NH_2$が$M^{3+}$を含む同一平面上に存在する場合と存在しない場合の2つのパターンがある。さらに，同一平面上に存在しない場合は，**光学異性体**(鏡に映した物質が重なり合わないことにより生じる異性体)が存在する。

※上図において，簡便のため $H_2N-CH_2-CH_2-NH_2$ 中の$-CH_2-CH_2-$部分は  ⌒ を用いて省略した形で表している。

三角柱形の錯イオン

6配位の錯イオンの中には三角柱の錯イオンも存在する。ただし，三角柱の場合，$[MCl_2(NH_3)_4]^+$の化学式で表される錯イオンには以下の3つの異性体が存在する（Cl^-を●で表す）。

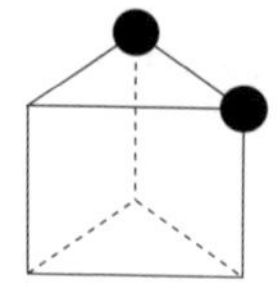

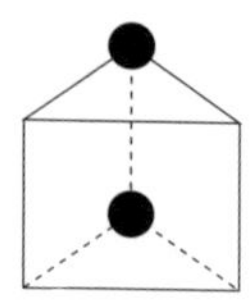

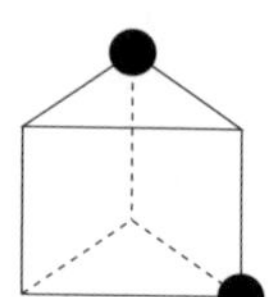

陽イオン交換膜法

フレーム 12

◎全体のフロー

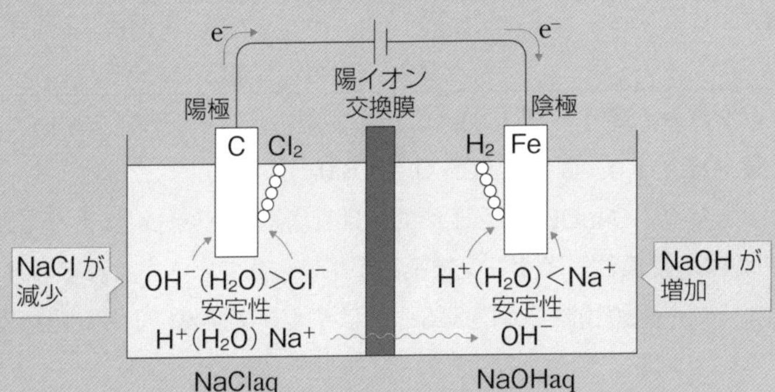

Step1　陽極では Cl^- が e^- を奪われ(酸化され)，塩素 Cl_2 が発生する。

$2Cl^- \longrightarrow Cl_2 \uparrow + 2e^-$　…①

Step2　陰極では H_2O が e^- を受け取り(還元され)，水素 H_2 が発生し，水酸化物イオン OH^- が生じる。

$2H_2O + 2e^- \longrightarrow H_2 \uparrow + 2OH^-$　…②

$(2H^+ + 2e^- \longrightarrow H_2 \uparrow)$

※陰極室の NaOH 水溶液は塩基性であり，電離している H^+ はごくわずかなので H_2O でのイオン反応式にする。

Step3　陽極室で過剰になったナトリウムイオン Na^+ は電気的中性を保つために陽イオン交換膜を移動する(NaCl 水溶液は中性であり，電離している H^+ はごくわずか)。

この電気分解を続けると陰極室で Na^+ と OH^- の濃度が大きくなり，濃縮する(水分を蒸発させる)と高純度の水酸化ナトリウム NaOH の結晶が得られる。

※陽極室の塩化物イオン Cl^- や陰極室で生じる水酸化物イオン OH^- は陰イオンのため，陽イオン交換膜を通過できない。

◎全体の反応

①式＋②式より e^- を消去すると，次式のようなイオン反応式になり，この両辺に $2Na^+$ を加えることで全体の反応の反応式となる。

$$
\begin{array}{lllll}
 & 2Cl^- & + 2H_2O \longrightarrow & 2OH^- & + Cl_2 + H_2 \\
+) & 2Na^+ & & 2Na^+ & \\
\hline
 & 2NaCl & + 2H_2O \longrightarrow & 2NaOH & + Cl_2 + H_2
\end{array}
$$

実践問題　　1回目　2回目　3回目

目標：10分　実施日：　／　　／　　／

次の文章を読み，**問1～4**に答えよ。必要があれば以下の値を用いよ。

原子量：H = 1.0，C = 12.0，O = 16.0

水酸化ナトリウム(NaOH)は，工業的には食塩水の電気分解によって製造される。現在は主に，隔膜法やイオン交換膜法が用いられている。これらの方法では，図に示すように，電解槽内部が隔膜もしくはイオン交換膜により，陽極室と陰極室に分けられている。

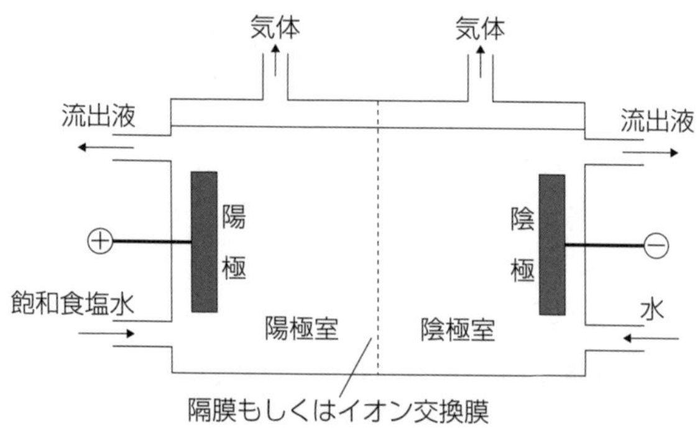

図　水酸化ナトリウム製造のための電解槽

陽極室では，次の反応がおこり，

［ i ］［ A ］ ⟶ ［ ii ］［ B ］ + $2e^-$　　…(1)

陰極室では，次の反応がおこる。

［ iii ］［ C ］ + $2e^-$ ⟶ ［ iv ］［ D ］ + ［ v ］ OH^-　…(2)

隔膜法では，陰極室からの流出液に①<u>Na^+，Cl^-，OH^-が含まれるため，純度の高いNaOHを得るために，蒸発濃縮が必要である</u>。一方，イオン交換膜法では，イオン交換膜が［ E ］のみを選択的に透過させるため，純度の高いNaOHを得ることができる。

近年，イオン交換膜法の消費電力量削減のために，陰極で酸素を直接還元する方法が開発されている。この電極では次の反応がおこる。

O_2 + [vi] [F] + [vii] e^- ⟶ [viii] OH^- …(3)

問1 本文中の [i] ～ [viii] に適切な数値を，[A] ～ [F] に適切な化学式(イオン式を含む)を入れよ。

問2 下線部①に関して，陰極室の流出液 1000 g を取り出して濃度を測定したところ，NaCl および NaOH の質量パーセント濃度は，それぞれ 17.6 %，12.0 %であった。NaOH を濃縮するために，取り出した流出液を加熱して水を蒸発させ，25 ℃で NaOH の飽和水溶液となるようにした。この時，水を何 g 蒸発させたか答えよ(有効数字 2 桁)。

なお，25 ℃における NaCl および NaOH の水への溶解度は，水 100 g あたりそれぞれ 35.9 g，114 g である。NaCl および NaOH の溶解度は混合溶液でも変化しないものとし，また析出物はすべて NaCl の無水物とする。

問3 **問2** において，濃縮後の NaOH の濃度を質量パーセント濃度で求めよ(有効数字 2 桁)。

問4 イオン交換膜法により食塩水の電気分解を行っていたところ，イオン交換膜に亀裂が生じ，新たに漂白作用を示す塩が生成した。この塩の物質名と，生成する際の反応式を記せ。

(2011 東京)

解答

問1 i　2　ii　1　iii　2　iv　1　v　2　vi　2　vii　4　viii　4

A　Cl^-　B　Cl_2　C　H_2O　D　H_2　E　Na^+　F　H_2O

問2　6.0×10^2 g　**問3**　4.6×10 %

問4　物質名…次亜塩素酸ナトリウム

反応式：$Cl_2 + 2NaOH \longrightarrow NaCl + NaClO + H_2O$

[解説]

問1　(1)式，(2)式の作成はP.65 を参照のこと。(3)式の作成は，まず O_2(酸化剤)が H_2O に変化するということを覚えておき，イオン反応式を書く。そのあとに，(陰極に H^+ はわずかしかないため)両辺に $4OH^-$ を加えることで左辺の $4H^+$ を $4H_2O$ にする(両辺で重複する $2H_2O$ は消去する)。

$$O_2 + 4H^+ + 4e^- \longrightarrow 2H_2O$$

両辺に $4OH^-$ を加える。

$$O_2 + 2H_2O + 4e^- \longrightarrow 4OH^-$$

問2　流出液 1000 g 中の NaCl，NaOH，H_2O のそれぞれの質量〔g〕は，

$$\begin{cases} \text{NaCl} \cdots 1000\,[\text{g}] \times \dfrac{17.6}{100} = 176\,[\text{g}] \\ \text{NaOH} \cdots 1000\,[\text{g}] \times \dfrac{12.0}{100} = 120\,[\text{g}] \\ \text{H}_2\text{O} \cdots 1000 - (176 + 120) = 704\,[\text{g}] \end{cases}$$

これを図にすると，左下図のようになる。また，NaOH がちょうど飽和水溶液となるときの H_2O の蒸発量を x〔g〕とおくと，H_2O の蒸発後は右下図のようになる。

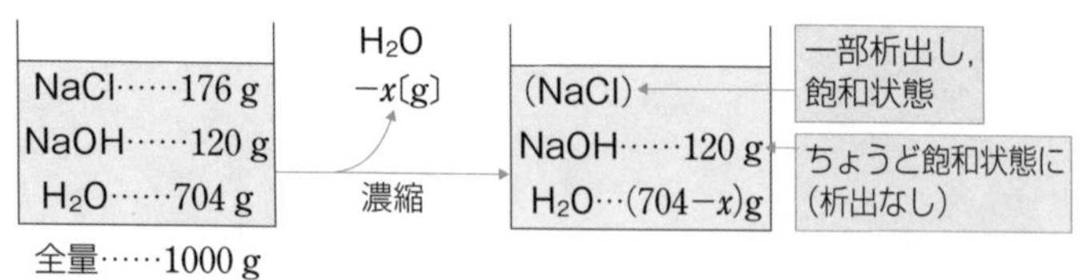

よって，右上図より NaOH(溶質)と H_2O(溶媒)の質量について，次式が成り立つ。

$$\frac{\text{NaOH}\,[\text{g}]}{\text{H}_2\text{O}\,[\text{g}]} = \frac{120}{704-x} = \frac{114}{100}$$

$\therefore \quad x = 598\cdots \fallingdotseq \underline{6.0 \times 10^2 \text{〔g〕}}$

問3　**問2** の濃縮後は，NaOH，NaCl ともに飽和状態となっているため，与えられた溶解度を用いて濃度算出しても同じ結果が得られる。よって，NaCl，NaOH の溶解度はそれぞれ 35.9，114 なので，NaOH の質量パーセント濃度は（NaCl も溶解していることに注意し），

$$\frac{114\text{〔g〕}}{100 + 114 + 35.9\text{〔g〕}} \times 100 = 45.6\cdots \fallingdotseq \underline{4.6 \times 10\ \text{〔\%〕}}$$

問4　生じた塩素 Cl_2 は水に溶け HCl と次亜塩素酸 HClO となり，塩基である NaOH と中和反応する。ここで生成する次亜塩素酸ナトリウム NaClO に漂白作用がある（実際には次亜塩素酸イオン ClO^- に漂白作用がある）。

$$
\begin{array}{lllll}
 & Cl_2 & + H_2O & \rightleftarrows HCl & + HClO \\
+) & 2NaOH & & \quad NaOH & \quad NaOH \\
\hline
 & Cl_2 + 2NaOH & + H_2O & \longrightarrow NaCl & + NaClO + 2H_2O \\
\Rightarrow & Cl_2 + 2NaOH & & \longrightarrow NaCl & + NaClO + H_2O
\end{array}
$$

テーマ 13
アンモニアソーダ法

フレーム 13

◎全体のフロー

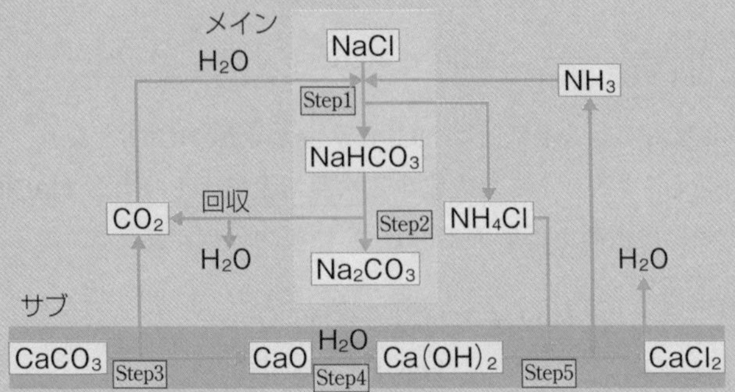

Step1 飽和塩化ナトリウム水溶液に NH_3 と CO_2 を通じる。NH_3 を先に溶かしておく理由として，CO_2 の水に対する溶解度は比較的小さく，NH_3 により溶液を塩基性にしておいたほうが酸性気体である CO_2 が(中和反応により)溶けやすくなるためである。なお，NH_3 と CO_2 を溶解させたあとの NaCl 水溶液中には Na^+，Cl^-，NH_4^+，HCO_3^-があり，これらのイオンの組合せの中で溶解度の最も小さい $NaHCO_3$ が沈殿する。

$$NaCl + NH_3 + CO_2 + H_2O \longrightarrow NaHCO_3\downarrow + NH_4Cl \quad \cdots①$$

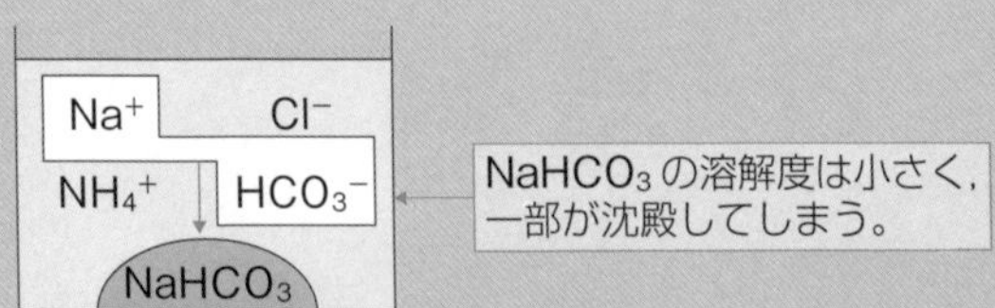

Step2 Step1 で生じた $NaHCO_3$ を熱分解して Na_2CO_3 を得る(ここで発生した CO_2 は Step1 で再利用する)。

$$2NaHCO_3 \longrightarrow Na_2CO_3 + CO_2\uparrow + H_2O \quad \cdots②$$

Step3 Step1 で用いる CO_2 を発生させるために，$CaCO_3$ を熱分解する。

$$CaCO_3 \longrightarrow CaO + CO_2\uparrow \quad \cdots③$$

Step4 Step3 で生じる CaO に水を加えて $Ca(OH)_2$ をつくる。

$$CaO + H_2O \longrightarrow Ca(OH)_2 \quad \cdots④$$

Step5 Step1で生じたNH_4ClにStep4で生じた$Ca(OH)_2$(強塩基)を加えて加熱すると，弱塩基であるNH_3が遊離する。これをStep1で再利用する。

$$2NH_4Cl + Ca(OH)_2 \longrightarrow CaCl_2 + 2NH_3\uparrow + 2H_2O \quad \cdots⑤$$

◎全体の反応

①式×2＋②式＋③式＋④式＋⑤式より中間生成物をすべて消去すると，全体の反応は次式で表される。

$$2NaCl + CaCO_3 \longrightarrow Na_2CO_3 + CaCl_2$$

実践問題　　1回目　2回目　3回目

目標：16分　実施日：　／　　／　　／

次の文を読み，**問(1)～(8)** の答えを記入せよ。

原子量：H = 1.00，C = 12.0，O = 16.0，Na = 23.0，Cl = 35.5，Ca = 40.0

ファラデー定数：9.65×10^4 C/mol

炭酸ナトリウムNa_2CO_3は白色の粉末であるが，その水溶液から析出させると，十水和物$Na_2CO_3 \cdot 10H_2O$が結晶として析出する。この結晶を空気中に放置すると，水和水の一部を失って白色粉末状の物質となる。このような現象を(　ア　)という。

炭酸ナトリウムはガラス工業などに用いられる重要な化合物であり，19世紀中頃までは，18世紀末に開発されたルブラン法によって製造されてきた。この方法では，まず(A)<u>塩化ナトリウムと硫酸を混合して加熱し，硫酸ナトリウムとする</u>。次にこの硫酸ナトリウムに石灰石(炭酸カルシウム)と石炭(炭素)とを混合加熱して，炭酸ナトリウムと硫化カルシウムの混合物を得る。

このルブラン法は最初の反応で副生する塩化水素ガスなどが大気汚染の原因となるため，現在，工業的には次のような方法で製造されている。(B)<u>塩化ナトリウムの飽和水溶液にアンモニアと二酸化炭素を通し，溶解度の小さい炭酸水素ナトリウム$NaHCO_3$を沈殿させる</u>。次に(C)<u>この沈殿物を加熱すると炭酸ナトリウムが得られる</u>。下線部(C)の反応で副生する二酸化炭素は下線部(B)の反応に再利用されるが，不足分は炭酸カルシウムの高温での分解によって供給される。また同時にこの炭酸カルシウムの分解反応によって酸化カルシウムも得られる。これに水を加えて水酸化物とした後，(D)<u>この水酸化物と下線部(B)の反応で副生する物質との反応によりアンモニアを回収し</u>，再利用する。これらの反応をまとめて表すと塩化ナトリウムと(　イ　)から炭酸ナトリウムと(　ウ　)が生成することになる。この方法は(　エ　)法と呼ばれている。なお，(E)金属カルシウムは(　ウ　)の溶融塩電解によって製造される。

(1) 本文中の空欄(　ア　)～(　エ　)に最も適する語句を記せ。

(2) 炭酸ナトリウムおよび炭酸水素ナトリウムはそれぞれ，次の(a)～(c)のいずれの塩に該当するか。記号で答えよ。

(a)　正塩　　(b)　酸性塩　　(c)　塩基性塩

(3) 下線部(A)～(D)の反応の化学反応式を書け。

(4) 20 ℃で塩化ナトリウム飽和水溶液中へ炭酸水素ナトリウムを加えると，塩化ナトリウムが析出する。この理由を説明せよ。

(5) 炭酸ナトリウムの水への溶解度は 20 ℃で 22.0 g/100 g 水である。20 ℃の炭酸ナトリウムの飽和水溶液 100 g 中に，炭酸ナトリウムは何 g 含まれているか。有効数字 2 桁で答えよ。

(6) 質量パーセント濃度が 26.5 %の塩化ナトリウム水溶液 2.0 トンを使用して炭酸ナトリウムを合成した。理論上何トンの炭酸ナトリウムが得られるか。有効数字 2 桁で記せ。

(7) 空欄(　ア　)に関して，炭酸ナトリウム($Na_2CO_3 \cdot 10H_2O$)の結晶 100 g を空気中に放置すると 43.4 g の白色の粉末となった。この白色粉末は単一の組成をもつ物質として，その組成式を記せ。

(8) 下線部(E)について，(　ウ　)を 850 ℃，19 V，1000 A の条件で電解した。1000 秒間に陰極で得られる物質の質量〔g〕を計算し，有効数字 3 桁(けた)で答えよ。

((1)～(5)2009 同志社・(6)～(7)2012 京都産業・(8)2008 東北 改)

解答

(1) ア　風解　　イ　炭酸カルシウム　　ウ　塩化カルシウム
エ　アンモニアソーダ(または，ソルベー)

(2) 炭酸ナトリウム…(a)　　炭酸水素ナトリウム…(b)

(3) (A)　$2NaCl + H_2SO_4 \longrightarrow Na_2SO_4 + 2HCl$

(B)　$NaCl + NH_3 + CO_2 + H_2O \longrightarrow NaHCO_3 + NH_4Cl$

(C)　$2NaHCO_3 \longrightarrow Na_2CO_3 + H_2O + CO_2$

(D)　$Ca(OH)_2 + 2NH_4Cl \longrightarrow CaCl_2 + 2H_2O + 2NH_3$

(4)　加えられた炭酸水素ナトリウムの電離で生じたナトリウムイオンの共通イオン効果により「NaCl(固) $\rightleftarrows$ $Na^+ + Cl^-$」の平衡は左向きに平衡移動するため，NaCl(固)が析出する。

(5)　1.8×10 g　　**(6)**　4.8×10^{-1} t　　**(7)**　$Na_2CO_3 \cdot H_2O$

(8)　2.07×10^2 g

[解説]

(2)　Na_2CO_3 は化学式中に H^+ になれる H が含まれていないため正塩であり，化学式中にこのような H^+ が含まれている $NaHCO_3$ は酸性塩である。なお，炭酸ナトリウム Na_2CO_3，炭酸水素ナトリウム $NaHCO_3$ ともに水に溶かすと，加水分解し塩基性を示す(塩の分類と水に溶かしたときの液性は無関係である)。

(4)　塩化ナトリウム NaCl は，飽和水溶液中で次式のように平衡状態となっている。

NaCl(固) $\rightleftarrows$ $Na^+ + Cl^-$　　…①

ここに炭酸水素ナトリウム $NaHCO_3$ を加えると Na^+ が電離する。

$NaHCO_3 \longrightarrow Na^+ + HCO_3^-$　…②

②式によって飽和水溶液中にさらに Na^+ が増えたので，ルシャトリエの原理に基づく共通イオン効果により，①式の平衡は Na^+ を減らす左方向に移動し，その結果，NaCl(固)が析出する。

(5)　飽和水溶液 100 g 中の Na_2CO_3 の質量を x〔g〕とおくと，飽和水溶液中における Na_2CO_3 (溶質)と水溶液の質量について，次式が成り立つ。

$$\frac{溶質〔g〕}{水溶液〔g〕} = \frac{x}{100} = \frac{22.0}{100 + 22.0}$$

$$\therefore \quad x = 18.0 \cdots \fallingdotseq \underline{1.8 \times 10〔g〕}$$

(6)　26.5％の NaCl 水溶液 2.0 t(＝ 2.0×10^6 g)中の NaCl の質量〔g〕は，

$$2.0 \times 10^6〔g〕 \times \frac{26.5}{100} = 0.53 \times 10^6〔g〕$$

また，アンモニアソーダ法の全体の反応式は次式で表される(作成法は P.70 を参照のこと)。

$$2NaCl + CaCO_3 \longrightarrow 1Na_2CO_3 + CaCl_2$$

よって，得られる Na_2CO_3 の質量[t]は，

$$\underbrace{\frac{0.53\times10^6\,[\mathrm{g}]}{58.5\,[\mathrm{g/mol}]}}_{\mathrm{NaCl}\,[\mathrm{mol}]}\times\underbrace{\frac{1}{2}}_{係数比}\times 106\,[\mathrm{g/mol}]$$

(Annotation: Na_2CO_3 [mol])

$$= 0.480\cdots\times10^6\,[\mathrm{g}] \fallingdotseq \underline{4.8\times10^{-1}\,[\mathrm{t}]}$$

(7) 炭酸ナトリウム十水和物 $Na_2CO_3\cdot10H_2O$ が風解して炭酸ナトリウム n 水和物 $Na_2CO_3\cdot nH_2O$ になったとすると(n は正の整数)，この反応は次式で表される。

$$1Na_2CO_3\cdot10H_2O \longrightarrow 1Na_2CO_3\cdot nH_2O + (10-n)H_2O$$

よって，$Na_2CO_3\cdot10H_2O$ と $Na_2CO_3\cdot nH_2O$ の物質量〔mol〕は等しいため，次式が成り立つ。

$$\underbrace{\frac{100\,[\mathrm{g}]}{286\,[\mathrm{g/mol}]}}_{Na_2CO_3\cdot10H_2O\,[\mathrm{mol}]}=\underbrace{\frac{43.4\,[\mathrm{g}]}{106+18n\,[\mathrm{g/mol}]}}_{Na_2CO_3\cdot nH_2O\,[\mathrm{mol}]}\qquad\therefore\ n=1.0\cdots\fallingdotseq1$$

以上より，風解により生じた白色粉末は炭酸ナトリウム一水和物 $\underline{Na_2CO_3\cdot H_2O}$ である。

(8) このとき流れた e^- の物質量〔mol〕は，

$$e^-\,[\mathrm{mol}]=\frac{\overset{\mathrm{A}}{1000}\times\overset{\mathrm{s}}{1000}\,[\mathrm{C}]}{9.65\times10^4\,[\mathrm{C/mol}]}=\frac{100}{9.65}\,[\mathrm{mol}]$$

また，塩化カルシウム $CaCl_2$ を溶融塩電解したときの陰極における反応は次式で表される。

$$Ca^{2+} + 2e^- \longrightarrow 1Ca$$

よって，得られるカルシウムの質量〔g〕は，

$$\frac{100}{9.65}\,[\mathrm{mol}]\times\underbrace{\frac{1}{2}}_{係数比}\times 40.0\,[\mathrm{g/mol}] = 207.2\cdots\fallingdotseq\underline{2.07\times10^2\,[\mathrm{g}]}$$

(Annotation: Ca [mol])

テーマ
14 アルミニウムの電解精錬

フレーム 14

◎全体のフロー

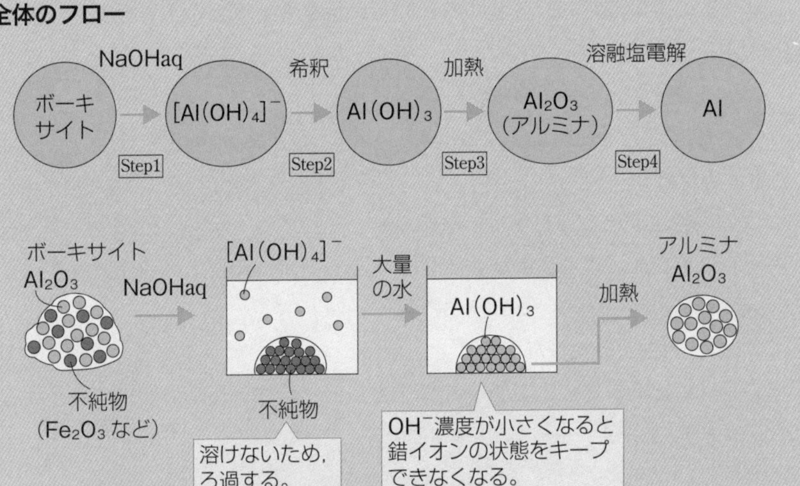

Step1　まず，原料鉱石である**ボーキサイト**（主成分 $Al_2O_3 \cdot nH_2O$）を NaOH 水溶液に溶かす（Al_2O_3 の溶解のみ反応式を記す）。このとき，不純物の Fe_2O_3 などは溶けずに沈殿するため，それらをろ過して分ける。

$$Al_2O_3 + 2OH^- + 3H_2O \longrightarrow 2[Al(OH)_4]^-$$

※上式の作成法は P.22 を参照のこと。

Step2　このろ液を大量の水で薄めていくと，（弱塩基性になるため）水酸化アルミニウム $Al(OH)_3$ の白色沈殿が生じる。

Step3　この $Al(OH)_3$ の沈殿を回収し強熱すると，純粋な酸化アルミニウム（**アルミナ**）Al_2O_3 が得られる。

$$2Al(OH)_3 \longrightarrow Al_2O_3 + 3H_2O$$

Step4　融解した氷晶石 Na_3AlF_6 にこのアルミナ Al_2O_3 を溶かし電気分解をする。これを**溶融塩電解**（または**融解塩電解**）という。

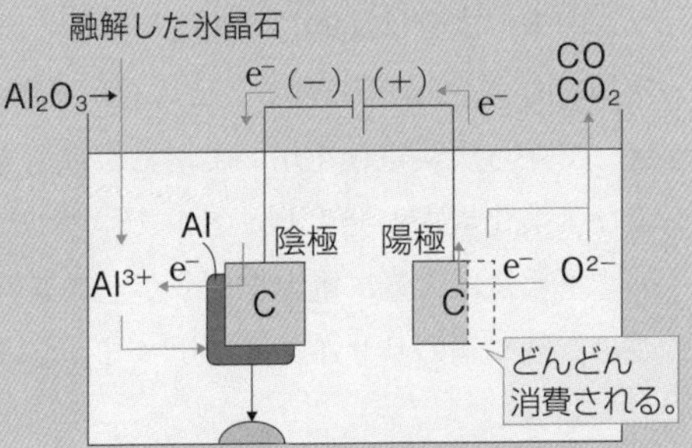

[陰極]

Al^{3+}が e^-を受け取り Al の単体が生成する。

$Al^{3+} + 3e^- \longrightarrow Al$ …①

[陽極]

極物質の炭素は O^{2-}と結合すると同時に酸化されて，CO や CO_2が発生する(次式)。

$C + O^{2-} \longrightarrow CO\uparrow + 2e^-$ …②

$C + 2O^{2-} \longrightarrow CO_2\uparrow + 4e^-$ …③

◎全体の反応

[CO のみ発生するとした場合]

⇨ ①式× 2 +②式× 3 より e^-を消去すると，全体の反応は次式で表される。

$Al_2O_3 + 3C \longrightarrow 2Al + 3CO$

[CO_2 のみ発生するとした場合]

⇨ ①式× 4 +③式× 3 より e^-を消去すると，全体の反応は次式で表される。

$2Al_2O_3 + 3C \longrightarrow 4Al + 3CO_2$

実践問題 1回目 2回目 3回目

目標：15分 実施日： ／ ／ ／

アルミニウムは，地殻中に化合物として含まれ，酸素，ケイ素に次いで多く存在する元素であり，[ア]個の価電子をもち，[ア]価の陽イオンとなる。アルミニウムは溶融塩電解により生成される。原料となるボーキサイトには不純物として，二酸化ケイ素と酸化鉄が含まれている。ボーキサイトを濃い水酸化ナトリウム水溶液で処理をすると，酸化鉄は固体のままで残る。酸化鉄をろ過により除いた後に加水分解を行うと，二酸化ケイ素由来の成分は反応しないが，アルミニウム由来の成分は反応して沈殿が生じる。生じた沈殿を焼成することにより無色結晶の[イ]が得られる。その後，融解させた氷晶石(Na_3AlF_6)に[イ]を混合してから炭素電極を用いて溶融塩電解を行う。[ウ]極では，一酸化炭素および二酸化炭素が発生し，アルミニウムは[エ]極に析出する。アルミニウムの電解精錬は大量に電力を使うが，電気炉を利用したアルミニウム屑のリサイクルは，鉄や銅のリサイクルに比べて少ないエネルギーで済むという利点がある。

問1 文中の空欄 ア ～ エ に当てはまる語または数字を記せ。ただし，イ については，化学式で記すこと。

問2 二酸化ケイ素と水酸化ナトリウムとの反応，および焼成により イ が生じる反応の化学反応式をそれぞれ記せ。

問3 溶融塩電解において，氷晶石と イ を混合する理由を１行(15.1 cm)で記せ。

問4 一定の電流を流して溶融塩電解を行ったところ，発生した一酸化炭素と二酸化炭素の混合気体の質量は 3.12 kg であり，300 K，1.0×10^5 Pa における混合気体の体積は 2490 L であった。以下の(1)～(4)に答えよ。(2)～(4)は解答に至る導出過程も記すこと。ただし，発生した一酸化炭素と二酸化炭素は，すべて電気分解によって生じたものであり，酸素は発生していなかった。

原子量　C = 12，O = 16，Al = 27

気体定数 $R = 8.3 \times 10^3$ Pa・L/(mol・K)

(1) ウ 極で一酸化炭素と二酸化炭素が発生する反応を，各々について電子を含むイオン反応式で記せ。

(2) ウ 極の炭素の質量の減少量〔kg〕を求め，3 桁目を四捨五入して有効数字 2 桁で記せ。解答に至る導出過程も記すこと。

(3) 発生した二酸化炭素の物質量〔mol〕を求め，3 桁目を四捨五入して有効数字 2 桁で記せ。解答に至る導出過程も記すこと。

(4) 生成したアルミニウムの質量〔kg〕を求め，3 桁目を四捨五入して有効数字 2 桁で記せ。解答に至る導出過程も記すこと。　(2012 名古屋工業)

解答

問1 ア　3　イ　Al_2O_3　ウ　陽　エ　陰

問2 二酸化ケイ素：$SiO_2 + 2NaOH \longrightarrow Na_2SiO_3 + H_2O$

焼成：$2Al(OH)_3 \longrightarrow Al_2O_3 + 3H_2O$

問3 酸化アルミニウムの融解する温度が低下し，エネルギーを省力化できるため。

問4(1) 一酸化炭素：$C + O^{2-} \longrightarrow CO + 2e^-$

二酸化炭素：$C + 2O^{2-} \longrightarrow CO_2 + 4e^-$

(2) 1.2 kg(導出過程は解説を参照)

(3) 2.0×10 mol(導出過程は解説を参照)

(4) 2.2 kg(導出過程は解説を参照)

[解説]

問２　二酸化ケイ素 SiO_2 が NaOH と反応するときの反応式の作成は，P.16 を参照のこと。なお，本問では問われていないが，入試では頻出のため，アルミナ Al_2O_3 が NaOH 水溶液に溶解するときの反応式を，作成法とともに以下に記す。

まず Al_2O_3 を，（実際には溶解しないが）いったん H_2O と反応させて水酸化物の水酸化アルミニウム $Al(OH)_3$ にする。この $Al(OH)_3$ を NaOH から放出される OH^- と反応させ，錯イオンであるテトラヒドロキシドアルミン酸イオン $[Al(OH)_4]^-$ にする（中間生成物である $Al(OH)_3$ を消去する）。

$$\begin{array}{llllll} & Al_2O_3 & & + 3H_2O & \longrightarrow & 2Al(OH)_3 \\ +) & (\ Al(OH)_3 & +\ OH^- & & \longrightarrow & [Al(OH)_4]^-\ ) \times 2 \\ \hline & Al_2O_3 & + 2OH^- & + 3H_2O & \longrightarrow & 2[Al(OH)_4]^- \\ +) & & 2Na^+ & & & 2Na^+ \\ \hline & Al_2O_3 & + 2NaOH & + 3H_2O & \longrightarrow & 2Na[Al(OH)_4] \end{array}$$

問３　アルミナ Al_2O_3 の融点はおよそ 2000 ℃であるが，氷晶石 Na_3AlF_6 の融点はおよそ 1000 ℃であるため，氷晶石の融解液に Al_2O_3 を溶かしたほうが省エネになる。

※　氷晶石 Na_3AlF_6 の融解液中には Na^+ と錯イオンである $[AlF_6]^{3-}$ が存在するが，いずれのイオンも非常に安定であり，電気分解では析出することはない。

問４(2)，(3)　発生した CO（＝ 28）と CO_2（＝ 44）の物質量をそれぞれ x〔mol〕，y〔mol〕とおく。

[混合気体の質量について]

$$28\,[\mathrm{g/mol}] \times x\,[\mathrm{mol}] + 44\,[\mathrm{g/mol}] \times y\,[\mathrm{mol}] = 3.12 \times 10^3\,[\mathrm{g}]$$

$$\Leftrightarrow\quad 7x + 11y = 7.8 \times 10^2 \quad \cdots\cdots①$$

[混合気体の体積について]

$$PV = nRT$$

$$\Leftrightarrow\quad (1.0 \times 10^5) \times 2490 = (x + y) \times (8.3 \times 10^3) \times 300$$

$$\Leftrightarrow\quad x + y = 100 \quad \cdots\cdots②$$

よって，①，②式より，$\begin{cases} x = 8.0 \times 10\ [\mathrm{mol}] \\ y = {}_{(3)}\underline{2.0 \times 10\ [\mathrm{mol}]} \end{cases}$

また，ここで消費された黒鉛の物質量〔mol〕は，(1)より，

$$1C + O^{2-} \longrightarrow 1CO + 2e^-$$

変化量　$-x$　　$+x$　（単位：mol）

$$1C + 2O^{2-} \longrightarrow 1CO_2 + 4e^-$$

変化量　$-y$　　$+y$　（単位：mol）

よって，消費された黒鉛の総質量〔kg〕は，

$$12\,[\text{g/mol}] \times (x + y)\,[\text{mol}] = 12 \times (8.0 \times 10 + 2.0 \times 10)\,[\text{g}]$$

$$= {}_{(2)}\underline{1.2\,[\text{kg}]}$$

(4)　この電気分解で流れた e^- の物質量〔mol〕は，(1)より，

$$C + O^{2-} \longrightarrow 1CO + 2e^-$$

変化量　$+x$　$+2x$　（単位：mol）

$$C + 2O^{2-} \longrightarrow 1CO_2 + 4e^-$$

変化量　$+y$　$+4y$　（単位：mol）

$$e^-_{全} = 2x + 4y = 2 \times (8.0 \times 10) + 4 \times (2.0 \times 10) = 240\,[\text{mol}]$$

よって，陰極での反応式（$Al^{3+} + 3e^- \longrightarrow 1Al$）より，

$$240\,[\text{mol}] \times \underbrace{\overbrace{\frac{1}{3}}^{\text{Al [mol]}}}_{係数比} \times 27\,[\text{g/mol}] = 2160\,[\text{g}] \fallingdotseq \underline{2.2\,[\text{kg}]}$$

無機編　第3章　化学工業①（金属）

テーマ

15 鉄の製造

フレーム 15

◎全体のフロー

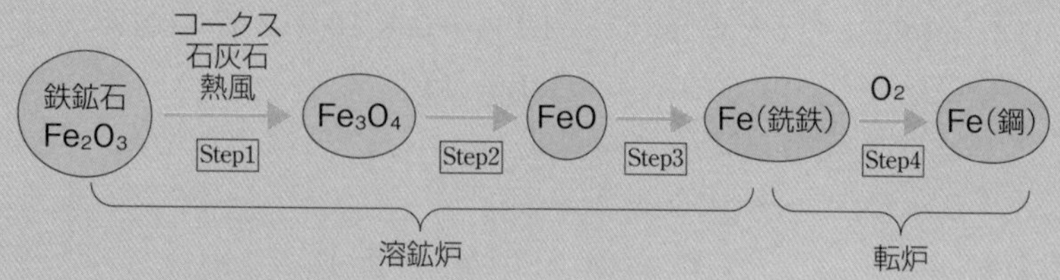

[溶鉱炉]

Step1 鉄鉱石(主成分：Fe_2O_3)にコークス C と石灰石 $CaCO_3$ を混ぜて，溶鉱炉の中で強熱していくと，C と酸素 O_2 から生じた CO が鉄鉱石を還元し，四酸化三鉄 Fe_3O_4 が生じる(次式)。

$$3Fe_2O_3 + CO \longrightarrow 2Fe_3O_4 + CO_2 \quad \cdots①$$

Step2 さらに強熱を続けると Fe_3O_4 が CO に還元され，酸化鉄(Ⅱ)FeO が生じる。

$$Fe_3O_4 + CO \longrightarrow 3FeO + CO_2 \quad \cdots②$$

Step3 さらに強熱を続けると FeO が CO に還元され，炭素%が比較的大きい銑鉄(せんてつ)が得られる。銑鉄は硬くてもろい。

$$FeO + CO \longrightarrow Fe + CO_2 \quad \cdots③$$

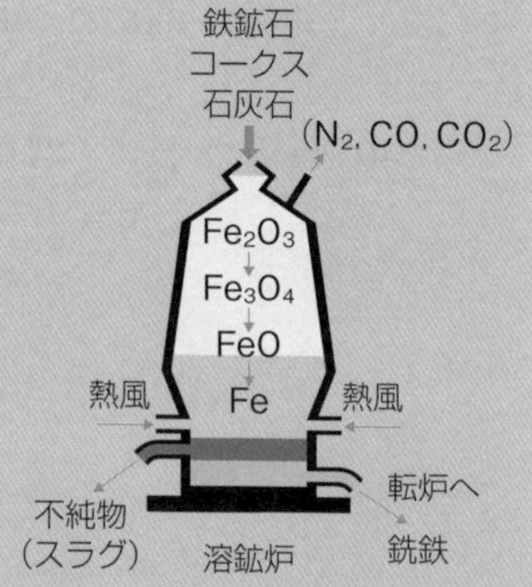

[転炉]

Step4 銑鉄中の炭素%を減らすために，融解した銑鉄に O_2 を吹き込んでいく。そうすると，炭素%が比較的小さい鋼(こう)を得ることができる。鋼は硬くて強い。

◎全体の反応（溶鉱炉）

⇨ (①式＋②式× 2 ＋③式× 6)× $\frac{1}{3}$ より中間生成物である Fe_3O_4 と FeO を消去すると，全体の反応は次式で表される(実際には，反応物と生成物を覚えておいて，CO_2 の係数を 1 と仮定して原子保存則により係数決定したほうが簡単)。

$$Fe_2O_3 + 3CO \longrightarrow 2Fe + 3CO_2$$

実践問題

1回目　2回目　3回目

目標：12分　実施日：　／　　／　　／

次の文章を読み，**問1〜問7**に答えよ。必要があれば次の数値を用いよ。

原子量：C = 12.0，O = 16.0，Fe = 56.0

鉄は，酸素，ケイ素，［ア］に次いで地殻中(地表付近)に質量比で多く存在する元素で，地殻中では一般に酸化物の形で存在している。われわれが利用している鉄は，鉄鉱石から製錬と呼ばれる過程をへて得られている。

図1は製錬に用いられる溶鉱炉の概略図である。Fe_2O_3 などの酸化鉄を主成分とし，ケイ素や［ア］などを不純物として含む鉄鉱石を，コークス，①石灰石（$CaCO_3$）とともに溶鉱炉の上部から入れ，下部から約1300℃の熱風を送り込む。コークスの燃焼により，熱風は2000℃以上の高温になり，②コークスの炭素は還元性の強い気体である一酸化炭素となる。生成した一酸化炭素は溶鉱炉中のエリア1〜3で式1のように段階的に酸化鉄を還元する。

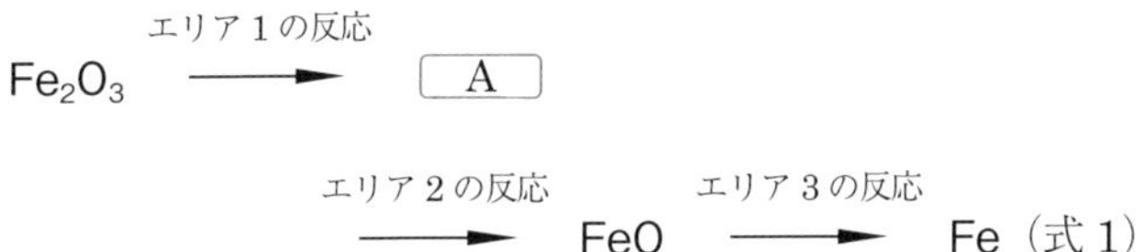

$$Fe_2O_3 \xrightarrow{\text{エリア1の反応}} \boxed{A} \xrightarrow{\text{エリア2の反応}} FeO \xrightarrow{\text{エリア3の反応}} Fe \quad (\text{式}1)$$

この過程で得られる鉄は［イ］と呼ばれ，質量比で約3〜5%の炭素をはじめ，硫黄やリンなどの不純物元素を含み，硬いがもろく，展性，延性に乏しい。さらに転炉において［イ］に高圧の［ウ］を吹き込むことによって炭素などの不純物を約2%以下まで減らす。これにより，粘り強い性質をもつ［エ］が得られる。

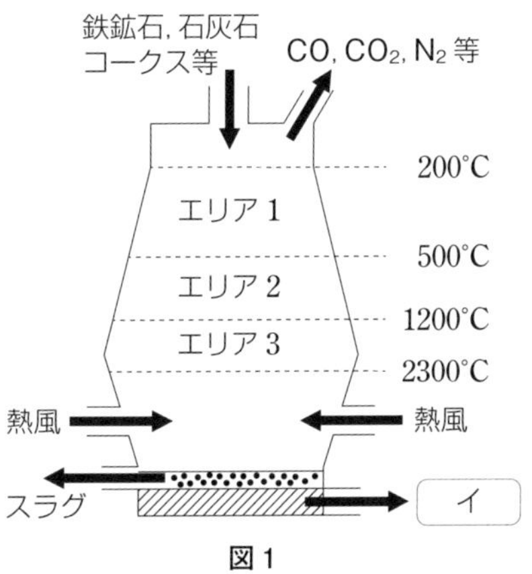

図1

問1　空欄 ア ～ エ にあてはまる語句を書け。

問2　下線部①について，溶鉱炉上部より投入される石灰石($CaCO_3$)の役割を50字以内で書け。

問3　下線部②について，一酸化炭素が発生する主な反応の化学反応式を書け。

問4　式1の中の化合物 A の化学式を書け。

問5　式1において Fe_2O_3，化合物 A および FeO が一酸化炭素で逐次還元される主な反応の化学反応式をそれぞれ書け。

問6　近年の日本では，1年間におよそ1億トン(1×10^{11} kg)の鉄が生産される。ある年，酸化鉄(Ⅲ)が一酸化炭素によって全て還元され，1.12×10^{11} kg の鉄が日本でつくられたと仮定するとき，鉄の製錬によって1年間に排出される二酸化炭素の質量[億トン]を有効数字2桁で答えよ。ただし，二酸化炭素を発生する反応としては，一酸化炭素による酸化鉄(Ⅲ)の還元のみを考慮せよ。

問7　コークスを用いた酸化鉄(Ⅲ)の還元は多量の二酸化炭素を排出するため，コークスとは異なる還元剤を用いた酸化鉄(Ⅲ)の還元法が研究されている。水素 H_2 を用いて酸化鉄(Ⅲ)を Fe に還元する「水素還元」について，化学反応式を記せ。

(問1～5 2006大阪，問6, 7 2017北海道)

解答

問1 ア　アルミニウム　　イ　銑鉄　　ウ　酸素　　エ　鋼

問2　不純物であるケイ素成分を融点の低いスラグとして取り除く。また，そのスラグが生じた銑鉄の酸化を防ぐ。(49字)

問3　$2C + O_2 \longrightarrow 2CO$

問4　Fe_3O_4

問5　$3Fe_2O_3 + CO \longrightarrow 2Fe_3O_4 + CO_2$

$Fe_3O_4 + CO \longrightarrow 3FeO + CO_2$

$FeO + CO \longrightarrow Fe + CO_2$

問6　1.3億トン

問7　$Fe_2O_3 + 3H_2 \longrightarrow 2Fe + 3H_2O$

[解説]

問2　石灰石 $CaCO_3$ を熱分解すると，酸化カルシウム CaO が生じる(次式)。

$$CaCO_3 \longrightarrow CaO + CO_2$$

このCaOは塩基性酸化物であり，鉄鉱石中の不純物である(酸性酸化物の)二酸化ケイ素 SiO_2 と中和反応して融点の低いケイ酸カルシウム $CaSiO_3$ などとなって(次式)，銑鉄の上に浮かぶ。

$$CaO + SiO_2 \longrightarrow CaSiO_3$$

これらの反応により鉄鉱石中のケイ素成分を取り除けるとともに，高温下で融解している銑鉄の上に浮かぶことで銑鉄の酸化を防ぐことができる。

問4，5　P.80を参照のこと。

問6　**問5**における逐次反応を一つの式にまとめると次式になる(作成法はP.80を参照のこと)。

$$Fe_2O_3 + 3CO \longrightarrow 2Fe + 3CO_2$$

よって，1.12×10^{11} kg の Fe がつくられるときに発生する CO_2 の質量〔億トン〕は，

$$\underbrace{\frac{(1.12\times10^{11})\times10^{3}〔g〕}{56〔g/mol〕}}_{Fe〔mol〕} \times \underbrace{\frac{3}{2}}_{係数比} \times 44〔g/mol〕 = 1.32 \times 10^{14}〔g〕$$

（CO_2〔mol〕）

$$= 1.32 \times 10^{8}〔t〕 \quad (\times 10^{-6})$$

$$\fallingdotseq \underline{1.3〔億トン〕} \quad (\times 10^{-8})$$

問7　水素還元では酸化鉄(Ⅲ) Fe_2O_3 中の O 原子が H_2 により H_2O となる。

テーマ16

銅の電解精錬

フレーム 16

◎全体のフロー

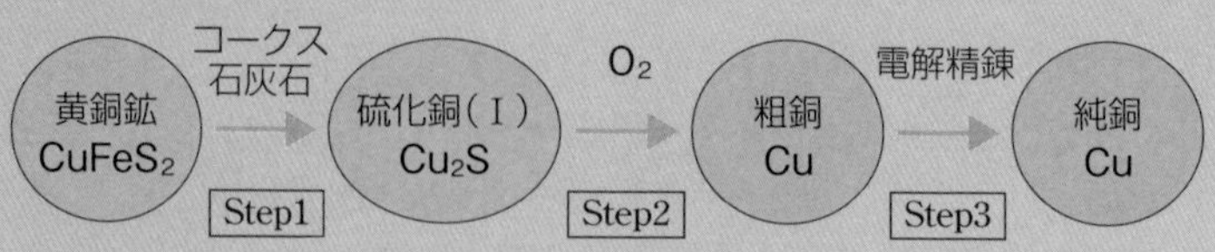

Step1　まず，原料鉱石である黄銅鉱(主成分：$CuFeS_2$)にコークス C と石灰石 $CaCO_3$ を混ぜて溶鉱炉で加熱すると，硫化銅(Ⅰ)Cu_2S が生じる。

Step2　次に，この Cu_2S を転炉で O_2 を吹き込み加熱すると，不純物を含む粗銅が得られる。

$$Cu_2S + O_2 \longrightarrow 2Cu + SO_2$$

Step3　最後に，粗銅中の不純物(Zn, Fe, Pb, Ag, Au など)を取り除くために，粗銅を陽極に，純銅を陰極にして，硫酸酸性の硫酸銅(Ⅱ)$CuSO_4$ 水溶液中で電気分解をする(これを**電解精錬**という)。

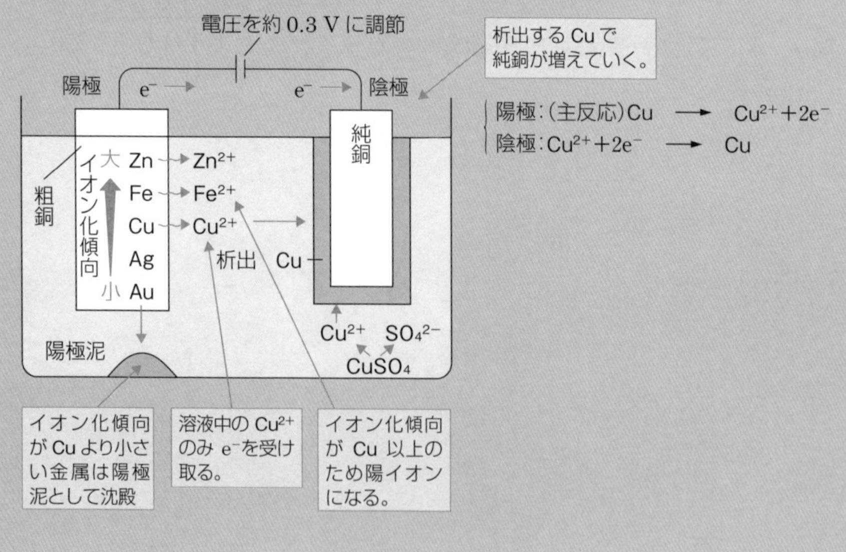

実践問題　　1回目　2回目　3回目

目標：22分　実施日：　／　　／　　／

［Ⅰ］ 次の文章を読み，**(1)** ～ **(4)** の問いに答えよ。

硫化銅(Ⅰ)Cu_2Sに空気を吹き込みながら加熱すると，二酸化硫黄の発生をともなう次の反応(a)～(c)が起こり，銅が得られる。

$$Cu_2S + O_2 \longrightarrow 2Cu + SO_2 \quad \cdots (a)$$

［　　　(b)　　　］

［　　　(c)　　　］

(1) 反応(a)において，硫化銅(Ⅰ)および二酸化硫黄に含まれる硫黄原子の酸化数をそれぞれ記せ。

(2) 反応(b)では，硫化銅(Ⅰ)が反応して酸化銅(Ⅰ)Cu_2Oが生成し，また，反応(c)では，硫化銅(Ⅰ)と反応(b)で生成した酸化銅(Ⅰ)の反応によって銅が生じる。これらの二つの反応が連続して進行すると，結果的に反応(a)と同じとなる。反応(b)と(c)をそれぞれ化学反応式で記せ。

(3) 8.0 kgの硫化銅(Ⅰ)をすべて銅に変えるためには，空気は標準状態で少なくとも何m^3必要か求めよ。計算式も記せ。ただし，体積百分率で空気の20 %が酸素であるとし，原子量はO = 16，S = 32，Cu = 64を用いよ。

(4) 実際に銅鉱石から取り出した硫化銅(Ⅰ)に空気を吹き込みながら加熱すると，得られる銅の純度は99 %程度となる。この銅を陽極に，純粋な銅を陰極に用いて，硫酸酸性の硫酸銅(Ⅱ)水溶液の電気分解を行うことによって，さらに純度の高い銅が得られる。これを電解精錬という。この電解精錬において，陽極と陰極で起こる変化をそれぞれ電子の授受を用いた式で記せ。

(2009 大阪市立)

［Ⅱ］ 電解精錬に関する以下の文章を読み，**問1** ～ **4**に答えよ。解答の有効数字は2桁とする。ただし，流れた電流はすべて金属の溶解・析出に使われ，気体は発生しないものとする。また，反応によって溶液の体積は変化しないものとする。必要があれば次の数値を用いよ。

原子量：O = 16.0，S = 32.1，Cu = 63.5，Zn = 65.4，Ag = 108，
Pb = 207

ファラデー定数：9.65×10^4 C/mol

不純物金属として銀，亜鉛および鉛のみを含む粗銅および純銅を電極にし，銅(Ⅱ)イオンCu^{2+}を含む硫酸酸性水溶液1.00 L中で電解精錬を行った。10.0 Aの直流

電流をある一定時間流したところ，粗銅は103.5 g減少し，純銅は100.0 g増加した。溶液中の銅イオンの濃度は0.0600 mol/L減少した。また，反応中に生じた沈殿の質量は3.87 gであった。

問1　この反応で流れた電気量〔C〕を求めよ。

問2　粗銅から溶けだした銅の質量〔g〕を求めよ。

問3　この電解精錬により粗銅から放出された不純物の銀，亜鉛，鉛が，次の(あ)～(う)のいずれの状態で反応槽内に存在するかを記号で答えよ。

(あ)　イオンとして溶解している。　　(い)　金属塩として沈殿している。

(う)　金属として沈殿している。

問4　溶液中の銅イオン濃度の減少0.0600 mol/Lは，粗銅からの不純物イオンの放出にともなって生じた。この電解精錬により粗銅から放出された亜鉛の質量〔g〕を求めよ。

(2012 北海道)

解答

［Ⅰ］**(1)**　硫化銅(Ⅰ)…－2　　二酸化硫黄…＋4

(2)(b)　$2Cu_2S + 3O_2 \longrightarrow 2Cu_2O + 2SO_2$

(c)　$Cu_2S + 2Cu_2O \longrightarrow 6Cu + SO_2$

(3)　5.6 m^3(計算式は解説を参照)

(4)　陽極：$Cu \longrightarrow Cu^{2+} + 2e^-$　　陰極：$Cu^{2+} + 2e^- \longrightarrow Cu$

［Ⅱ］**問1**　3.0×10^5 C　　**問2**　9.6×10 g

問3　銀…(う)　　亜鉛…(あ)　　鉛…(い)

問4　3.7 g(3.8 gでも可)

[解説]

［Ⅰ］**(1)**　硫化銅(Ⅰ) Cu_2S中のS原子の酸化数をxとおくと，

$Cu_2\underline{S}$

$(+1) \times 2 + x = 0$　　$\therefore$　$x = \underline{-2}$

また，二酸化硫黄SO_2中のS原子の酸化数をyとおくと，

$\underline{S}O_2$

$y + (-2) \times 2 = 0$　　$\therefore$　$y = \underline{+4}$

(2) 各反応式は，題意の反応物から生成物を予測し，いずれかの物質の係数を1とおき（ここでは Cu_2S の係数を1と仮定），両辺の各元素の原子の数が等しくなること（原子保存則）から係数を①〜④の順に決めていく。なお，係数が分数になった場合は，反応式の係数が最も簡単な整数比になるように全体を整数倍する。

(b) $^{①}1Cu_2S + {}^{④}\frac{3}{2}O_2 \longrightarrow {}^{②}1Cu_2O + {}^{③}1SO_2$　両辺を2倍する。

$\underline{2Cu_2S + 3O_2 \longrightarrow 2Cu_2O + 2SO_2}$

(c) $^{①}1Cu_2S + {}^{③}2Cu_2O \longrightarrow {}^{④}6Cu + {}^{②}1SO_2$

(3) 与式「$1Cu_2S + 1O_2 \longrightarrow 2Cu + SO_2$」より，反応する Cu_2S（= 160）と O_2 の物質量〔mol〕は等しいため，用いる空気の標準状態における体積〔m^3〕は，

$$\underbrace{\frac{8.0\times10^3\,〔g〕}{160\,〔g/mol〕}}_{Cu_2S〔mol〕=O_2〔mol〕} \times 22.4\,〔L/mol〕 \times \underbrace{\frac{100}{20}}_{体積比} = 5.6\times10^3\,〔L〕 = \underline{5.6\,〔m^3〕}$$

（O_2〔L〕）

［Ⅱ］ **問1** この電気分解で流れた電気量〔C〕は，陰極における反応式「$Cu^{2+} + 2e^- \longrightarrow 1Cu$」と Cu の析出量〔g〕より，

$$\underbrace{\frac{100.0\,〔g〕}{63.5\,〔g/mol〕}}_{Cu〔mol〕} \times \underbrace{\frac{2}{1}}_{係数比} \times 9.65\times10^4\,〔C/mol〕 = 3.03\cdots\times10^5$$

（e^-〔mol〕）

$$\fallingdotseq \underline{3.0\times10^5\,〔C〕}$$

問2〜4 今回の電解精錬を図にすると，以下のようになる。なお，Pb は Pb^{2+} となって溶け出すが，$CuSO_4$ 水溶液中の SO_4^{2-} により難溶性の塩である $PbSO_4$ となって沈殿することに注意する。

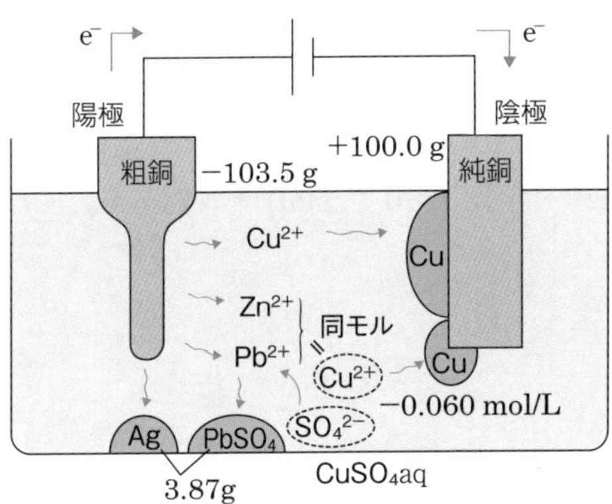

無機編 第3章 化学工業①（金属）

ここで，減少した粗銅に含まれていたCuを w〔mol〕，Znを x〔mol〕，Pbを y〔mol〕，Agを z〔mol〕とおくと，与えられた量より，次の①～④式が成り立つ。

［流れた e^- の物質量について］

e^- を放出する金属はすべて2価の陽イオンとなり，陽極で放出された電子と陰極で受け取った電子の物質量は等しいため，次式となる。

$$(w + x + y) \times 2 \text{〔mol〕} = \frac{100\text{〔g〕}}{63.5\text{〔g/mol〕}} \times 2 \quad \cdots①$$

［粗銅の減少量〔g〕について］

$$63.5w + 65.4x + 207y + 108z = 103.5 \text{〔g〕} \quad \cdots②$$

［溶液中の Cu^{2+} の減少量〔mol〕について］

Zn^{2+} と Pb^{2+} が溶け出した物質量の分だけ $CuSO_4$ 水溶液中の Cu^{2+} の物質量が減少する。

$$x + y = 0.0600 \text{〔mol/L〕} \times 1.00 \text{〔L〕} \quad \cdots③$$

［生成した沈殿の質量〔g〕について］

生じた沈殿は $PbSO_4$(= 303.1)とAg(= 108)の混合物なので，その総質量〔g〕について，

$$303.1y + 108z = 3.87 \text{〔g〕} \quad \cdots④$$

よって，①，③式から，$w \fallingdotseq 1.514$〔mol〕

また，②，④式より，

$$63.5w + 65.4x - 96.1y = 99.63$$

$$\Leftrightarrow \quad 63.5 \times 1.514 + 65.4x - 96.1(0.0600 - x) = 99.63 \qquad (\because ③式)$$

$$\therefore \quad x \fallingdotseq 5.73 \times 10^{-2} \text{〔mol〕}$$

以上より，粗銅から溶け出したCuの質量〔g〕とZnの質量〔g〕はそれぞれ次のような値となる。

Cu：$63.5\text{〔g/mol〕} \times 1.514 \text{〔mol〕} = 96.1\cdots \fallingdotseq_{問2}$ 9.6 × 10〔g〕

Zn：$65.4\text{〔g/mol〕} \times 5.73 \times 10^{-2} \text{〔mol〕} = 3.74\cdots \fallingdotseq_{問4}$ 3.7〔g〕

ケイ素

フレーム 17

◎全体のフロー

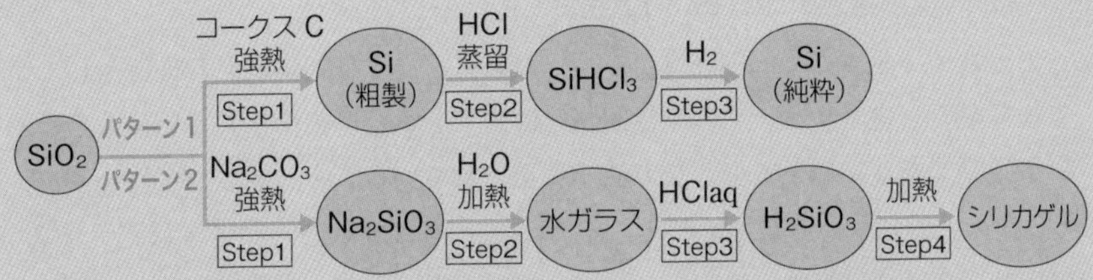

パターン１　単体の製法

Step1　ケイ砂(主成分：二酸化ケイ素 SiO_2)にコークス C を加えて強熱すると，粗製のケイ素 Si が得られる。

$$SiO_2 + 2C \longrightarrow Si + 2CO\uparrow$$

Step2　この粗製の Si を塩化水素 HCl と反応させ，トリクロロシラン $SiHCl_3$ とし，蒸留により精製する。

$$Si + 3HCl \longrightarrow SiHCl_3 + H_2$$

Step3　この $SiHCl_3$ を水素 H_2 で還元することで，純粋な Si が得られる。

$$SiHCl_3 + H_2 \longrightarrow Si + 3HCl$$

パターン２　シリカゲルの製法

Step1　二酸化ケイ素に炭酸ナトリウムを加えて加熱すると，ケイ酸ナトリウムが生じるとともに二酸化炭素が発生する(中和)。

$$SiO_2 + Na_2CO_3 \longrightarrow Na_2SiO_3 + CO_2\uparrow$$

Step2　生じた物質に水を加えて加熱すると，ケイ酸ナトリウムの一部が加水分解し，粘性をもつ**水ガラス**になる。

Step3　これに塩酸 HCl を加えると，ケイ酸 $SiO_2 \cdot nH_2O$($n = 1$ の場合は H_2SiO_3)が生じる(弱酸遊離反応)。

$$Na_2SiO_3 + 2HCl \longrightarrow H_2SiO_3 + 2NaCl$$

Step4　生じたケイ酸 H_2SiO_3 を加熱脱水すると，**シリカゲル**になる。

実践問題

1回目　2回目　3回目

目標：18分　実施日：　／　　／　　／

［Ⅰ］　次の文章を読み，以下の**問ア～カ**に答えよ。必要があれば下の値を用いよ。

原子量　H：1.0　　Si：28.1

アボガドロ定数：6.0×10^{23} mol^{-1}

気体定数：8.3×10^3 Pa・L/(mol・K)

ケイ素は半導体としての性質をもち，コンピュータや太陽電池の材料として使われている。コンピュータの集積回路には，できるだけ純粋で大きなケイ素の結晶が必要であり，以下のような方法で製造されている。

SiO_2 を主成分とするケイ石をコークスとともに加熱し，ケイ素に還元する。得られたケイ素は，鉄，アルミニウム，カルシウムなどの不純物を0.1％程度含む。次に，不純物を含むケイ素を塩化水素(HCl)と反応させ，トリクロロシラン($SiHCl_3$；沸点31.8℃)とした後，蒸留により精製する。①精製した $SiHCl_3$ を水素(H_2)で還元し，純粋なケイ素を得る。この純ケイ素は微細な結晶の集まりであるため，②二酸化ケイ素のるつぼのなかで融解し，この中に種となる結晶を入れて，これを徐々に引き上げながら冷却することにより大きなケイ素の結晶(単結晶と呼ぶ)を成長させる。この単結晶を薄い板状に切り出し，基板として用いる。

コンピュータ用の回路には，電気伝導性の高い半導体も必要である。そのためには，前のケイ素の単結晶(基板)の上に，微量の他元素を添加したケイ素の薄膜を堆積させる。例えば，ケイ素の単結晶を加熱しておき，ここに③シランガス(SiH_4)とともに微量の気体Aを流すと，単結晶の表面に，気体A由来の微量元素を含んだケイ素の薄膜が付着する。この薄膜中では，結晶中のケイ素原子の一部が添加元素と置き換わっている。添加元素は，ケイ素に比べ最外殻電子数が1個多く，④余った電子は結晶中を動き回ることができる。そのため，純粋なケイ素に比べて高い電気伝導性を示す。添加元素の量を制御することにより，必要とする電気伝導性をもった半導体を作り出すことができる。

なお，ケイ素の結晶構造は図のようであり，単位格子は1辺が0.54 nmの立方体である。また，微量の元素を添加しても，単位格子の大きさは変わらないものとする。

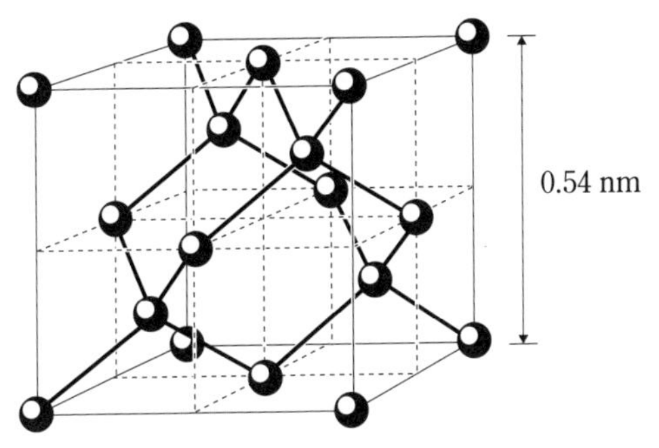

図　ケイ素の単位格子

〔問〕

ア　下線①の化学反応式を書け。

イ　下線②で，金属のるつぼを用いることはできない。この理由を1行程度で述べよ。

ウ　下線③で，気体Aは第3周期の元素と水素との化合物である。気体Aの化学式を記せ。

エ　図の単位格子の中にケイ素原子はいくつ含まれるか。

オ　下線③で，標準状態の SiH_4 ガスを 5.0 mL 流したところ，3.0 cm × 3.0 cm の基板の上に，ケイ素の薄膜が 90 nm 堆積した。流した SiH_4 ガスのうち，何%が薄膜として堆積したか。有効数字1桁で答えよ。なお，微量の添加元素については無視してよい。結果だけでなく，計算の過程も記せ。

カ　下線④で，単位体積あたりの余分な電子の数は 1.0×10^{18} cm^{-3} であった。薄膜中に含まれる添加元素の原子数とケイ素の原子数との比は □ : 1 である。四角の中に入る数値を有効数字1桁で答えよ。結果だけでなく，計算の過程も記せ。

(2006 東京)

［Ⅱ］　次の**問1～5**に答えよ。

A.　ケイ素は炭素と同族で，両者は似た性質を持つ。モノシランは，1分子の中に1原子のケイ素と複数の水素からなる化合物で，メタンと似た性質を持っている。

問1　ケイ素と炭素の化学的性質の類似点を説明せよ。

問2　モノシランの構造を書け。

B. ケイ素は地殻成分の中で第2番目に多い。二酸化ケイ素は石英や水晶の主成分である。二酸化ケイ素の結晶構造は，正四面体の各頂点にケイ素原子が位置していて，その中に酸素原子が位置する構造である。更に小さい正四面体があって，各頂点に酸素原子が，そして中心にケイ素原子が位置する。二酸化ケイ素に炭酸ナトリウムを加えて熱すると融解する。更に，水を加えると粘性を持った物質が得られ，そこへ塩酸を添加すると沈殿物が見られる。この沈殿物を乾かしたものがシリカゲルで，表面にヒドロキシ基を持ち多孔質であるため水分を吸収しやすい。

問3 二酸化ケイ素の結晶構造を表す次の図の空欄に適当な原子記号を入れよ。

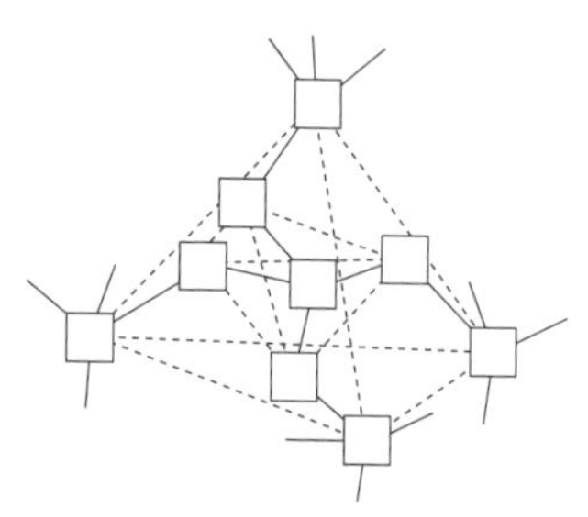

問4

(1) 二酸化ケイ素に炭酸ナトリウムを加えて加熱したときの反応式を書け。

(2) (1)の状態に塩酸を添加して得られる沈殿物は何か。化合物の名前とその化学式を書け。

問5 シリカゲルの表面にヒドロキシ基があり多孔質であることは，なぜ水分を吸収しやすいことになるか，説明せよ。

(2005 札幌医科)

解答

［Ⅰ］**ア** $SiHCl_3 + H_2 \longrightarrow Si + 3HCl$

イ ケイ素の融点が高く，金属が融解したり，入り込んだりする可能性があるため。

ウ PH_3 **エ** 8個 **オ** 3％(計算過程は解説を参照)

カ 2×10^{-5}(計算過程は解説を参照)

［Ⅱ］**問1** 単体はいずれも共有結合の結晶で，化学物中では酸化数＋4をとることが多い。

問2　**問3**（次図）

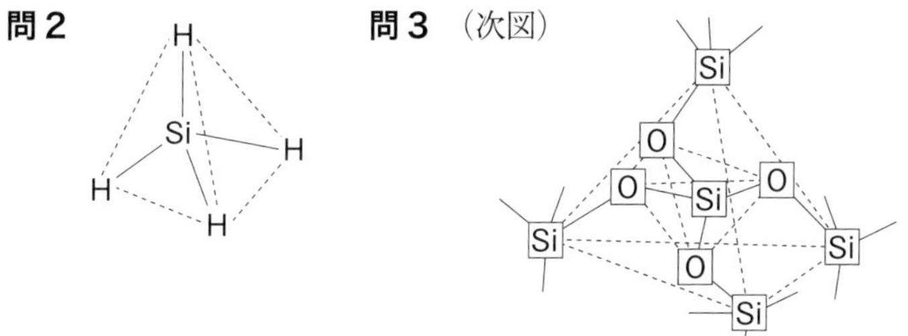

問4(1)　$SiO_2 + Na_2CO_3 \longrightarrow Na_2SiO_3 + CO_2$

(2)　名前…ケイ酸　　化学式…H_2SiO_3

問5　シリカゲルは多孔質であることから表面積が大きく，その表面には脱水されていないヒドロキシ基がある。このヒドロキシ基に，水蒸気が水素結合によって吸着しやすい。

［解説］

［Ⅰ］ **ア**　題意より，トリクロロシラン $SiHCl_3$ を水素 H_2 と反応させるとケイ素 Si の単体が生じるため，残りの元素から塩化水素 HCl が発生することを推測する。

イ　金属のるつぼの主な成分は，Fe，Cu，Ni，Au，Pt などである。一方，融点に関しては，「Au，Cu ＜ Si ＜ Ni」であり，金属のるつぼで Si を加熱すると金属の一部が融解する可能性がある。なお，高温下で Fe と Si は反応してしまう。

ウ　ケイ素より最外殻電子数が1つ多く，第3周期にある元素はリンであり，その水素との化合物はホスフィン $\underline{PH_3}$ となる。

エ　本問にある図のケイ素の結晶の単位格子中の原子配列は，下図のように面心立方格子に，その単位格子を8等分してできた小さい立方体の体心1つおきに Si 原子が配置された構造である。

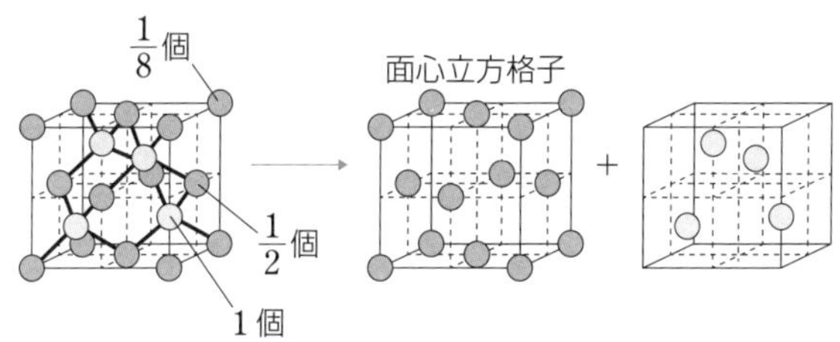

そのため，ケイ素の結晶の単位格子中に含まれる Si 原子の個数は，

$$\underbrace{\frac{1}{8}\times 8}_{\text{各頂点}}+\underbrace{\frac{1}{2}\times 6}_{\text{各面心}}+\underbrace{1\times 4}_{\text{格子内}}=\underline{8\text{〔個〕}}$$

オ　Si の薄膜の密度 d〔g/cm^3〕は，**問エ**の結果より，

$$d\,[\mathrm{g/cm^3}]=\frac{\overbrace{\dfrac{28.1[\mathrm{g/mol}]}{6.0\times10^{23}[\text{個}/\mathrm{mol}]}}^{\text{g/個}}\times 8[\text{個}]}{(0.54\times10^{-7}[\mathrm{cm}])^3}=\frac{28.1\times 8}{6.0\times 0.54^3}\times10^{-2}\,[\mathrm{g/cm^3}]$$

よって，流した SiH_4 ガス中の Si に対する薄膜として堆積した Si の質量の割合〔%〕は，

$$\frac{\text{薄膜として堆積したSi}[\mathrm{g}]}{SiH_4\text{ガス中のSi}[\mathrm{g}]}\times 100$$

$$=\frac{\dfrac{28.1\times 8}{6.0\times 0.54^3}\times10^{-2}[\mathrm{g/cm^3}]\times(3.0\times3.0\times90\times10^{-7})[\mathrm{cm^3}]}{\underbrace{\dfrac{5.0\times10^{-3}[\mathrm{L}]}{22.4[\mathrm{L/mol}]}}_{SiH_4\text{ガス}[\mathrm{mol}]=\mathrm{Si}[\mathrm{mol}]}\times 28.1[\mathrm{g/mol}]}\times 100$$

$=3.07\cdots\fallingdotseq$ <u>3〔%〕</u>

カ　Si の薄膜 1cm^3 あたりの原子の個数〔個/cm^3〕は，**問エ**の結果より，

$$\frac{8[\text{個}]}{(0.54\times10^{-7}[\mathrm{cm}])^3}\fallingdotseq 5.0\times10^{22}\,[\text{個}/\mathrm{cm^3}]$$

また，・P̈・ と ・Ṡi・ から，「余分な e^-〔個〕＝ P 原子〔個〕」となるので，

添加 P〔個/cm^3〕：Si〔個/cm^3〕

$=1.0\times10^{18}$〔個/cm^3〕：($\underset{\text{初めのSi}}{5.0\times10^{22}}-\underset{\text{添加で置換されたSi}}{1.0\times10^{18}}$)〔個/cm^3〕

$\fallingdotseq$ <u>2×10^{-5}</u>：1

〔Ⅱ〕 **問2**　題意より，メタン CH_4 と性質が似ていることから，モノシランの化学式は SiH_4 と推測できる(構造は CH_4 と同じ正四面体形となる)。

問3　二酸化ケイ素 SiO_2 はケイ素 Si を中心とした正四面体形の頂点方向に O 原子が共有結合した結晶をつくっている。

問4，5　SiO_2 からシリカゲルができるまでの流れを，構造式を用いて以下に記す。

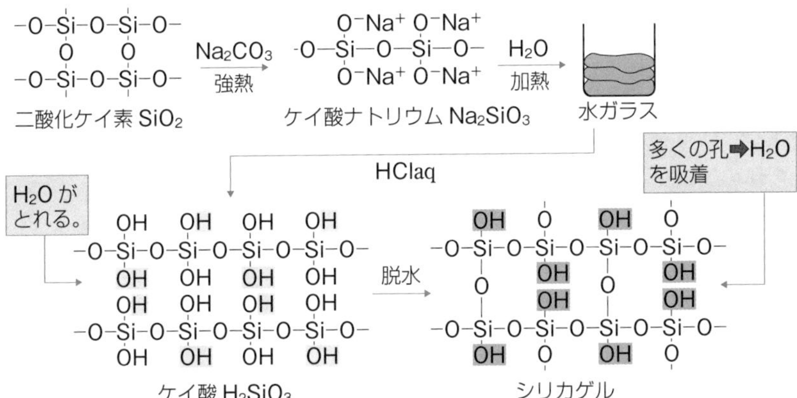

まず，酸性酸化物である SiO_2 に塩基性を示す塩である Na_2CO_3 を加えて強熱すると，ケイ酸ナトリウム Na_2SiO_3 が生じる。反応式の作成法として，SiO_2 をいったん H_2O と反応させ H_2SiO_3 とし(実際に SiO_2 が H_2O に溶けるわけではない)，H_2SiO_3 と Na_2CO_3 をそれぞれ電離させ，イオンのペアを入れ替える。生じた H_2CO_3 は加熱により CO_2 と H_2O に分解する。

$$SiO_2 + H_2O\ (\longrightarrow H_2SiO_3) \longrightarrow 2H^+ + SiO_3^{2-}$$

$$+)\qquad Na_2CO_3 \longrightarrow 2Na^+ + CO_3^{2-}$$

$$SiO_2 + H_2O + Na_2CO_3 \longrightarrow Na_2SiO_3 + H_2CO_3$$

$$(CO_2 + H_2O)$$

⇨ 問4(1) $SiO_2 + Na_2CO_3 \longrightarrow Na_2SiO_3 + CO_2\uparrow$

次に，ケイ酸ナトリウム Na_2SiO_3 に水を加え水ガラスとし，そこに塩酸を加えると，弱酸である 問4(2) ケイ酸 H_2SiO_3 が遊離する(弱酸遊離反応)。上図のように H_2SiO_3 は高分子であり分子量が非常に大きいため，H_2SiO_3 は分子間力が強く沈殿しやすい。

$$Na_2SiO_3 + 2HCl \longrightarrow H_2SiO_3\downarrow + 2NaCl$$

テーマ

18 窒素

フレーム 18

◎全体のフロー

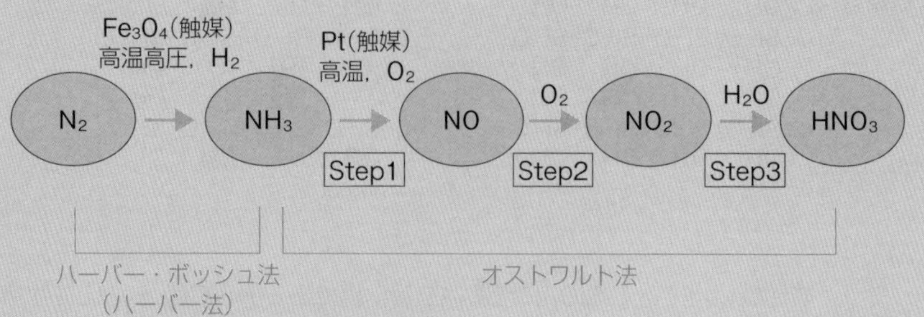

[ハーバー・ボッシュ法(ハーバー法)]

アンモニア NH_3 は四酸化三鉄 Fe_3O_4 を主成分とする触媒を用いて，窒素 N_2 と水素 H_2 を高温高圧下で反応させ合成する。

$$N_2 + 3H_2 \rightleftarrows 2NH_3$$

[オストワルト法]

硝酸 HNO_3 は以下の 3 段階の反応で合成する。

Step1 まず，白金 Pt を触媒として高温下でアンモニア NH_3 を酸化して一酸化窒素 NO にする。

$$4NH_3 + 5O_2 \longrightarrow 4NO + 6H_2O \quad \cdots①$$

Step2 次に，その NO を室温で空気中の O_2 で酸化して二酸化窒素 NO_2 にする。

$$2NO + O_2 \longrightarrow 2NO_2 \quad \cdots②$$

Step3 最後に，この NO_2 を温水に吸収させて硝酸 HNO_3 とする(ここで発生する NO は Step2 で再利用される)。

$$3NO_2 + H_2O \longrightarrow 2HNO_3 + NO\uparrow \quad \cdots③$$

◎全体の反応（オストワルト法）

(①式＋②式× 3 ＋③式× 2）× $\frac{1}{4}$ より，中間生成物である NO と NO_2 を消去すると，全体の反応は次式で表される。

$$NH_3 + 2O_2 \longrightarrow HNO_3 + H_2O$$

実践問題　　　　　　　　　　　　　　　　　　　1回目　2回目　3回目

目標：10分　実施日：　／　　／　　／

次の文を読み，**問い(1)～(3)**に答えよ。原子量は，H = 1.00，N = 14.0，O = 16.0とし，気体はすべて理想気体とみなして解答せよ。

窒素は周期表の15族に属し，その原子は(　あ　)個の価電子をもっている。単体の窒素N_2は空気の主成分で，体積で約78 %を占めている。窒素は工業的には(　い　)の分留によって得られる。窒素は無色，無臭の気体で常温では反応性に乏しいが，高温では反応性が高くなり，たとえば，水素と反応してアンモニアNH_3となり，また，酸素と反応して一酸化窒素NOや二酸化窒素NO_2となる。

アンモニアは，無色で刺激臭をもち，空気より軽い気体である。実験室では(A)塩化アンモニウムに水酸化カルシウムを混合して加熱することによって得られ，(　う　)置換で捕集する。工業的には窒素と水素を体積比1:3で混合し，(　え　)を主成分とする触媒を用いて高温，高圧下で合成される。この方法を(　お　)法とよぶ。

(B)白金を触媒として800～900 ℃でアンモニアを空気中の酸素と反応させると，一酸化窒素が生成する。(C)一酸化窒素をさらに空気中の酸素と反応させると二酸化窒素が生成する。これを水に吸収させると，式①に示すように硝酸HNO_3が生成する。

$$3NO_2 + H_2O \longrightarrow 2HNO_3 + NO \quad \cdots①$$

式①で生成した一酸化窒素は再び酸化され，最終的にすべて硝酸になる。この方法をオストワルト法とよぶ。

(1)　文中の空欄(　あ　)～(　お　)にもっとも適する数字あるいは語句を記せ。

(2)　下線部(A)の反応について，以下の問いに答えよ。

(ⅰ)　この反応を化学反応式で示せ。

(ⅱ)　この反応を酸・塩基の強弱の考えをもとに説明せよ。

(3)　オストワルト法による硝酸合成に関して，以下の問いに答えよ。

(ⅰ)　下線部(B)の反応を化学反応式で示せ。

(ⅱ)　下線部(C)の反応を化学反応式で示せ。

(ⅲ)　アンモニアから硝酸ができるまでの反応をまとめて一つの化学反応式で示せ。

(ⅳ)　標準状態で1.0 m^3のアンモニアをすべて硝酸にすると，質量パーセント濃度で70 %の硝酸は何kg得られるか。有効数字2桁で答えよ。

(2007 同志社)

解答

(1) あ　5　い　液体空気　う　上方　え　鉄(または酸化鉄)

お　ハーバー・ボッシュ(または，ハーバー)

(2) i　$2NH_4Cl + Ca(OH)_2 \longrightarrow CaCl_2 + 2NH_3 + 2H_2O$

ii　アンモニウム塩に水酸化カルシウムを加えることで，水酸化カルシウムよりも弱い塩基であるアンモニアが遊離する。

(3) i　$4NH_3 + 5O_2 \longrightarrow 4NO + 6H_2O$

ii　$2NO + O_2 \longrightarrow 2NO_2$

iii　$NH_3 + 2O_2 \longrightarrow HNO_3 + H_2O$

iv　4.0 kg

[解説]

(1) (い)　まず空気を圧縮しながら冷却して液体とし，この液体空気を徐々に加熱していくことで，沸点の違いにより空気中の各成分(N_2 の他に O_2 や Ar など)を分離することができる。

(う)　アンモニアは水に溶けやすく，空気よりも軽いため，上方置換法で捕集する。

(え)　実際には酸化鉄(Fe_3O_4)を用いる。H_2 により酸化鉄が還元され Fe が生じ，この Fe が触媒として作用する。

(2)　反応式の作成法は P.40 を参照のこと。

(3)　(i)～(iii)　反応式の作成法は P.96 を参照のこと。

(iv)　(iii)より反応式を一つにまとめると次式のようになる。

$$1NH_3 + 2O_2 \longrightarrow 1HNO_3 + H_2O$$

ここで得られる 70 %硝酸の質量を x[kg]とおくと，上式より，用いる NH_3 と HNO_3 の物質量〔mol〕は等しいため，次式が成り立つ。

$$\underbrace{\frac{1.0\times10^3〔\text{L}〕}{22.4〔\text{L/mol}〕}}_{NH_3〔\text{mol}〕} = \underbrace{\frac{\overbrace{x\times10^3〔\text{g}〕\times\frac{70}{100}}^{HNO_3〔\text{g}〕}}{63〔\text{g/mol}〕}}_{HNO_3〔\text{mol}〕}$$

$$\therefore\ x = 4.01\cdots \fallingdotseq \underline{4.0〔\text{kg}〕}$$

テーマ

19 リン

フレーム 19

◎全体のフロー

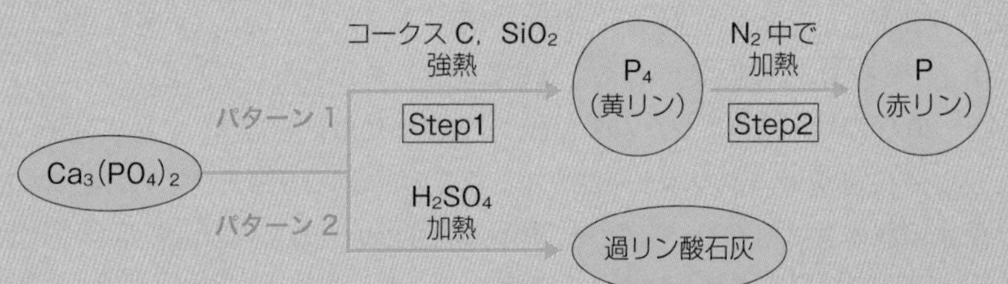

パターン1　単体の製法

Step1　リン鉱石（主成分：リン酸カルシウム$Ca_3(PO_4)_2$）にケイ砂（主成分：二酸化ケイ素SiO_2）とコークスCを加え強熱すると，リンの蒸気が発生し，これを水中で冷却すると**黄リン**P_4が得られる。

$$2Ca_3(PO_4)_2 + 6SiO_2 + 10C \longrightarrow 6CaSiO_3 + 10CO + P_4$$

Step2　黄リンP_4を空気を絶ってN_2中で加熱すると，**赤リン**Pに変化する。

パターン2　過リン酸石灰の製法

リン酸カルシウム$Ca_3(PO_4)_2$に硫酸H_2SO_4を加えると，リン酸二水素カルシウム$Ca(H_2PO_4)_2$と硫酸カルシウム$CaSO_4$の混合物が得られる（弱酸遊離反応）。この混合物を**過リン酸石灰**といい，主に肥料に用いられる。

$$Ca_3(PO_4)_2 + 2H_2SO_4 \longrightarrow Ca(H_2PO_4)_2 + 2CaSO_4$$

実践問題　　1回目　2回目　3回目

目標：10分　実施日：　／　　／　　／

次の文を読み，**設問(1)**から**(4)**に答えよ。なお，同じ記号の空欄には，同じ数や化学式が入る。

リンの単体は，工業的には，リン鉱石（主成分：リン酸カルシウム）を電気炉中でケイ砂およびコークスと反応させて製造される。リンは蒸気となって発生するので，これを水中で回収して固化させると，黄リンが得られる。この反応の反応式は，次のようになる。

$2Ca_3(PO_4)_2$ + [A] SiO_2 + [B] C

$\longrightarrow$ [A] $CaSiO_3$ + [B] CO + [C] P_4

黄リンを空気中で燃焼させると [D] が生成する。[D] は潮解性のある白色粉末で，これに水を加えて煮沸すると [E] が生じる。

(1) リン酸カルシウム中のリンの酸化数を答えよ。

(2) 空欄 [A] から [C] に適切な反応係数を入れ，反応式を完成させよ。

(3) 空欄 [D] と [E] にあてはまる化合物を化学式で答えよ。

(4) 80 %のリン酸カルシウムを含むリン鉱石 1000 g を処理して過リン酸石灰（リン酸二水素カルシウムと硫酸カルシウムの混合物）を製造するのに必要な硫酸水溶液の量は何 g か。次の値の中から最も近いものを選び，記号で答えよ。ただし，この反応でリン酸カルシウム 1 mol あたり硫酸 H_2SO_4 2 mol が必要であり，硫酸水溶液は濃度 60 %（質量%）のものを使用するものとする。また，H = 1.0，O = 16，P = 31，S = 32，Ca = 40 とする。

ア） 253 g　　イ） 506 g　　ウ） 632 g　　エ） 843 g　　オ） 1054 g

（(1)～(3)2014 芝浦工業，(4)2005 帝京・薬）

解答

(1) + 5　**(2)** A 6　B 10　C 1　**(3)** D P_4O_{10}　E H_3PO_4

(4) エ）

[解説]

(1) $Ca_3(PO_4)_2$ 中の P 原子の酸化数を x とおくと，

$Ca_3(\underline{P}O_4)_2$

$(+2) \times 3 + \{x + (-2) \times 4\} \times 2 = 0 \quad \therefore \quad x = \underline{+5}$

(2) 以下の手順①～③で決めていくと速い。

手順① 両辺の P 原子の数を合わせるために，[C] に「1」を入れる。

$2Ca_3(PO_4)_2$ + [A] SiO_2 + [B] C

$\longrightarrow$ [A] $CaSiO_3$ + [B] CO + ①$\underline{1}P_4$

手順② 両辺の Ca 原子の数を合わせるために，$CaSiO_3$ の [A] に「6」を入れる。

$2Ca_3(PO_4)_2$ + [A] SiO_2 + [B] C

$\longrightarrow$ ②$\underline{6}CaSiO_3$ + [B] CO + ①$1P_4$

手順③　両辺の O 原子の数を合わせるために，CO の [B] に「10」を入れる。

$$2Ca_3(PO_4)_2 + {}^{②}6SiO_2 + \boxed{\text{B}}\,C \longrightarrow {}^{②}6CaSiO_3 + {}^{③}\underline{10}CO + {}^{①}1P_4$$

(結果的に C の係数は「10」となる。)

(3)　黄リン P_4 を空気中で燃焼させると，酸化されて十酸化四リン D $\underline{P_4O_{10}}$ になる。

$$P_4 + 5O_2 \longrightarrow P_4O_{10}$$

また，この P_4O_{10} は酸性酸化物(⇨ P.12)であり，水に加えて煮沸するとリン酸 E $\underline{H_3PO_4}$ が生じる。

$$P_4O_{10} + 6H_2O \longrightarrow 4H_3PO_4$$

(4)　題意より，過リン酸石灰の反応は次式で表される。

$$1Ca_3(PO_4)_2 + 2H_2SO_4 \longrightarrow Ca(H_2PO_4)_2 + 2CaSO_4$$

ここで，必要な 60%硫酸水溶液の質量を x〔g〕とおくと，$Ca_3(PO_4)_2$(= 310) と H_2SO_4(= 98)の物質量〔mol〕には以下の関係が成り立つ。

$$Ca_3(PO_4)_2\,[\text{mol}] : H_2SO_4\,[\text{mol}] = 1 : 2$$

$$\Leftrightarrow \frac{\overbrace{1000\,[\text{g}] \times \frac{80}{100}}^{Ca_3(PO_4)_2\,[\text{g}]}}{310\,[\text{g/mol}]} : \frac{\overbrace{x\,[\text{g}] \times \frac{60}{100}}^{H_2SO_4\,[\text{g}]}}{98\,[\text{g/mol}]} = 1 : 2$$

$\therefore\ x \fallingdotseq \underline{843\ [\text{g}]}$

テーマ

20 硫黄(接触法)

フレーム 20

◎全体のフロー

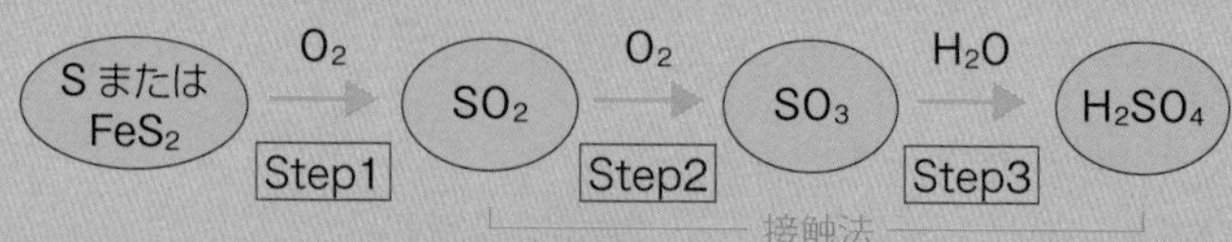

Step1 まず，単体の硫黄Sまたは黄鉄鉱(主成分：FeS_2)を燃焼させて二酸化硫黄 SO_2 にする。

$$S + O_2 \longrightarrow SO_2$$

(または $4FeS_2 + 11O_2 \longrightarrow 2Fe_2O_3 + 8SO_2$)　…①

Step2 次に，その SO_2 を酸化バナジウム(V) V_2O_5 を触媒として空気中の酸素 O_2 で酸化して三酸化硫黄 SO_3 にする。

$$2SO_2 + O_2 \longrightarrow 2SO_3$$ …②

Step3 最後に，この SO_3 をいったん濃硫酸に吸収させ発煙硫酸とし，これを希硫酸に加えて徐々に濃くしていくことで濃硫酸にしていく。

$$SO_3 + H_2O \longrightarrow H_2SO_4$$ …③

※ SO_3 と水を直接反応させると，激しく発熱して SO_3 や H_2O が気体になってしまい，反応効率が下がってしまう。そのため，いったん濃硫酸に接触させ，その濃硫酸中の H_2SO_4 とともに SO_3 を発煙硫酸とし，これを希硫酸に加えていく。この手順を踏むことで，激しい発熱をともなわずに希硫酸中で H_2SO_4 を増やしていき徐々に濃くしていくことができ，濃硫酸を得ることができる。

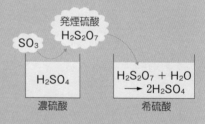

SO_3
発煙硫酸 $H_2S_2O_7$
H_2SO_4
濃硫酸
$H_2S_2O_7 + H_2O \longrightarrow 2H_2SO_4$
希硫酸

◎全体の反応

①式＋②式×4＋③式×8より中間生成物である SO_2 と SO_3 を消去すると，全体の反応は次式で表される。

$$4FeS_2 + 15O_2 + 8H_2O \longrightarrow 8H_2SO_4 + 2Fe_2O_3$$

実践問題　　1回目　2回目　3回目

目標：10分　実施日：　／　　／　　／

次の文章を読み，各問に答えよ。計算問題は，計算過程を示し，答は有効数字2桁で記せ。

硫黄からの硫酸の工業的製造は式①で表される硫黄の燃焼から始まる。

$$S + O_2 \longrightarrow SO_2 \qquad \cdots ①$$

生成された二酸化硫黄は式②で表される反応で三酸化硫黄に酸化される。この反応は発熱反応であるが，反応の活性化エネルギーが高いため［ア］を主成分とする触媒層に二酸化硫黄を通して酸化反応を行う。また，この反応は平衡反応であり，温度を上昇させると三酸化硫黄の生成率は［イ］し，圧力を上昇させると生成率は［ウ］する。

$$SO_2 + \frac{1}{2}O_2 \longrightarrow SO_3 \qquad \cdots ②$$

続いて，三酸化硫黄を濃硫酸に吸収させたものを希硫酸に加えることによって濃硫酸がえられる。

問1　文中の空欄［ア］に当てはまる化合物の化学式を答えよ。

問2　文中の空欄［イ］と［ウ］に入る言葉の組み合わせとして，次の(A)～(D)の中から適切なものを一つ選び記号で答えよ。

	［イ］	［ウ］
(A)	上昇	上昇
(B)	上昇	低下
(C)	低下	上昇
(D)	低下	低下

問3　酸素のモル分率が0.21の空気で硫黄を燃焼させて得られた混合気体中の酸素のモル分率は0.10であった。この混合気体を式②の反応を行うため接触炉(転化器)の触媒層に導入した。接触炉入り口の気体の温度は430℃であり，触媒層から出た混合気体の温度は600℃に上昇した。

この反応で二酸化硫黄の何％が三酸化硫黄に転化したか求めよ。ただし，式②の反応熱は95 kJ/mol，混合気体の比熱は32 J/(K･mol)とし，反応を通して一定であると仮定する。また，混合気体量は接触炉入り口における量とし，一定値とする。

(2013 防衛医科)

解答

問1 V_2O_5　**問2** (C)

問3 5.2 × 10 %(計算過程は解説を参照)

[解説]

問2 イ　題意より②式の正反応は発熱反応であるため，ルシャトリエの原理より，温度を上げると吸熱方向，つまり逆反応の向き(左方向)に平衡が移動する。よって，SO_3 の生成率は低下する。

ウ　圧力を上昇させると，ルシャトリエの原理により，圧力を下げる方向に平衡が移動する。圧力を下げる方向とは，すなわち気体分子数が減少する方向であり，反応式における(気体分子の)物質の係数和が小さくなる方向である。よって，②式の係数和が小さくなる反応の方向は正反応の向き(右方向)であるため，SO_3 の生成率は上昇する。$\left(\text{左辺の係数和 } 1 + \frac{1}{2} < \text{右辺の係数和 } 1\right)$

問3 初めにあった空気の全物質量を x〔mol〕とおくと，①式の反応における変化量シートは以下のように表すことができる。

	S + O_2	→ SO_2	全量	
初期量	$0.21x$	0	x	(単位：mol)
変化量	①$-0.11x$	②$+0.11x$	± 0	
反応後	$0.10x$	③$0.11x$	④x	

※上付き①～③は，変化量シートを埋めていく手順を示している。また，固体Sは気体の物質量として含めなくてよいので空欄としている。

次に，生じた $0.11x$〔mol〕の SO_2 のうち α〔%〕が SO_3 に転化したとすると，②式の反応における変化量シートは以下のように表すことができる。

	SO_2	+ $\frac{1}{2}O_2$	→ SO_3	全量
初期量	$0.11x$	$0.10x$	0	x
変化量	①$-0.11x \times \frac{\alpha}{100}$	②$-0.11x \times \frac{\alpha}{100} \times \frac{1}{2}$	②$+0.11x \times \frac{\alpha}{100}$	
反応後(不要のため空欄)				③x

題意より，「混合気体量は接触炉入り口における量とし，一定値とする」ため，x のまま

よって，SO_2の酸化によって発した熱量と，混合気体全量の温度上昇に用いられた熱量は等しくなるため，この反応で出入りした熱量〔kJ〕について次式が成り立つ。

$$95\,[\mathrm{kJ/\cancel{mol}}] \times 0.11x \times \frac{\alpha}{100}\,[\mathrm{\cancel{mol}}]$$

$$= 32 \times 10^{-3}\,[\mathrm{kJ/(\cancel{K}\cdot\cancel{mol})}] \times (600-430)\,[\mathrm{\cancel{K}}] \times x\,[\mathrm{\cancel{mol}}]$$

$$\therefore \quad \alpha = 5.20 \times 10\cdots \fallingdotseq \underline{5.2 \times 10\,[\%]}$$

無機編 第4章 化学工業②（非金属）

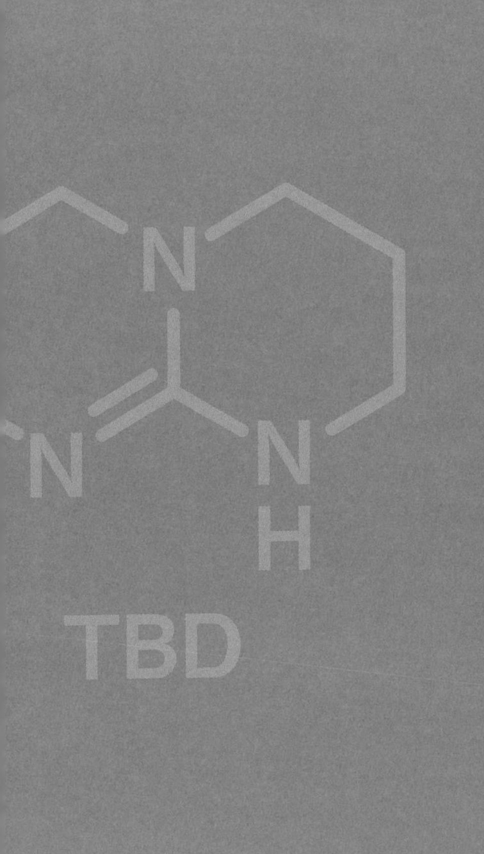

有機編

テーマ 1

元素分析と官能基

フレーム 1

◎構造推定の流れ

⇨　有機化合物の構造は，主に以下の流れで決定していく。

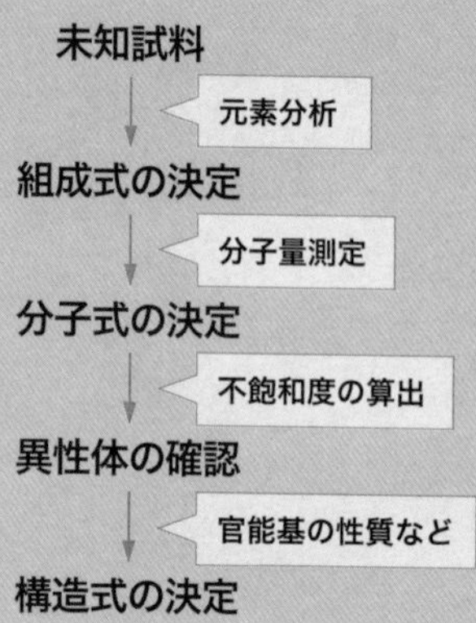

◎元素分析

⇨　有機化合物の各成分元素の種類や含有量を求める方法。主に，**定性分析**と**定量分析**がある。

[定性分析]

⇨　構成元素をそれぞれ別の物質に変化させ，種々の検出反応により含まれている元素の種類を特定する。

［例］　C 原子：CO_2 へ ⇨ 石灰水に通じて，白濁するかを確認。
　　　H 原子：H_2O へ ⇨ $CuSO_4$ に触れさせて，青色に変化するかを確認。
　　　N 原子：NH_3 へ ⇨ HCl で白煙を生じるかを確認。

[定量分析]

⇨　主に燃焼反応により，元素の量を特定する。

［例］　分子式 $C_xH_yO_z$ で表される化合物を w〔g〕を燃焼させたとき，CO_2 が a〔g〕，H_2O が b〔g〕得られたとすると，各元素の物質量〔mol〕比は次式で求まる。

$$x:y:z=\frac{a\,[\mathrm{g}]\times\frac{12}{44}\ \begin{smallmatrix}\leftarrow \mathrm{C}\\ \leftarrow \mathrm{CO_2}\end{smallmatrix}}{12\,[\mathrm{g/mol}]}:\frac{b\,[\mathrm{g}]\times\frac{2}{18}\ \begin{smallmatrix}\leftarrow \mathrm{2H}\\ \leftarrow \mathrm{H_2O}\end{smallmatrix}}{1\,[\mathrm{g/mol}]}:\frac{w-\left(\overset{\text{C原子}}{\frac{12}{44}a}+\overset{\text{H原子}}{\frac{2}{18}b}\right)[\mathrm{g}]}{16\,[\mathrm{g/mol}]}$$

※これにより，組成式(構成元素の種類と個数を最も簡単な整数比で表した化学式)を決定できる。

◎官能基の検出一覧

官能基または部分構造	試薬・操作	結　果
不飽和結合 $-C\equiv C-H$	臭素 Br_2 水	Br_2 の**赤褐色が脱色**
不飽和結合 $>C=C<$ $-C\equiv C-$	アンモニア性硝酸銀(Ⅰ)水溶液	白色沈殿(アセチリド)の生成
ヒドロキシ基　$-OH$	金属 Na	気体(H_2)の発生
ヒドロキシ基　$-OH$	無水酢酸$(CH_3CO)_2O$	アセチル化される
ホルミル基(アルデヒド基)　$-\overset{O}{\overset{\Vert}{C}}-H$	フェーリング液を加えて加熱	赤色沈殿(酸化銅(Ⅰ)Cu_2O)の生成
ホルミル基(アルデヒド基)　$-\overset{O}{\overset{\Vert}{C}}-H$	アンモニア性硝酸銀(Ⅰ)水溶液	銀 Ag の析出
$CH_3-\underset{OH}{\underset{\vert}{CH}}-R$ or(酸化)$CH_3-\overset{O}{\overset{\Vert}{C}}-R$ ※Rは炭化水素基あるいはH	ヨウ素ヨウ化カリウム水溶液と NaOH 水溶液を加えて加熱	黄色沈殿(ヨードホルム CHI_3)の生成
カルボキシ基　$-COOH$	$NaHCO_3$ 水溶液	気体(CO_2)の発生
2価カルボン酸　$-COOH\times 2$(シス形 or オルト体)	加熱	**分子内で脱水**
アミノ基　$-NH_2$	無水酢酸$(CH_3CO)_2O$	アセチル化される
エステル結合 $R_1-\overset{O}{\overset{\Vert}{C}}-O-R_2$	NaOH 水溶液と加熱(希酸や H_2O を加えて加熱しても少し起こる)	**加水分解(けん化)される**
アミド結合 $-\underset{H}{\underset{\vert}{N}}-\overset{O}{\overset{\Vert}{C}}-$	希 HCl を加えて加熱	加水分解される
アミド結合 $-\underset{H}{\underset{\vert}{N}}-\overset{O}{\overset{\Vert}{C}}-$	NaOH 水溶液と加熱	加水分解される
フェノール　OH	臭素 Br_2 水	白色沈殿(2, 4, 6−トリブロモフェノール)の生成
フェノール類　OH　R	塩化鉄(Ⅲ)$FeCl_3$ 水溶液	赤紫～青紫色に呈色
芳香族アミン類　NH_2　R	さらし粉 $CaClO(ClO)\cdot H_2O$ 水溶液	紫色に呈色
芳香族アミン類　NH_2　R	$K_2Cr_2O_7$ 水溶液	黒色に呈色(アニリンブラックの生成)

必要があれば次の値を用いよ。

原子量　H：1.0　C：12.0　N：14.0　O：16.0

［Ⅰ］　図1は，リービッヒが考案した元素分析装置である。単一物質からなる炭化水素A 45.0 mg を，乾燥した酸素ガス気流中，化合物Bの存在下で加熱することにより完全燃焼させた。化合物Cを入れた吸収管とソーダ石灰を入れた吸収管を図のように接続したが，それぞれ水を吸収するものと二酸化炭素を吸収するものである。吸収した水は 57.9 mg，吸収した二酸化炭素は 141.3 mg であった。**問1**～**問3**に答えよ。

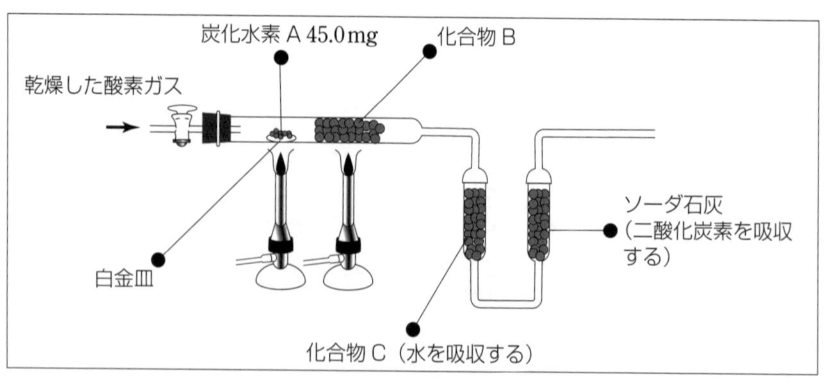

図1

問1　炭化水素Aの組成式を求めよ。

問2　化合物B，Cの化学式を記せ。

問3　前図のような順序で二種類の吸収管を接続しているが，この順序を逆にすれば，正しい元素分析が行えない。その理由を40字以内で説明せよ。

（2005　京都）

［Ⅱ］　以下の文章を読み，次の**問1**～**6**に答えよ。

有機化合物Aは炭素，水素，窒素，酸素だけからなり，その分子量は204である。化合物Aに含まれる炭素，水素，窒素の量は以下の方法で調べることができる。

炭素の量は，化合物Aを完全燃焼させたときに生じる二酸化炭素の質量から調べる。水素の量は，化合物Aを完全燃焼させたときに生じる水の質量から調べる。

窒素の量は次の方法で調べる。化合物Aに濃硫酸を加え触媒とともに加熱して分解すると，化合物Aに含まれている窒素はすべて硫酸アンモニウムになる。これに多量の水酸化ナトリウムを加えると反応液中のアンモニウムイオンはすべてアンモニアになる。生じたアンモニアの量から，測定に用いた一定量の化合物Aに含まれている窒素の質量を求めることができる。この方法をケルダール法という。

化合物A 102.0 mgを完全燃焼させたところ，二酸化炭素 242.0 mgと水 54.0 mgを生じた。次に化合物A 102.0 mgをケルダール法で分析した。反応により生じたすべてのアンモニアを0.200 mol/L塩酸20.0 mLに吸収させた後，その溶液を0.600 mol/L 水酸化ナトリウム水溶液で滴定したところ，中和するのに5.00 mLを要した。

問1　化合物A 102.0 mg中に含まれる炭素は何mgか。

① 60.0　② 63.0　③ 66.0　④ 69.0　⑤ 72.0
⑥ 72.5　⑦ 73.5　⑧ 77.0　⑨ 78.0　⑩ 88.0

問2　化合物A 102.0 mg中に含まれる水素は何mgか。

① 3.0　② 4.0　③ 5.0　④ 6.0　⑤ 6.5
⑥ 7.0　⑦ 8.0　⑧ 9.0　⑨ 11.0　⑩ 12.0

問3　ケルダール法により，化合物A 102.0 mgを処理したときに生じたアンモニアは何molか。

① 5.00×10^{-4}　② 1.00×10^{-3}　③ 1.50×10^{-3}
④ 2.00×10^{-3}　⑤ 2.50×10^{-3}　⑥ 3.00×10^{-3}
⑦ 3.50×10^{-3}　⑧ 4.00×10^{-3}　⑨ 4.50×10^{-3}
⑩ 5.00×10^{-3}

問4　化合物A 102.0 mg中に含まれる窒素は何mgか。

① 3.5　② 7.0　③ 10.5　④ 14.0　⑤ 17.5
⑥ 21.0　⑦ 24.5　⑧ 28.0　⑨ 31.5　⑩ 35.0

問5　化合物A 102.0 mg中に含まれる酸素は何mgか。

① 4.0　② 8.0　③ 12.0　④ 16.0　⑤ 20.0
⑥ 24.0　⑦ 28.0　⑧ 32.0　⑨ 36.0　⑩ 40.0

問6　化合物Aの分子式は，次のうちどれか。

① $C_{10}H_6NO_4$　② $C_{10}H_8N_2O_3$　③ $C_{10}H_{10}N_3O_2$　④ $C_{10}H_{12}N_4O$

⑤ $C_{11}H_{10}NO_3$　⑥ $C_{11}H_{12}N_2O_2$　⑦ $C_{11}H_{14}N_3O$　⑧ $C_{12}H_{14}NO_2$
⑨ $C_{12}H_{16}N_2O$　⑩ $C_{13}H_{18}NO$

（2008　北里 改）

［Ⅲ］ 官能基の性質に関する以下の問いに答えよ。

問1 メタンの水素原子1個を，以下のa～dの原子団で置換した化合物の名称を記せ。また，これらの化合物が示す性質について書かれた以下の文(ア)～(エ)について，内容が正しければ○を，誤りであれば×を記せ。

a. $-COOH$　b. $-OH$　c. $-COCH_3$　d. $-OCH_3$

（ア） aで置換した化合物の水溶液は中性である。

（イ） bで置換した化合物はナトリウムと反応して水素とナトリウムアルコキシドを生じる。

（ウ） cで置換した化合物は，還元性を持つため，アンモニア性硝酸銀溶液に加えて加熱すると銀鏡反応を起こす。

（エ） dで置換した化合物は，その構造異性体に比べて沸点が高い。

問2 エタノールを硫酸酸性の二クロム酸カリウム水溶液によって穏やかに酸化すると，有機化合物Aが生じた。この有機化合物Aにフェーリング液を加えて加熱すると，赤色沈殿を生じた。有機化合物Aをさらに酸化すると，有機化合物Bが生じた。以下の問いに答えよ。

（ア） 有機化合物Aは，どのような官能基を持つか。その名称を記せ。

（イ） この反応で沈殿した赤色の物質は何か。化学式で記せ。

（ウ） 有機化合物Aの構造式を，下の例にならって簡略化せずに記せ。

```
    H   H
    |   |
H - C - C - H
    |   |
    H   H
```

（エ） 有機化合物Bの構造式を，前の例にならって簡略化せずに記せ。

（2017　京都産業）

［Ⅳ］ 次の文を読み，**問1～2**に答えよ。原子量は H = 1.0，C = 12，N = 14，O = 16，S = 32 とする。

無色の固体試料Aの分子構造を推定する実験について，先生と生徒たちが話し合っている。

先　生「試料Aは有機化合物で，純物質だということがわかっている。それから，Aを構成する元素は，炭素と水素の他に，窒素，酸素，硫黄のうちのいくつかだよ。まず構成元素を検出する実験の結果を見てみよう。」

（検出実験1）　Aを燃焼させた容器に水滴が付いていた。この時に発生した［気体1］を石灰水に通じると白濁した。

（検出実験2）　Aに固体の水酸化ナトリウムを加えて加熱すると，［気体2］が発生した。この気体を水に通じると，弱塩基性の水溶液となった。

（検出実験3）　Aにナトリウムを加えて加熱融解したものを水に溶かした。酢酸を加えて酸性にしてから酢酸鉛(Ⅱ)水溶液を加えたが変化はみられなかった。

生徒1「Aの構成元素として，炭素，水素，［元素1］が検出されています。」

先　生「［元素2］がないことも確認できるけど，［元素3］を含むかどうかはここまでの実験ではわからないね。次にAの官能基を調べてみよう。」

生徒1「Aは炭酸水素ナトリウム水溶液にはよく溶けたけど，塩酸にはほとんど溶けませんでした。塩化鉄(Ⅲ)水溶液にAを加えても変化は観察されないから，Aに含まれるのは［官能基1］ですね。」

先　生「Aを構成する元素は，炭素，水素，［元素1］，［元素3］の4つだけと考えて推論を進めよう。Aの構造を確かめるために，分解して既知の物質と一致することを確認してみよう。」

生徒2「Aを薄い水酸化ナトリウム水溶液中で加熱して，中和後に生成物を分離して取り出すと，無色の固体Bと無色油状のCが得られました。」

生徒1「Bを加熱すると，昇華性のある無色の固体Dになります。DとCを反応させるとAが得られますね。」

生徒2「Cは薄い塩酸によく溶けます。この溶液を冷却しながら亜硝酸ナトリウム水溶液を加えて，その後ゆっくり加熱するとフェノールが生成しました。Cは［官能基2］を持つことがわかるから，構造も決まりますね。」

生徒1「ここまでの実験ではBの構造は決まらないけど，分子式から考えると芳香族化合物じゃないかな。酸化バナジウム(Ⅴ)を触媒としてナフタレンを酸化するとBが得られたから，Aの構造が推定できますね。」

問1　［気体1］と［気体2］をそれぞれ化学式で書け。

問2　［元素1］～［元素3］にもっとも適切な元素名を書け。また，［官能基1］および［官能基2］の官能基名を書け。

（2012　東邦［改］）

解答

［Ⅰ］**問１**　CH_2　**問２**　B　CuO　C　$CaCl_2$

問３　ソーダ石灰は水蒸気も二酸化炭素も吸収するので，それぞれの正確な質量が測れない。

［Ⅱ］**問１**　③　**問２**　④　**問３**　②　**問４**　④　**問５**　④　**問６**　⑥

［Ⅲ］**問１** a. 酢酸　b. メタノール　c. アセトン　d. ジメチルエーテル

（ア）×　（イ）○　（ウ）×　（エ）×

問２（ア）ホルミル基（アルデヒド基）　（イ）Cu_2O

（ウ）

```
     H
     |    //O
H—C—C
     |    \
     H     H
```

（エ）

```
     H   O
     |   ||
H—C—C—O—H
     |
     H
```

［Ⅳ］**問１**　気体１：CO_2　気体２：NH_3

問２　元素１：窒素　元素２：硫黄　元素３：酸素

官能基１：カルボキシ基　官能基２：アミノ基

［解説］

［Ⅰ］ **問１**　炭化水素Aの分子式を C_xH_y とおくと，元素分析の結果から，

$$x : y = \frac{141.3〔\mathrm{mg}〕\times\frac{12}{44}}{12} : \frac{57.9〔\mathrm{mg}〕\times\frac{2}{18}}{1} \fallingdotseq 3.21 : 6.43 \fallingdotseq 1 : 2$$

よって，組成式は CH_2 となる。

問２　［化合物B］　有機化合物を燃焼させると，不完全燃焼を起こし，CO が発生することがある。CO は中性気体であり，ソーダ石灰には吸収されず，C原子の正確な定量が行えない。そのため，発生した CO を酸化剤として働く酸化銅（Ⅱ）CuO で CO_2 に酸化する（次式）。

$$CO + CuO \longrightarrow CO_2 + Cu$$

［化合物C］　発生する水蒸気 H_2O は，（中性の）乾燥剤である $CaCl_2$ に吸収させる。

問３　$CaCl_2$ 管よりソーダ石灰管が先に設置されていると，ソーダ石灰は塩基性の乾燥剤としても知られるように（⇨ P.36），CO_2 と H_2O の両方を吸収してしまい，C原子とH原子を別々に定量することができなくなってしまう。

［Ⅱ］ **問１**　化合物A 102.0 mg中に含まれるC原子の質量〔mg〕は，CO_2（＝44）の質量より，

$$242.0\text{〔mg〕}\times\frac{12}{44}=\underline{66.0\text{〔mg〕}}$$

問 2　化合物 A 102.0 mg 中に含まれる H 原子の質量〔mg〕は，H_2O（＝18）の質量より，

$$54.0\text{〔mg〕}\times\frac{2}{18}=\underline{6.0\text{〔mg〕}}$$

問 3　発生した NH_3 の物質量を x〔mol〕とおくと，本問の滴定では酸と塩基について次のような線分図における関係がある。

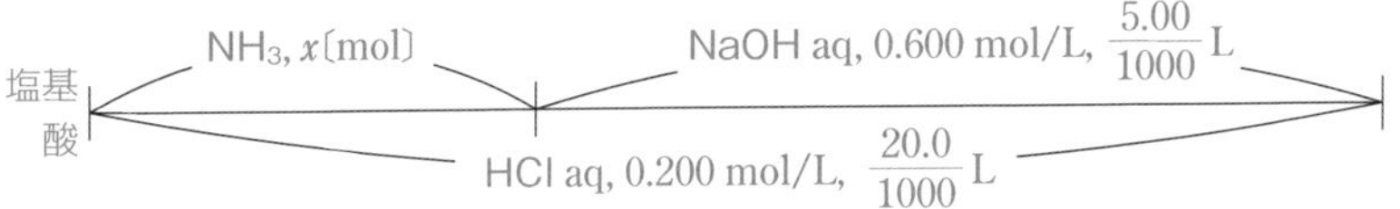

よって，上の線分図より次式が成り立つ。

$$\underbrace{0.200\text{〔mol/L〕}\times\frac{20.0}{1000}\text{〔L〕}\times\overset{\text{価数}}{1}}_{\text{HCl が放出する }H^+\text{〔mol〕}}=\underbrace{x\text{〔mol〕}\times\overset{\text{価数}}{1}}_{NH_3\text{ が受け取る }H^+\text{〔mol〕}}+\underbrace{0.600\text{〔mol/L〕}\times\frac{5.00}{1000}\text{〔L〕}\times\overset{\text{価数}}{1}}_{\text{NaOH が放出する }OH^-\text{〔mol〕}}$$

$$\therefore\quad x=\underline{1.00\times10^{-3}\text{〔mol〕}}$$

問 4　化合物 A 中に含まれている N 原子〔mol〕＝発生した NH_3〔mol〕より，N 原子の質量〔mg〕は，**問 3** の結果から，

$$14\text{〔g/mol〕}\times1.0\times10^{-3}\text{〔mol〕}=1.4\times10^{-2}\text{〔g〕}=\underline{14.0\text{〔mg〕}}$$

問 5　化合物 A 102.0 mg 中に含まれている O 原子の質量〔mg〕は，**問 1**，**2**，**4** の結果から，

$$\overset{\text{全量}}{102.0}-(\overset{\text{C}}{66.0}+\overset{\text{H}}{6.0}+\overset{\text{N}}{14.0})=\underline{16.0\text{〔mg〕}}$$

問 6　化合物 A の組成式を $C_xH_yN_zO_w$ とおくと，**問 1**，**2**，**4**，**5** の結果から，

$$x:y:z:w=\frac{66.0\text{〔mg〕}}{12}:\frac{6.0\text{〔mg〕}}{1}:\frac{14.0\text{〔mg〕}}{14}:\frac{16.0\text{〔mg〕}}{16}$$

$$=5.5:6:1:1$$

$$=11:12:2:2$$

よって，組成式は $C_{11}H_{12}N_2O_2$ となり，分子量が 204 なので，分子式も $\underline{C_{11}H_{12}N_2O_2}$ となる。

［Ⅲ］ **問1** メタン CH_4 の H 原子 1 個を，本問の a ～ d の原子団で置換した化合物の構造と名称は以下のようになる。

a. CH_3-H をカルボキシ基 $-COOH$ で置換 ⇨ CH_3-COOH 酢酸

b. CH_3-H をヒドロキシ基 $-OH$ で置換 ⇨ CH_3-OH メタノール

c. CH_3-H をアセチル基 $-COCH_3$ で置換 ⇨ CH_3-COCH_3 アセトン

d. CH_3-H を $-OCH_3$ で置換 ⇨ CH_3-OCH_3 ジメチルエーテル

（ア）～（エ）についての正誤は以下のようになる。

（ア）（誤） a で置換した酢酸 CH_3COOH の水溶液は酸性である。

$$CH_3COOH \rightleftarrows CH_3COO^- + H^+$$

（イ）（正） b で置換したメタノールは次式のようにナトリウム Na と反応して水素 H_2 とナトリウムアルコキシド（ナトリウムメトキシド）を生じる。

$$2CH_3OH + 2Na \longrightarrow 2CH_3ONa + H_2\uparrow$$

なお，この金属 Na による反応は，$-OH$ の検出反応に用いられる。

（ウ）（誤） c で置換したアセトン $CH_3-CO-CH_3$ は，還元性を示すアルデヒド基を持たないため，アンモニア性硝酸銀溶液に加えて加熱しても銀鏡反応は起こさない。なお，還元性を持つ官能基はアルデヒド基 $-CHO$ である。

（エ）（誤） d で置換したジメチルエーテル CH_3-O-CH_3 などのエーテルは，その構造異性体であるアルコール $R-OH$ に比べて沸点は低い。アルコール $R-OH$ は分子間で水素結合を形成するため，構造異性体であるエーテルよりも沸点が高い。

問2 （ア），（ウ），（エ） エタノールを酸化すると，(A)ホルミル基 $-CHO$ を持つアセトアルデヒドを経て，酢酸になる。

$$\underset{\text{エタノール}}{CH_3-CH_2-OH} \xrightarrow{\text{酸化}} \underset{\text{(ウ)アセトアルデヒド}}{\overset{Ⓐ}{CH_3-\overset{\overset{O}{\|}}{C}-H}} \xrightarrow{\text{酸化}} \underset{\text{(エ)酢酸}}{\overset{Ⓑ}{CH_3-\overset{\overset{O}{\|}}{C}-OH}}$$

（イ） フェーリング液（水酸化ナトリウムと酒石酸ナトリウムカリウムの混合溶液に硫酸銅（Ⅱ）水溶液を加えたもの）に，還元性を持つアルデヒド $R-CHO$ を加えて加熱すると，次図のように酸化銅（Ⅰ）Cu_2O の赤色沈殿が生じる。

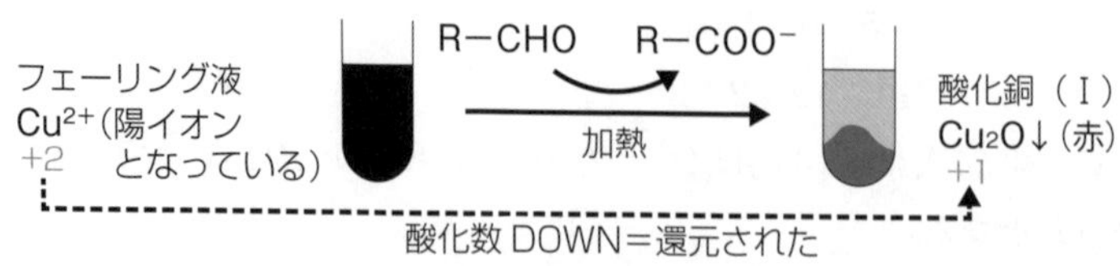

［イオン反応式の作成法］

還元剤　$R-CHO+H_2O \longrightarrow R-COOH+2H^++2e^-$

酸化剤　+）$2Cu^{2+}+H_2O+2e^- \longrightarrow Cu_2O+2H^+$

$R-CHO+2Cu^{2+}+2H_2O \longrightarrow R-COOH+Cu_2O+4H^+$

+）　$5OH^-$　　　OH^-　　$4OH^-$

⇨ $R-CHO+2Cu^{2+}+2H_2O+5OH^- \longrightarrow R-COO^-+Cu_2O+5H_2O$

⇨ $R-CHO+2Cu^{2+}+5OH^- \longrightarrow R-COO^-+Cu_2O\downarrow$（赤）$+3H_2O$

［Ⅳ］ **問 1** ［気体 1］ 石灰水に通じると白濁する気体は，二酸化炭素 CO_2 である。

［気体 2］ 水に溶かして弱塩基性の水溶液となる気体は，アンモニア NH_3 である。

問 2 ［元素 1］ 検出実験 2 でアンモニア NH_3 が発生したことから，A には窒素 N 原子が含まれていることがわかる。

［元素 2］ 検出実験 3 において，もし A に硫黄 S 原子が含まれていたとしたら $(CH_3COO)_2Pb$ 水溶液を加えると硫化鉛（Ⅱ）PbS の黒色沈殿が生じるはずである。しかし，今回の実験では変化が見られなかったことから，A には硫黄 S 原子は含まれていなかったことがわかる。

［元素 3］ 検出実験 1，2 からでは酸素 O 原子が含まれていることはわからない。

［官能基 1］ 炭酸水素ナトリウム $NaHCO_3$ 水溶液には溶けて，塩酸に溶けなかったことから，塩酸よりは弱く，炭酸 H_2CO_3 よりは強い酸であるカルボン酸であることがわかる。よって，カルボキシ基 $-COOH$ を持つことがわかる。

［官能基 2］ 塩酸によく溶け，この溶液を冷却しながら亜硝酸ナトリウム水溶液を加えて，その後ゆっくり加熱するとフェノールが生成したことからアミノ基 $-NH_2$ を持つことがわかる。

なお，ここで化合物 A ～ D の決定に関する説明は，本問では問われていないため割愛するが，A ～ D は下記の物質と推定できる。

A　B 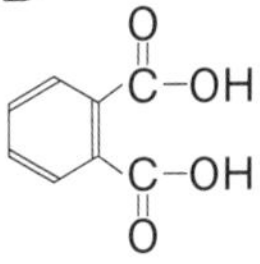　C 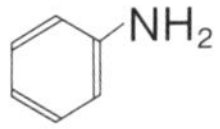　D

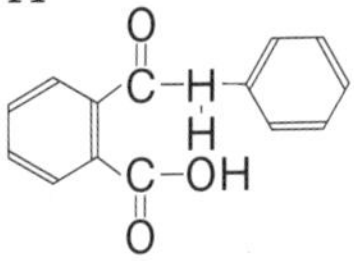

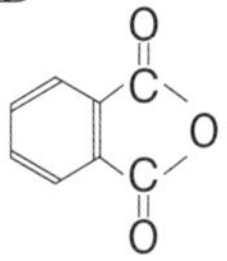

テーマ 2

分子量測定と分子式

フレーム 2

◎分子量測定の全体像

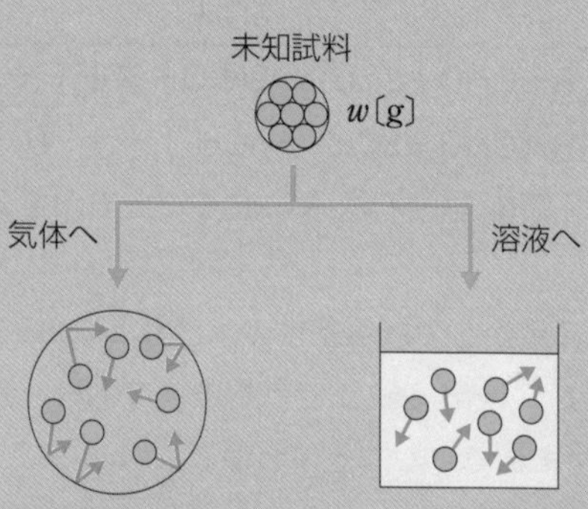

◎分子量 M 測定の頻出 4 パターン

パターン 1　気体の状態方程式

$$PV = n\,RT \qquad n = \frac{W\,[\mathrm{g}]}{M\,[\mathrm{g/mol}]}$$

パターン 2　凝固点降下・沸点上昇

$$\Delta t = K\,m \qquad m = \frac{\dfrac{W\,[\mathrm{g}]}{M\,[\mathrm{g/mol}]}\ (\mathrm{mol})}{\text{溶媒}\,[\mathrm{kg}]}$$

パターン 3　浸透圧（ファントホッフの法則）

$$\Pi = c\,RT \qquad c = \frac{\dfrac{W\,[\mathrm{g}]}{M\,[\mathrm{g/mol}]}\ (\mathrm{mol})}{\text{溶液}\,[\mathrm{L}]}$$

パターン 4　中和滴定（主にカルボン酸）

$$n\,[\mathrm{mol}] \times \text{価数} = C\,[\mathrm{mol/L}] \times V\,[\mathrm{L}] \times \text{価数} \qquad n = \frac{W\,[\mathrm{g}]}{M\,[\mathrm{g/mol}]}$$

酸が放出するH^+〔mol〕　　塩基が放出するOH^-〔mol〕

◎分子式 $C_xH_yO_z$ 決定の頻出３パターン

パターン１　組成式量と分子量から

⇨　以下の関係から，n(正の整数)を求めることで，組成式と分子量から分子式を決定できる。

分子式＝(組成式)$_n$　⇨　分子量＝組成式量× n

パターン２　各元素の質量％と分子量から

⇨　C，H，O の各元素の質量％がそれぞれ A〔%〕，B〔%〕，C〔%〕，分子量 M とすると，分子式 $C_xH_yO_z$ 中の各元素の個数 x，y，z を直接求めることができる。

C 原子の合計量〔g/mol〕

$$x = \frac{M\,[\text{g/mol}] \times \dfrac{\text{A}}{100}}{12\,[\text{g/mol}]}$$

H 原子の合計量〔g/mol〕

$$y = \frac{M\,[\text{g/mol}] \times \dfrac{\text{B}}{100}}{1\,[\text{g/mol}]}$$

O 原子の合計量〔g/mol〕

$$z = \frac{M\,[\text{g/mol}] \times \dfrac{\text{C}}{100}}{16\,[\text{g/mol}]}$$

パターン３　原子保存の法則から

⇨「化学反応の前後では，原子の種類とその数は絶対に変わらない」という法則を用いることで，特に分解反応を用いた構造推定(第３章)において分子式を求めることができる。

実践問題

1回目　2回目　3回目

目標：15分　実施日：　／　　／　　／

原子量が必要な場合には，H = 1.0，C = 12.0，O = 16.0 とせよ。

［Ⅰ］ ある化合物の元素分析の結果は，質量パーセントで炭素 59.9 %，水素 13.4 %，酸素 26.7 %であった。この化合物 1.00 mg を容積 1.00 L の真空容器に入れ，373 K に加熱し完全に蒸発させたときの気体の圧力は 51.6 Pa であった。この気体を理想気体とみなし，気体定数を 8.31×10^3 Pa·L/(K· mol)として**問 1**，**2** に答えよ。

問 1　この化合物の分子量を求め，有効数字 2 桁で答えよ。

問 2　この化合物の分子式を求めよ。

（2011　信州）

［Ⅱ］ 次の記述を読み，(ア)には整数値を，(イ)には化学式を入れよ。

ある炭化水素 X を元素分析したところ，C 87.8 %，H 12.2 %であった。0.410 g の X を 100 g のベンゼンに溶かすと，凝固点は 0.256 ℃低下した。ただし，ベンゼンのモル凝固点降下は 5.12 K·kg/mol である。このことから，X の分子量は［(ア)］と求められた。これらのことから，X の分子式は［(イ)］であることがわかる。

（2011　東京理科［改］）

［Ⅲ］ 次の文を読み，問いに答えよ。

炭素，水素，酸素だけからなる化合物 X の元素分析を行うために次の実験を行った。化合物 X を 90 mg とり，下図の白金皿に入れ燃焼させた。その結果，塩化カルシウム管 A は 54 mg，ソーダ石灰管 B は 132 mg の質量増加があった。また化合物 X は 1 価の酸で，その 0.27 g を中和するのに 0.10 mol/L 水酸化ナトリウム水溶液 45 mL を要した。

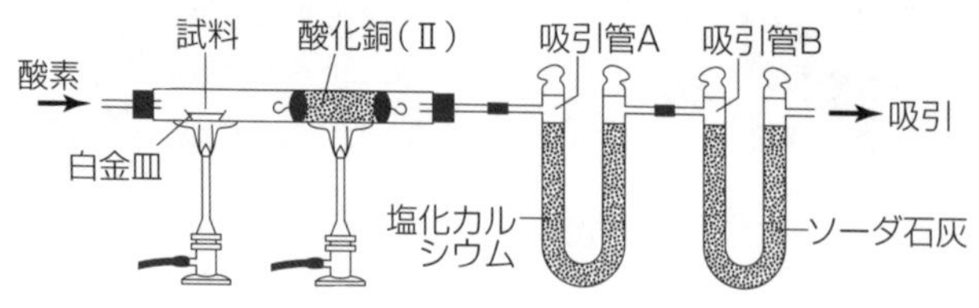

問　化合物 X の(ア)組成式と(イ)分子式を記せ。

（2013　京都産業［改］）

解答

［Ⅰ］**問1**　6.0 × 10　**問2**　C_3H_8O

［Ⅱ］（ア）　82　（イ）　C_6H_{10}

［Ⅲ］（ア）　CH_2O　（イ）　$C_2H_4O_2$

［解説］

［Ⅰ］ **問1**　この化合物の分子量 M は，気体の状態方程式より，

$$PV = \frac{w}{M}RT$$

$$\Leftrightarrow \quad M = \frac{wRT}{PV} = \frac{(1.00\times10^{-3})\times(8.31\times10^{3})\times373}{51.6\times1.00}$$

$$= 60.0\cdots \fallingdotseq \underline{60}$$

問2　各元素の質量 %と分子量がわかっているため，組成式を経由せず，分子式を直接求めることができる。よって，分子式を $C_xH_yO_z$ とおくと，

$$x = \frac{60.0\,[\text{g/mol}]\times\frac{59.9}{100}}{12\,[\text{g/mol}]} \fallingdotseq 3$$

$$y = \frac{60.0\,[\text{g/mol}]\times\frac{13.4}{100}}{1\,[\text{g/mol}]} \fallingdotseq 8$$

$$z = \frac{60.0\,[\text{g/mol}]\times\frac{26.7}{100}}{16\,[\text{g/mol}]} \fallingdotseq 1$$

よって，分子式は $\underline{C_3H_8O}$ となる。

［Ⅱ］（ア）　凝固点降下度測定の結果より，

$$\Delta t = Km$$

$$\Leftrightarrow \quad 0.256 = 5.12 \times \frac{\frac{0.410}{M}}{\frac{100}{1000}} \qquad \therefore \quad M = \underline{82}$$

（イ） 各元素の質量％と分子量がわかっているため，組成式を経由せず，分子式を直接求めることができる。よって，分子式を C_xH_y とおくと，

$$x = \frac{82 \times \frac{87.8}{100}}{12} \fallingdotseq 6$$

$$y = \frac{82 \times \frac{12.2}{100}}{1} \fallingdotseq 10$$

よって，分子式は $\underline{C_6H_{10}}$ となる。

［Ⅲ］（ア） 化合物Xの分子式を $C_xH_yO_z$ とおくと，

$$x : y : z$$

$$= \frac{132\,[\text{mg}] \times \frac{12}{44}}{12} : \frac{54\,[\text{mg}] \times \frac{2}{18}}{1} : \frac{\underbrace{90}_{\text{全量[mg]}} - \left(\underbrace{132 \times \frac{12}{44}}_{\text{C原子[mg]}} + \underbrace{54 \times \frac{2}{18}}_{\text{H原子[mg]}}\right)[\text{mg}]}{16}$$

$$= 1 : 2 : 1$$

よって，組成式は $\underline{CH_2O}$（＝30）となる。

（イ） 化合物Xの分子量を M とおくと，中和滴定の結果より，

$$\underbrace{\overbrace{\frac{0.27\,[\text{g}]}{M\,[\text{g/mol}]}}^{[\text{mol}]} \times \overbrace{1}^{\text{価数}}}_{\text{化合物Xが放出する}H^+[\text{mol}]} = \underbrace{0.10\,[\text{mol/L}] \times \frac{45}{1000}\,[\text{L}] \times \overbrace{1}^{\text{価数}}}_{\text{NaOHが放出する}OH^-[\text{mol}]}$$

$$M = 60$$

よって，（ア）の結果より，

分子量＝（組成式量）× n

$\Leftrightarrow$ $60 = 30n$ $\quad \therefore \quad n = 2$

以上より，分子式は $(CH_2O)_2 = \underline{C_2H_4O_2}$ となる。

テーマ3

不飽和度と異性体

フレーム3

◎不飽和度とは

⇨ 有機化合物中の不飽和結合や環状構造の数を示す数値を**不飽和度**(もしくは**水素不足指数**)といい，よく **Iu(Index of Unsaturation)**で表す。

$$Iu = \frac{(\text{H原子の最大数}) - (\text{今あるH原子数})}{2}$$

◎構成元素とH原子の最大数(不飽和度の算出もあわせて)

パターン1 C，Hのみの場合(＝炭化水素) ⇨ H原子の最大数…$2n+2$

C原子の原子価が4のため，枝分かれの有無はH原子の最大数に関係しない

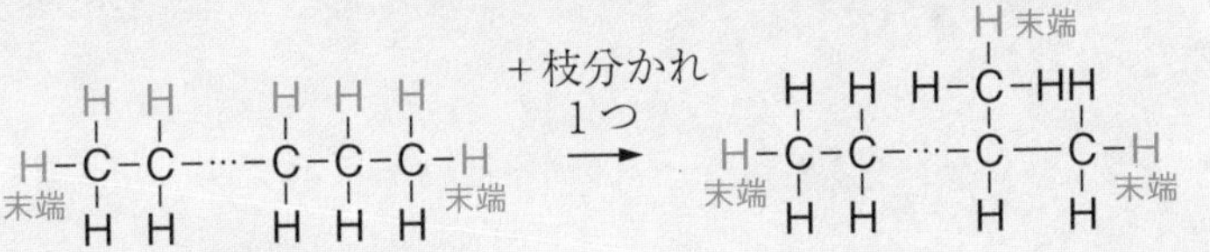

H-C(H)(H)-C(H)(H)-…-C(H)(H)-C(H)(H)-C(H)(H)-H（末端）　＋枝分かれ1つ →　H-C(H)(H)-C(H)(H)-…-C(H)(-C(H)(H)-H 末端)-C(H)(H)-H（末端）

※右上図において，枝分かれが1つできた分，末端のH原子は1つ増えるため，枝分かれの個数はH原子の最大数に影響を与えない。

［例1］ C_4H_{10}

$$Iu = \frac{(2\times4+2)-10}{2} = 0$$

［例2］ C_4H_8

$$Iu = \frac{(2\times4+2)-8}{2} = 1$$

パターン2 O原子を含む ⇨ H原子の最大数…$2n+2$

O原子が入る場合 ⇨ H原子の最大数に影響しない

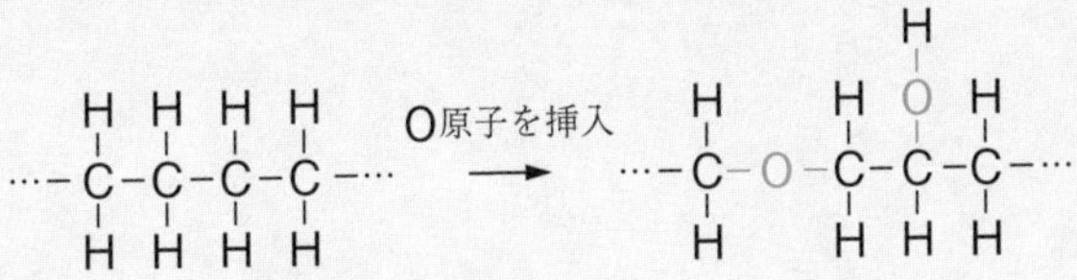

…-C(H)(H)-C(H)(H)-C(H)(H)-C(H)(H)-…　O原子を挿入 →　…-C(H)(H)-O-C(H)(H)-C(H)(O-H)-C(H)(H)-…

[例 1]　$C_4H_{10}O$

$$Iu = \frac{(2 \times 4 + 2) - 10}{2} = 0$$

[例 2]　$C_4H_8O_2$

$$Iu = \frac{(2 \times 4 + 2) - 8}{2} = 1$$

パターン 3　N 原子を含む　⇨　H 原子の最大数…$2n + 2 +$ (N原子数)

N 原子が 1 つ入る場合　⇨　最大の H 原子数は 1 つ増加

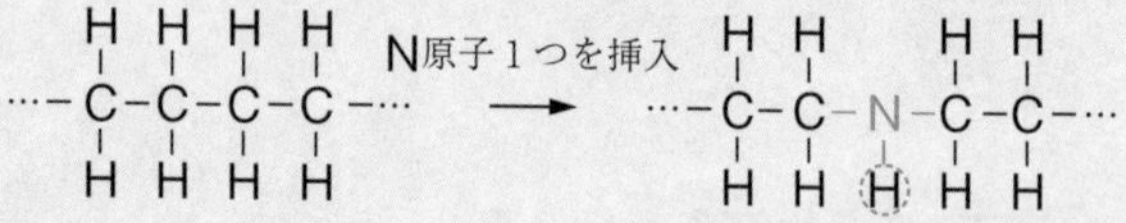

```
  H  H  H  H      N原子1つを挿入     H  H     H  H
  |  |  |  |                        |  |     |  |
…-C--C--C--C-…      ——→          …-C--C--N--C--C-…
  |  |  |  |                        |  |  |  |  |
  H  H  H  H                        H  H  H  H  H
```

[例]　$C_4H_9NO_2$

N 原子の個数

$$Iu = \frac{(2 \times 4 + 2 + 1) - 9}{2} = 1$$

パターン 4　ハロゲンを含む場合⇨H 原子の最大数…$2n + 2 -$ (ハロゲン原子数)

ハロゲン原子 X が 1 つ入る場合　⇨　最大の H 原子数は 1 つ減少

```
  H  H  H  H      X原子1つを挿入     H  H  H  H
  |  |  |  |                        |  |  |  |
…-C--C--C--C-…      ——→          …-C--C--C--C-…
  |  |  |  |                        |  |  |  |
  H  H  H  H                        H  H  X  H
```

[例]　C_4H_9Cl

Cl 原子の個数

$$Iu = \frac{(2 \times 4 + 2 - 1) - 9}{2} = 1$$

◎頻出の不飽和度の消費例

不飽和度(Iu)	使用例	考えられる構造・物質
Iu = 0	(鎖状ですべて単結合)	O 原子：なし…アルカン O 原子：1 個…アルコール or エーテル
Iu = 1	C=C　1 個	アルケン
	C=O　1 個	O 原子：1 個…アルデヒド or ケトン O 原子：2 個…カルボン酸 or エステル
	環 1 個	シクロアルカン
Iu = 2	C≡C　1 個	アルキン
	C=C　2 個	アルカジエン
	C=O　2 個	O 原子：4 個…2 価カルボン酸 or ジエステル
Iu = 4	C=C　3 個かつ環 1 個	ベンゼン環(芳香族)

実践問題　　1回目　2回目　3回目

目標：6分　実施日：　／　　／　　／

［Ⅰ］ 炭素と水素でできた化合物は炭化水素とよばれ，もっとも基本的な有機化合物のひとつである。その構造から鎖式炭化水素(脂肪族炭化水素)と環式炭化水素に分類される。また，炭素間の結合が全て単結合であるものを飽和炭化水素，二重結合や三重結合を含むものを不飽和炭化水素とよぶ。

構造が明らかになっていない炭化水素の研究においては，その組成式とともに，水素不足指数とよばれる指数が，重要な情報となる。

この水素不足指数の考え方は以下の通りである。鎖式の飽和炭化水素はアルカンとよばれ，その分子式は一般式 C_nH_{2n+2} で表される。一方，二重結合をひとつ持つアルケンは，一般式 C_nH_{2n} で表されるが，アルケンは金属触媒(白金またはニッケル)とともに，水素分子と反応し，アルカンを生じる。すなわち，二重結合ひとつあたり，1 分子の水素分子と反応することができるため，水素不足指数は 1 となる。また，三重結合をひとつ持つアルキンは，三重結合ひとつあたり，2 分子の水素分子と反応することができるため，水素不足指数は 2 となる。

問 1　分子式 C_8H_{10} の炭化水素の水素不足指数をもとめ，その数値を記せ。

水素不足指数とは，対象となるある分子の分子式が，同じ炭素数の鎖式飽和炭化水素の分子式から水素分子(水素原子 2 つ)をいくつとればよいかを示す数と定義できる。そのため，先に述べたような不飽和結合の種類や数によって算出する以外に，環状構造の有無についても考えなければならない。

例えば，1－ヘキセンとシクロヘキサンは，分子式は同じ C_6H_{12} であるため，構造異性体の関係にあるが，同じ炭素数の鎖式炭化水素 C_6H_{14} から水素分子ひとつをとればよいので，ともに水素不足指数は 1 である。

すなわち，ある分子中に二重結合がひとつ存在しても，環状構造がひとつ存在しても，水素不足指数としては同じ 1 として計算される。従って，対象の分子が二重結合を有するのか，環状構造を有するのかはその反応性を確かめることによって，確認しなければならない。

問 2　次に示す分子の水素不足指数をもとめ，その数値を記せ。

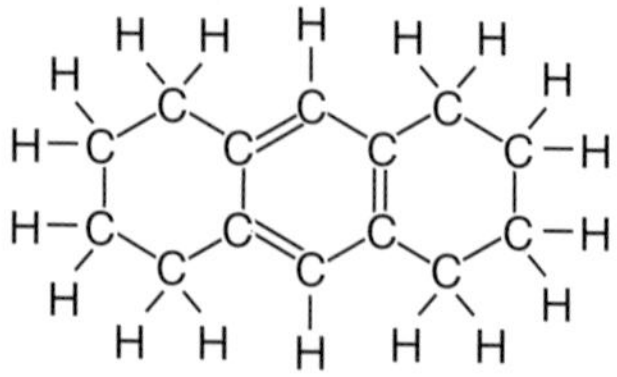

（2016　国際基督教）

［Ⅱ］　つぎの文章を読み，以下の問に答えよ。

有機化合物の分子式からは，分子に含まれている原子の種類と数の情報のほかに，不飽和度と呼ばれる情報が得られる。不飽和度は，その分子がもつ不飽和結合の数と環の数の和を表し，0 または正の整数で表される。たとえば，二重結合を 1 つもつエチレンの不飽和度は 1，三重結合を 1 つもつアセチレンは 2，環構造を 1 つもつシクロヘキサンは 1，また，ベンゼンの不飽和度は 4 である。炭素と水素からなる分子の不飽和度は，次の式で分子式から計算できる。

$$不飽和度 = 炭素数 - \left(\frac{水素数}{2}\right) + 1$$

問 1　炭素，水素からなる化合物のうち，炭素数 4 で不飽和度 1 をもつ化合物は全部でいくつあるか。

問 2　炭素，水素，酸素からなる分子の不飽和度は，つぎの①～⑥のうち，どの式で表されるか。

①　$炭素数 - \left(\frac{水素数}{2}\right)$　　②　$炭素数 - \left(\frac{水素数}{2}\right) + 1$

③　$炭素数 - \left(\frac{水素数}{2}\right) + 酸素数$　　④　$炭素数 - \left(\frac{水素数}{2}\right) + 酸素数 + 1$

⑤ 炭素数$-\left(\dfrac{水素数}{2}\right)-$酸素数　⑥ 炭素数$-\left(\dfrac{水素数}{2}\right)-$酸素数$+1$

（2004　東京工業）

解答

[Ⅰ]**問1**　4　**問2**　6

[Ⅱ]**問1**　6　**問2**　②

[解説]

[Ⅰ]　**問1**　C_8H_{10} の不飽和度 Iu は，$Iu=\dfrac{(2\times8+2)-10}{2}=\underline{4}$

問2　示された物質の分子式は $C_{14}H_{18}$ であり，$C_{14}H_{18}$ の不飽和度 Iu は，

$$Iu=\frac{(2\times14+2)-18}{2}=\underline{6}$$

別解

$$Iu=\underset{環の数}{3}+\underset{二重結合の数}{3}=\underline{6}$$

[Ⅱ]

問1　不飽和度1は，C＝C 1つ，または環1つに含まれる。よって，C原子数が4の化合物は，以下のアルケン，またはシクロアルカンの計$\underline{6}$つとなる（H原子は省略している）。

［アルケン］

C−C−C=C　　C−C=C−C（シス－トランスあり）　　C−C(−C)=C

［シクロアルカン］

C−C／C−C（四員環）　　C−C−C（三員環のC−CにCが結合）

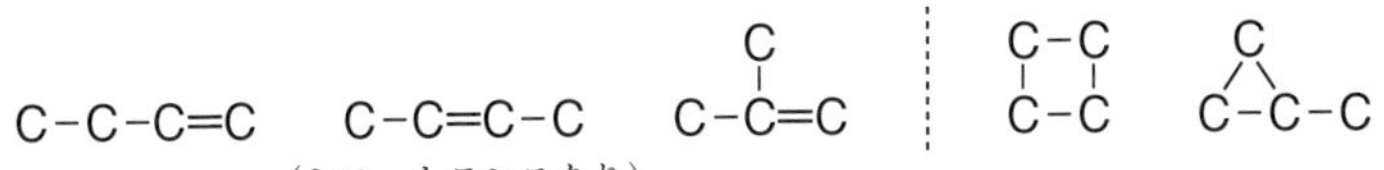

問2　酸素O原子は不飽和度に影響しない。よって，②「炭素数$-\left(\dfrac{水素数}{2}\right)+1$」のままである。

炭化水素①(アルキン)

フレーム4

◎アルキンとは

⇨ 分子式 C_nH_{2n-2} で表され，分子内に三重結合 $-C \equiv C-$ を持つ化合物

◎構造決定に用いる反応

①水素 H_2 or ハロゲン X_2 の付加反応

⇨ 生成する $C=C$ を持つ化合物の幾何異性体の有無や，反応に用いたアルキンの量と付加した H_2 や Br_2 の量から分子量を求めることができる。

パターン1 H_2 付加

$$-C \equiv C- \xrightarrow{H_2} {>}C=C{<} \xrightarrow{H_2} -\overset{|}{\underset{|}{C}}-\overset{|}{\underset{|}{C}}-$$

パターン2 Br_2 付加

$$-C \equiv C- \xrightarrow{Br_2} \underset{Br}{>}C=C\underset{Br}{<} \xrightarrow{Br_2} -\overset{Br}{\underset{Br}{C}}-\overset{Br}{\underset{Br}{C}}-$$

(シス-トランスあり)

※アルキン 1 mol に対して H_2 や Br_2 は最大 2 mol 付加することに注意。

② H_2O の付加反応

⇨ $-C \equiv C-$ に H_2O が付加することで，エノール形($-C=C-OH$)の化合物が生じる。**エノール形は不安的なため，比較的安定なケト形に変化する**(これをケト-エノール互変異性という)。$-OH$ が結合している C 原子の位置により，生じるケト形はホルミル，もしくはケトンの 2 つのケースがある。

$$R-C \equiv C-H \xrightarrow[\text{付加}]{H_2O} R-\underset{H}{C}=\underset{OH}{C}-H \longrightarrow R-CH_2-\overset{O}{\overset{\|}{C}}-H$$

(エノール形) (ケト形) ホルミル基

$$R-C \equiv C-H \xrightarrow[\text{付加}]{H_2O} R-\underset{OH}{C}=\underset{H}{C}-H \longrightarrow R-\overset{O}{\overset{\|}{C}}-CH_3$$

(エノール形) (ケト形) ケトン基

実践問題　　1回目　2回目　3回目

目標：10分　実施日：　／　　／　　／

アルキンについて，**(1)**～**(4)**の問いに答えよ。

(1)　分子式 C_2H_2 および C_3H_4 で表されるアルキンの名称を答えよ。

(2)　分子式 C_4H_6 をもつアルキンには構造異性体が2種類存在する。これらをアルキンAおよびBとする。アルキンAおよびBについて以下の実験を行った。(a)，(b)の問いに答えよ。

実験1：アルキンAおよびBそれぞれに対し，水素を適当な条件で反応させたところ，アルキンAからはアルケンCが，アルキンBからはアルケンDが，それぞれ生成した。アルケンCには幾何異性体が存在するが，アルケンDには幾何異性体が存在しないことが分かった。

実験2：アルキンAおよびBに対して触媒を用いて水を付加させたところ，アルキンAからは化合物Eが得られたのに対し，アルキンBからは化合物EおよびFが生成した。

(a)　アルキンAおよびBの構造式を例にならってそれぞれ記せ。

(b)　化合物EおよびFの構造式を例にならってそれぞれ記せ。また，以下の(ア)～(オ)の記述のうち，化合物EおよびFのそれぞれが起こす反応として正しいものをすべて選び，記号で答えよ。

(ア)　フェーリング液を還元する。　　(イ)　ヨードホルム反応を起こす。

(ウ)　塩化鉄(Ⅲ)水溶液で青紫～赤紫色になる。　　(エ)　けん化される。

(オ)　アンモニア性硝酸銀水溶液と反応し，銀が析出する。

(3)　化合物Hは分子式 C_5H_8 をもつアルキンである。アルキンHを過剰の水素と反応させたところ，アルカンIが生成した。アルカンIの炭素鎖には枝分かれが存在する。アルキンHの構造式を例にならって記せ。

(4)　化合物Jは分子式 C_6H_{10} をもつアルキンである。アルキンJには光学異性体が存在する。アルキンJに水素を付加させてアルケンKにするとアルケンKには幾何異性体が存在しない。アルキンJの構造式を例にならって記せ(不斉炭素原子は例にならってその右肩に＊をつけよ)。

(例)

(2011　大阪府立)

解答

(1) C_2H_2…アセチレン　C_3H_4…プロピン(メチルアセチレン)

(2) (a) A　$CH_3-C\equiv C-CH_3$　B　$H-C\equiv C-CH_2-CH_3$

(b) E　$CH_3-C(=O)-CH_2-CH_3$，(イ)

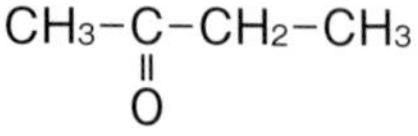

F　$H-C(=O)-CH_2-CH_2-CH_3$，(ア)，(オ)

(3) 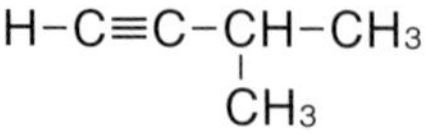 $H-C\equiv C-CH(CH_3)-CH_3$

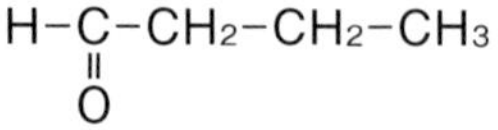

(4) 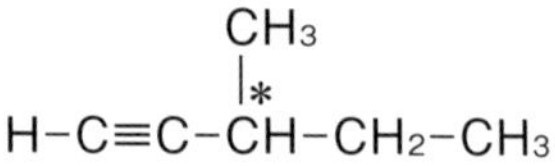 $H-C\equiv C-C^{*}H(CH_3)-CH_2-CH_3$

[解説]

(1) 分子式 C_2H_2 で表されるアルキンはアセチレン $CH\equiv CH$ である。また，分子式 C_3H_4 で表されるアルキンは，プロピン $CH_3-C\equiv CH$ である。

(2) (a) 分子式 C_4H_6 を持つアルキンには以下の 2 種類の構造異性体が考えられる(H 原子を省略している)。

$C-C-C\equiv C$　　$C-C\equiv C-C$

ここで，各物質に H_2 を付加させるとアルケンが生じるが，実験 1 より，幾何異性体をもつほうがアルケン C である。以上より，化合物 A ～ D は以下の構造に決まる。

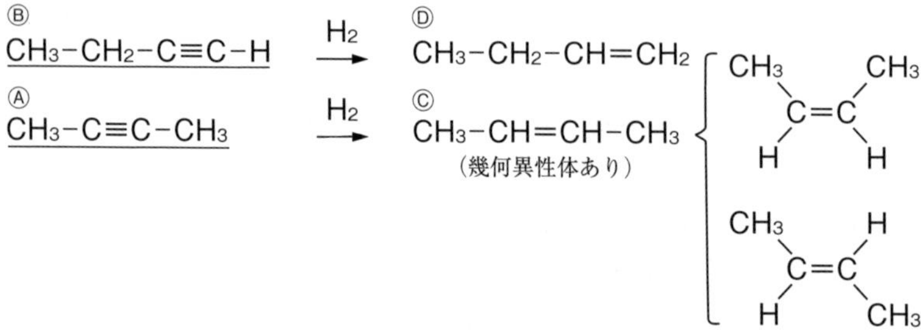

Ⓑ $CH_3-CH_2-C\equiv C-H$ $\xrightarrow{H_2}$ Ⓓ $CH_3-CH_2-CH=CH_2$

Ⓐ $CH_3-C\equiv C-CH_3$ $\xrightarrow{H_2}$ Ⓒ $CH_3-CH=CH-CH_3$
(幾何異性体あり)

{ $(CH_3)HC=CH(CH_3)$（CH_3 同士が同じ側，H 同士が同じ側）
　$(CH_3)HC=CH(CH_3)$（CH_3 と H が互いに反対側）}

(b) 実験 2 において，アルキン A，B にそれぞれ H_2O を付加させると，不安定なエノール形の化合物が生成し，その後すぐに比較的安定なケト形に変わる。

Ⓐ $CH_3-C\equiv C-CH_3$ $\xrightarrow{H_2O}$ $CH_3-CH-\underset{\displaystyle OH}{\underset{|}{C}}=CH_3$ （エノール形） → Ⓔ $CH_3-CH_2-\overset{\displaystyle O}{\overset{\|}{C}}-CH_3$ （ケト形）

Ⓑ $CH_3-CH_2-C\equiv CH$ $\xrightarrow[\text{付加}]{H_2O}$ $CH_3-CH_2-CH=\underset{\displaystyle OH}{\underset{|}{CH}}$ （エノール形） → Ⓕ $CH_3-CH_2-CH_2-\overset{\displaystyle O}{\overset{\|}{C}}-H$ （ケト形）

なお，化合物 E はアセチル基 $-COCH_3$ をもつため，(イ)ヨードホルム反応を示す。また，化合物 F はホルミル基 $-CHO$ をもつため還元性を示す。そのため，(ア)フェーリング液を還元したり，(オ)アンモニア性硝酸銀を還元する。

(3) 分子式 C_5H_8 をもつアルキンには，C 原子の結合の手が 4 本であることに注意すると，以下の 3 種類の構造異性体が考えられる。

$$C-C-C-C\equiv C \qquad C-C-C\equiv C-C \qquad C\equiv C-\overset{\displaystyle C}{\overset{|}{C}}-C$$

なお，H_2 を付加させても炭素骨格は変わらないため，アルカン I に枝分かれがあるならば，アルキン H の炭素鎖にも枝分かれがある。よって，アルキン H とアルカン I は以下の構造に決まる。

Ⓗ $H-C\equiv C-\overset{\displaystyle CH_3}{\overset{|}{C}}H-CH_3$ $\xrightarrow{H_2}$ $CH_2=CH-\overset{\displaystyle CH_3}{\overset{|}{C}}H-CH_3$ → Ⓘ $CH_3-CH_2-\overset{\displaystyle CH_3}{\overset{|}{C}}H-CH_3$

(4) 分子式 C_6H_{10} をもつアルキンで，かつ不斉炭素原子をもつ異性体は 1 つしかない。よって，アルキン J とアルケン K は以下の構造に決まる。

Ⓙ $CH_3-CH_2-\overset{\displaystyle CH_3}{\overset{|*}{C}}H-C\equiv C-H$ $\xrightarrow{H_2}$ Ⓚ $CH_3-CH_2-\overset{\displaystyle CH_3}{\overset{|*}{C}}H-CH=CH_2$

テーマ 5

炭化水素②（芳香族）

フレーム 5

◎芳香族炭化水素とは

⇨　芳香族性の環から構成される炭化水素。代表的な炭化水素は，ベンゼン環の側鎖がすべて炭化水素で構成されている化合物。

◎構造決定に用いる主な反応

①酸化・脱水

⇨　脱水反応まで進行すれば *o* 体であることがわかる（*m* 体と *p* 体は酸化反応までしか起こらない）。

Step1　$KMnO_4$ 水溶液を反応させ酸性下にすると，側鎖が－COOH となり，フタル酸が生じる。

Step2　*o* 体は加熱することで 2 つの－COOH から H_2O が取れ，酸無水物である無水フタル酸が生じる。

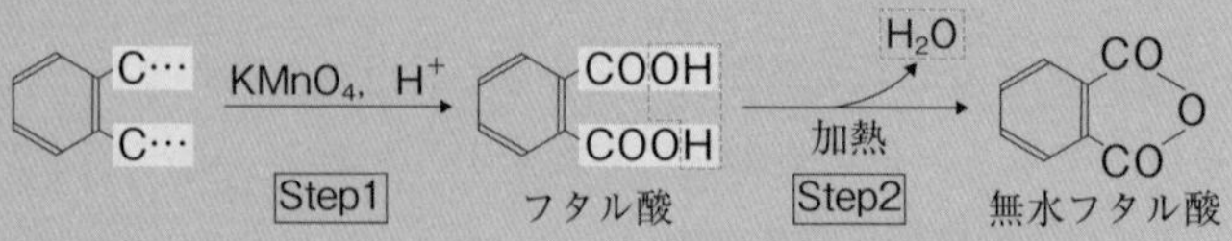

C…／C… —($KMnO_4$，H^+ ／ Step1)→ COOH／COOH（フタル酸） —(加熱，$-H_2O$ ／ Step2)→ CO／O／CO（無水フタル酸）

②置換反応

⇨　二置換体（*o*，*m*，*p* 体）に，3 つ目の置換基を入れることで生じる異性体の数から，*o*，*m*，*p* 体のどれであるかの絞り込みができる。

　なお，3 つ目の置換基が入る位置を→で，重複を避けるための対称軸（折り返すと重なる線）を点線で記す。

パターン 1　同置換基

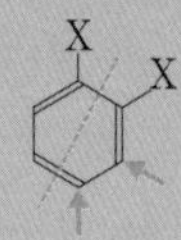

o 体：2 種類

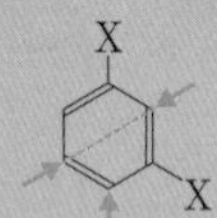

m 体：3 種類

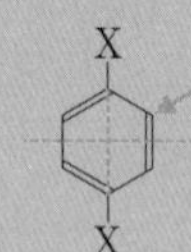

p 体：1 種類

パターン2　異置換基

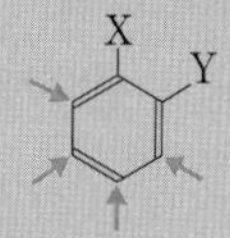

o体：4種類

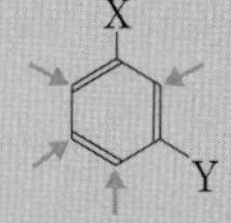

m体：4種類

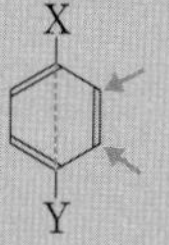

p体：2種類

実践問題　　　1回目　2回目　3回目

目標：20分　実施日：　／　　／　　／

［Ⅰ］ C_8H_{10}の分子式をもつ芳香族化合物A，B，C，Dがある。これらの化合物について，次の(実験Ⅰ)～(実験Ⅳ)を読んで，以下の問いに答えよ。構造式は次の例にならって記せ。

$$\mathrm{Br}-\bigcirc-\underset{}{\overset{\mathrm{CH_3}}{\overset{|}{\mathrm{C}}}}\mathrm{HCH_2CH_3}$$

(実験Ⅰ)　化合物A，B，C，Dをニトロ化すると，それぞれ$C_8H_9NO_2$の分子式を持つニトロ化生成物が得られた。各生成物を分析したところ，以下のことがわかった。

(1)　AとBのニトロ化生成物は，それぞれ3つの異性体の混合物であった。

(2)　Cのニトロ化生成物は，2つの異性体の混合物であった。

(3)　Dのニトロ化生成物は，単一の化合物であった。

(実験Ⅱ)　化合物A，B，C，Dを酸化すると，Aからはモノカルボン酸Eが生成し，B，C，Dからはそれぞれジカルボン酸F，G，Hが生成した。

(実験Ⅲ)　化合物Gを加熱したところ，分子内で脱水が起こり酸無水物が生成した。

(実験Ⅳ)　化合物Hをエチレングリコールと縮合重合すると，ポリエステル系繊維に用いられる高分子化合物Ⅰが得られた。

問1　化合物Dの構造式を記せ。

問2　化合物Eの構造式を記せ。

問3　実験Ⅰで，化合物Bをニトロ化したときに得られたすべての異性体の構造式を記せ。

問4 実験Ⅲの反応を化学反応式で記せ。

問5 高分子化合物Ⅰの構造式を記せ。

(2004 九州工業)

［Ⅱ］ 以下の文章を読んで**問1～3**に答えよ。

芳香族化合物A，B，C，D，E，Fは，いずれも分子式C_9H_{12}で表される異性体である。これらの化合物について，ベンゼン環の水素原子のいずれか一つを臭素原子に置換した場合，Aからは1種類，BおよびCからは2種類，DおよびEからは3種類，Fからは4種類の異性体の生成がそれぞれ考えられる。過マンガン酸カリウムを用いてB，C，D，Fを酸化すると，ベンゼン環に結合した炭化水素基はすべてカルボキシ基へと変換され，G，H，I，Jがそれぞれ得られる。G，H，Iはいずれも分子量が異なるが，HとJは同じである。Hを(ア)と反応させると重合が進み，ポリエチレンテレフタラートが得られる。また，Jを加熱すると分子内で脱水が起こり，Kが生成する。Eはリン酸を触媒としてベンゼンとプロピレンから合成することができ，Eを(イ)と反応させ，その後に硫酸で分解することによりLとMが得られる。Lは塩化鉄(Ⅲ)水溶液によって青紫色を呈し，Mは塩基性水溶液中で(ウ)と反応して特異臭をもつ黄色沈殿を生じる。

問1 (ア)～(ウ)にあてはまる物質名を書け。

問2 A，B，C，D，E，F，K，Mの構造式を例にならって書け。

〈例〉

（ベンゼン環のオルト位に CH_3 と $-C(=O)-O-CH_2-CH_3$ が結合した構造式）

問3 Lはベンゼンを原料として，以下に示した方法によっても合成できる。N，O，Pの構造式を上の例にならって書け。

ベンゼン →(H_2SO_4) N →(NaOH水溶液) O →(NaOH（融解）) P →(CO_2,H_2O（常温・常圧）) L

ベンゼン →(Cl_2，鉄粉) クロロベンゼン →(NaOH水溶液（加熱・加圧）) P

(2012 奈良女子)

解答

［Ⅰ］**問 1**　化合物 D：

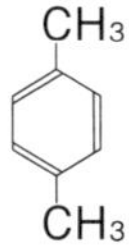

CH_3 / CH_3

問 2　化合物 E：

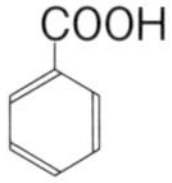

COOH

問 3

CH_3 NO_2 CH_3　　O_2N CH_3 CH_3　　CH_3 O_2N CH_3

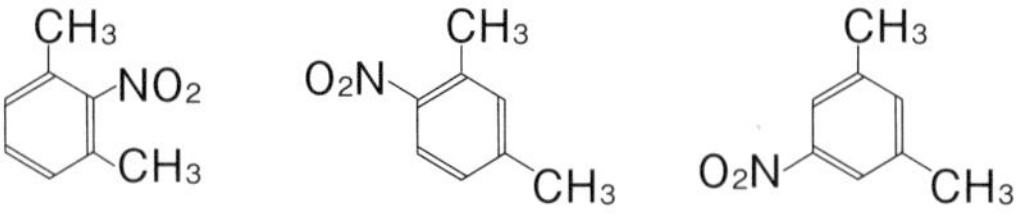

問 4

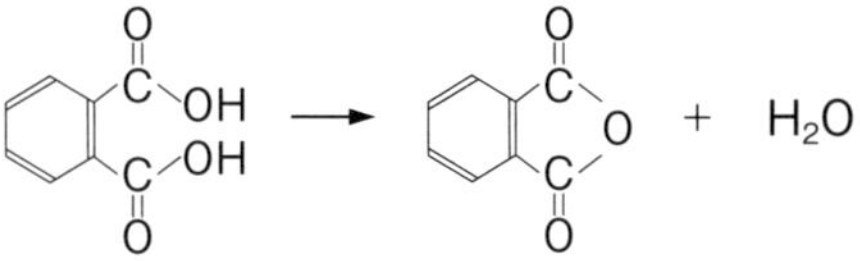

O C OH C OH O ⟶ O C O C O ＋ H_2O

問 5

O C O C O CH_2 CH_2 O n

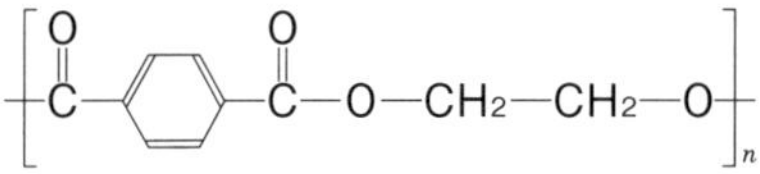

［Ⅱ］**問 1**（ア）　エチレングリコール（1, 2 エタンジオール）　　（イ）　酸素

（ウ）　ヨウ素

問 2　A　CH_3 CH_3 CH_3　　B　CH_3 CH_3 CH_3　　C　CH_2–CH_3 CH_3

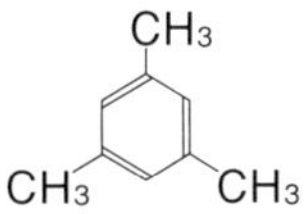

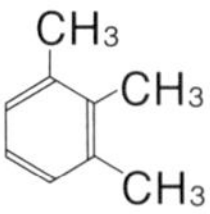

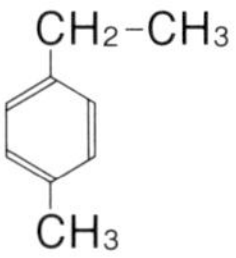

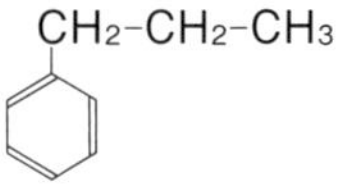

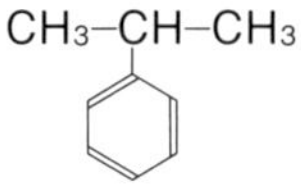

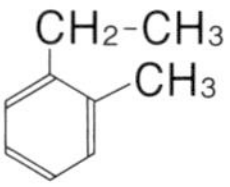

D　CH_2–CH_2–CH_3　　E　CH_3–CH–CH_3　　F　CH_2–CH_3 CH_3

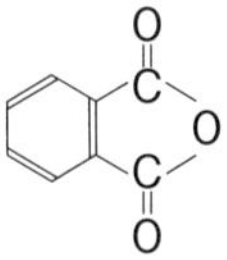

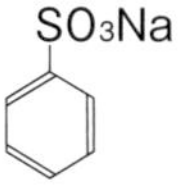

K　C O C O O　　M　O CH_3–C–CH_3

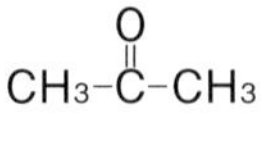

問 3　N

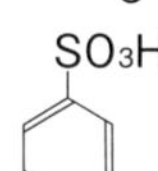

O　SO_3Na　　P　ONa

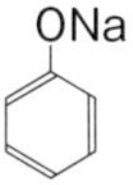

［解説］

［Ⅰ］　**問 1**　C_8H_{10} の不飽和度 Iu は，$Iu = \dfrac{(2 \times 8 + 2) - 10}{2} = 4$

ここで，題意と分子式より化合物A～Dはベンゼン環を1つ含む。そのため，不飽和度4はそのベンゼン環にすべて含まれ，あとはすべて鎖式単結合のみである。よって，C_8H_{10}には以下の4種類の芳香族炭化水素の構造異性体がある(H原子は省略)。また，このC_8H_{10}で表されるA～Dのそれぞれのベンゼン環上のH原子1つを$-NO_2$で置換した$C_8H_9NO_2$の構造異性体の個数を合わせて記す。

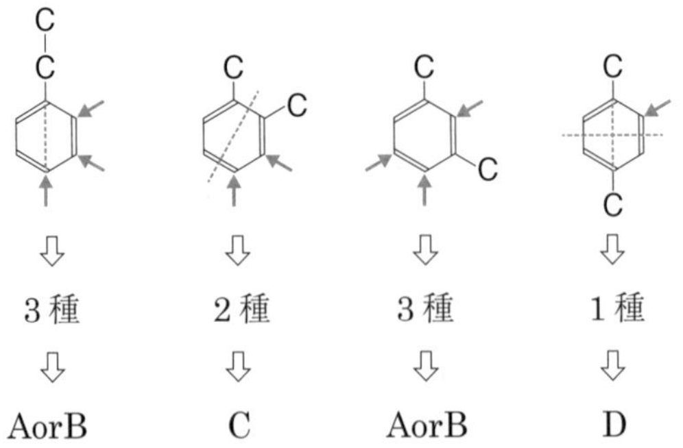

⇩	⇩	⇩	⇩
3種	2種	3種	1種
AorB	C	AorB	D

問2　実験Ⅱの結果より，化合物Aは一置体であることがわかる。よって，**問1**を踏まえると，化合物A，Eは以下の構造に決まる。

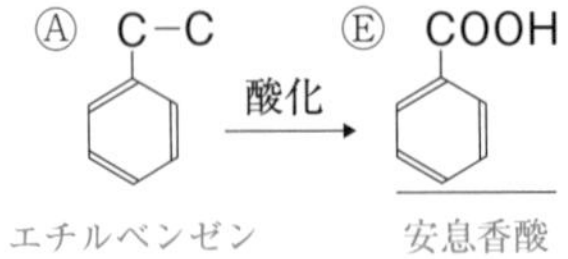

Ⓐ C−C　—酸化→　Ⓔ COOH

エチルベンゼン　　安息香酸

問3　実験Ⅱの結果より，化合物Bの酸化生成物がジカルボン酸であることから，化合物Bは二置換体であるm−キシレンと決まる。よって，**問1**より，化合物Bをニトロ化したときに得られる異性体は以下の構造となる。

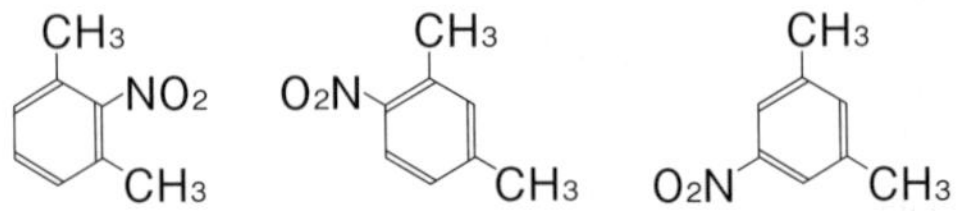

問4　実験Ⅰの結果より，化合物Cはo−キシレンと決まるので，これを酸化するとフタル酸となり，さらに加熱脱水により酸無水物である無水フタル酸を生じる。

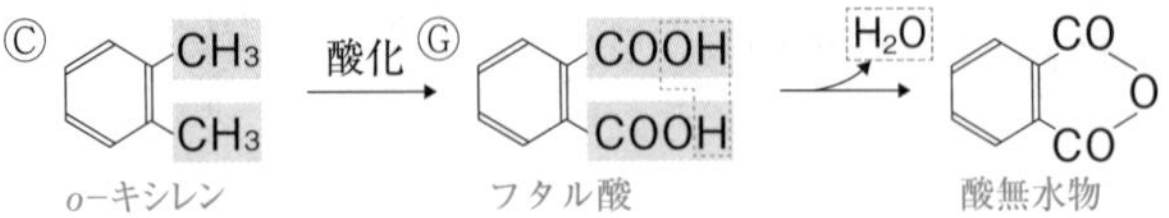

Ⓒ　—酸化→　Ⓖ　—(H_2O)→

o−キシレン　　フタル酸　　酸無水物

問5　化合物Dはp−キシレンであり，これを酸化するとテレフタル酸となり，さらにエチレングリコールと縮合重合すると，ポリエチレンテレフタラート(通称PET)が生じる。

Ⓓ $CH_3-C_6H_4-CH_3$（p−キシレン）$\xrightarrow{\text{酸化}}$ Ⓗ $HOOC-C_6H_4-COOH$（テレフタル酸）

$\xrightarrow[\text{縮合重合}]{HO-CH_2-H_2-CH}$ Ⓘ $\left[\overset{O}{\overset{\|}{C}}-C_6H_4-\overset{O}{\overset{\|}{C}}-O-CH_2-CH_2-O \right]_n$（ポリエチレンテレフタラート）

［Ⅱ］ **問1，2**　C_9H_{12}の不飽和度Iuは，$Iu = \dfrac{(2 \times 9 + 2) - 12}{2} = 4$

ここで，題意と分子式より化合物A～Fはベンゼン環を1つ含む。そのため，不飽和度4はそのベンゼン環にすべて含まれ，あとはすべて鎖式単結合のみである。よって，C_9H_{12}には以下の4種類の芳香族炭化水素の構造異性体がある(H原子は省略)。また，このC_9H_{12}で表されるA～Fのそれぞれのベンゼン環上のH原子1つをBr原子で置換した構造異性体の個数を合わせて記す。

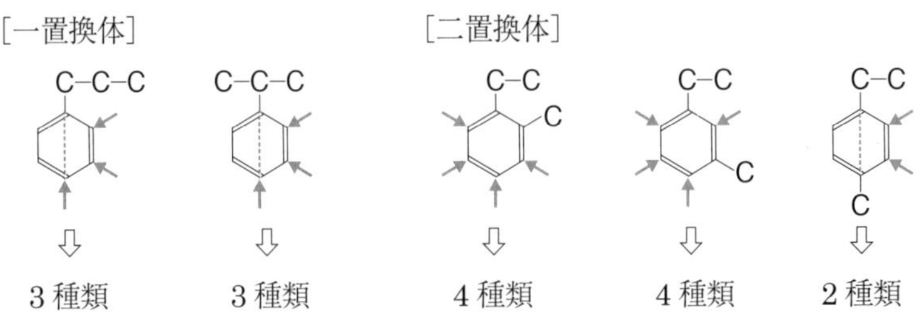

[三置換体]

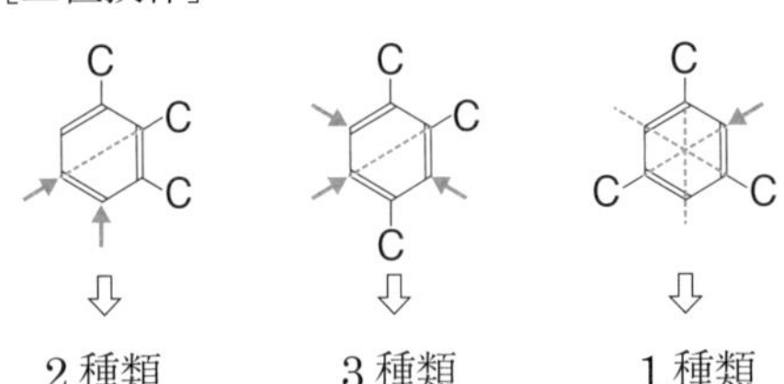

ここで，Br 原子による異性体の数から，化合物 A ～ F で考えられる構造を以下に記す。

［化合物 A］（Br 原子による異性体数：1 種類）

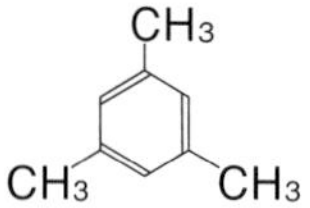

［化合物 B，C の候補］（Br 原子による異性体数：2 種類）

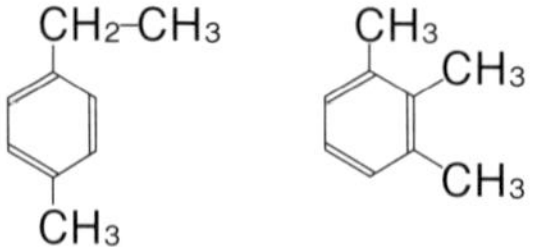

［化合物 D，E の候補］（Br 原子による異性体数：3 種類）

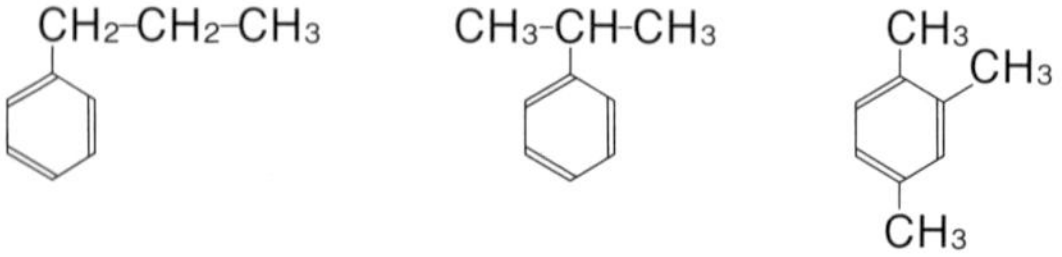

［化合物 F の候補］（Br 原子による異性体数：4 種類）

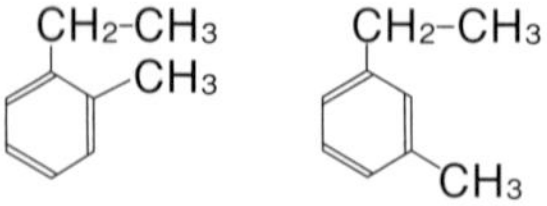

また，過マンガン酸カリウムによる化合物 C の酸化生成物 H は，ポリエチレンテレフタラートの原料となることから，化合物 H はテレフタル酸と決まり，化合物 C の構造は以下の構造となる。

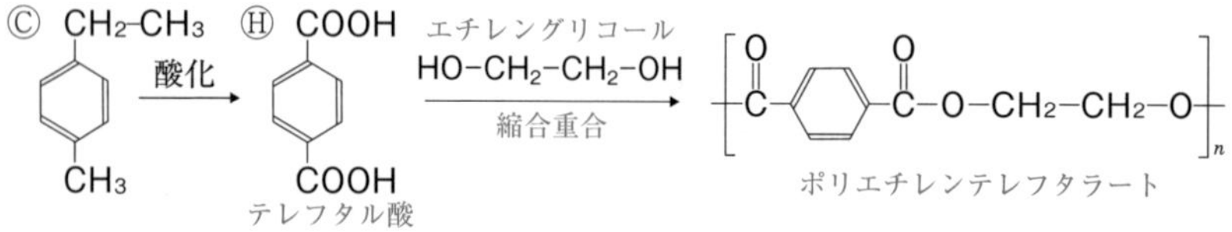

Ⓒ 酸化 Ⓗ エチレングリコール $HO-CH_2-CH_2-OH$ 縮合重合

テレフタル酸　ポリエチレンテレフタラート

なお，消去法により化合物 B（とその酸化生成物 G）が以下の構造に決まる。

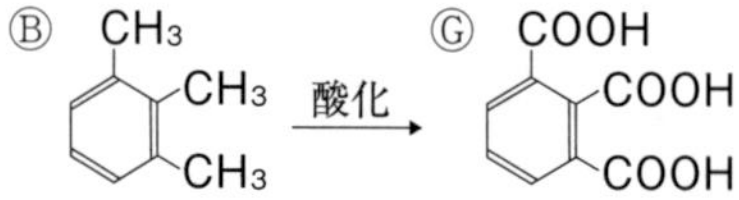

Ⓑ 酸化 Ⓖ

また，化合物Fの酸化生成物である化合物Jは加熱により脱水し化合物Kを生じることから，化合物Jは*o*体であるフタル酸，化合物Kは無水フタル酸と決まり，化合物Fも以下の構造に決まる。

Ⓕ CH_2-CH_3, CH_3 —酸化→ Ⓙ COOH, COOH (フタル酸) —加熱 (H_2O)→ Ⓚ CO, O, CO (無水フタル酸)

化合物Eは，ベンゼンとプロピレンから合成されることからクメンと決まり，さらに，(イ)酸素 O_2 で酸化することでクメンヒドロペルオキシドが生じ，これを希硫酸で分解すると，塩化鉄(Ⅲ)水溶液で青紫色を呈するフェノール(化合物L)と，ヨードホルム反応を示すアセトン(化合物M)が得られる。

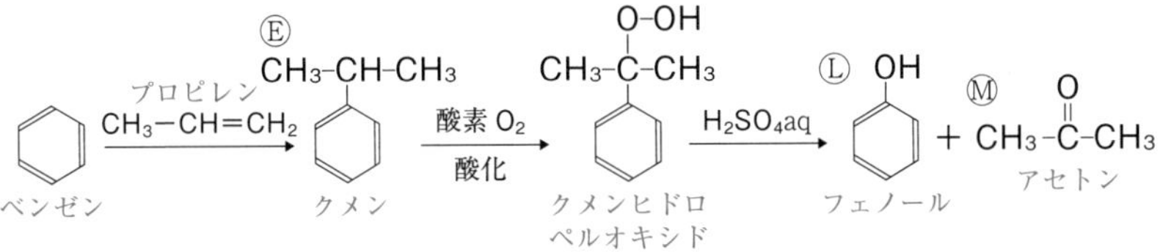

なお，分子量に関する題意と消去法により化合物D(とその酸化生成物I)が以下の構造に決まる。

Ⓓ CH_2-CH_2-CH_3 —酸化→ Ⓘ COOH

問3 ベンゼンからフェノール(化合物L)を得る合成経路を以下に記す。

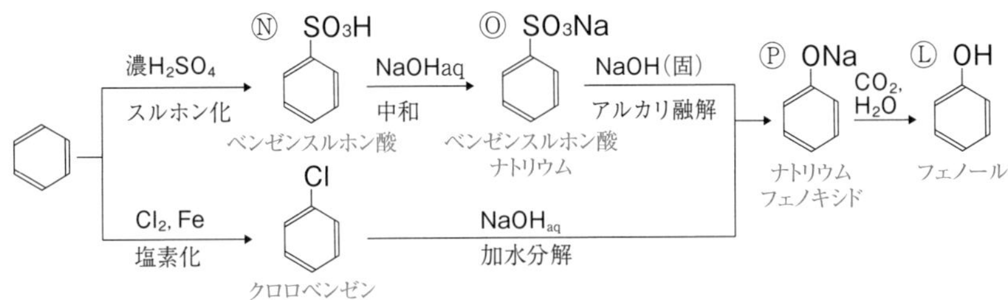

テーマ 6 アルコール①(脂肪族)

フレーム 6

◎アルコールとは

⇨　C 原子にヒドロキシ基－OH が結合したもの。

◎異性体の書き出しステップ

Step1　炭素骨格を書き出す(連鎖異性体)。

Step2　対称軸を引く。

Step3　対称軸の片側の C 原子のみに,「－OH を結合させる」or「－OH の結合箇所に↑を記す」(位置異性体)。

※ H 原子は省略し,↑の下には級数を記して,不斉炭素原子を持つときには＊を付記しておくと推定の際に便利である。

[例]　$C_5H_{12}O$($C_5H_{11}OH$)で表されるアルコール

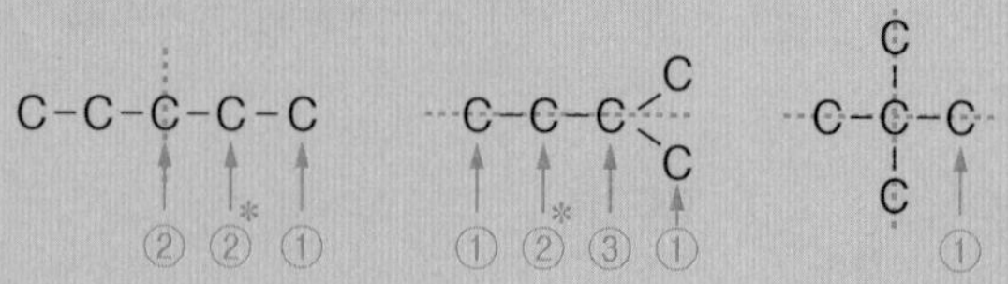

```
                                     C    
                         C           |
C-C-C-C-C      --C-C-C<          --C-C-C--
      ↑ ↑ ↑       ↑ ↑ ↑ C           |   ↑
      ② ②*①      ① ②*③ ↑         C   ①
                        ①
```

◎異性体の絞り込みに用いる反応

①酸化反応

⇨　酸化剤($KMnO_4$水溶液や$K_2Cr_2O_7$水溶液)を用いて酸化の有無をチェックし,さらにその酸化生成物がフェーリング液に還元されるかどうかで**級数を特定できる**。

②脱水反応

⇨　濃 H_2SO_4 を加えて加熱することで,－OH と,その－OH が結合している C 原子に隣接した C 原子に結合している H 原子で H_2O が脱離する。

パターン 1　生成したアルケンの異性体の数や幾何異性体の有無などで**脱水前の－OH の位置を絞る**ことができる。

パターン 2　「ある 2 つのアルコールを脱水(or H_2 を付加)したら,同一化合物を生じた」などの記述があった場合,その 2 つのアルコールは**同一の C 骨格であると**判明。

［異性体の絞り込みのフロー］

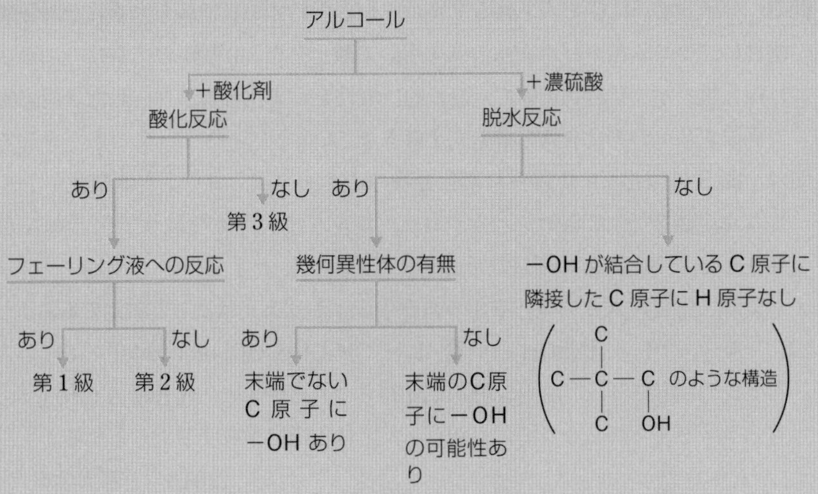

- アルコール
  - ＋酸化剤 → 酸化反応
    - あり → フェーリング液への反応
      - あり → 第1級
      - なし → 第2級
    - なし → 第3級
  - ＋濃硫酸 → 脱水反応
    - あり → 幾何異性体の有無
      - あり → 末端でないC原子に−OHあり
      - なし → 末端のC原子に−OHの可能性あり
    - なし → −OHが結合しているC原子に隣接したC原子にH原子なし（C—C(C)(C)—C(OH) のような構造）

実践問題　1回目　2回目　3回目

目標：20分　実施日：　／　　／　　／

［Ⅰ］　分子式 $C_4H_{10}O$ で表される化合物に関する**問1～4**の問いに答えなさい。構造式は例にならって示しなさい。

原子量 H = 1.0　C = 12　O = 16　I = 127

（例）

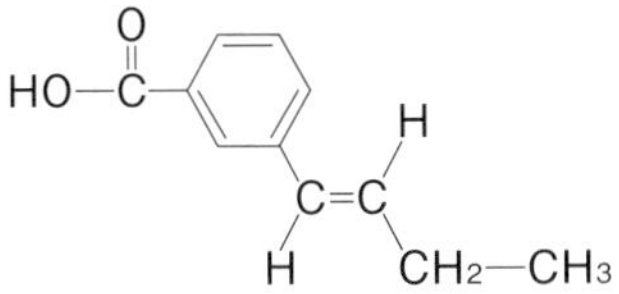

HO—C(=O)—(ベンゼン環)—CH=CH—CH₂—CH₃ （シス形：H と H が二重結合の同じ側、ベンゼン環と CH₂—CH₃ が同じ側）

問1　分子式 $C_4H_{10}O$ で表されるアルコールの構造異性体の構造式を，すべて書きなさい。不斉炭素原子がある場合には，不斉炭素に＊印をつけなさい。ただし，光学異性体の構造は区別しなくてよい。

問2　分子式 $C_4H_{10}O$ で表されるアルコールの異性体の中には，第一級アルコールがいくつか含まれる。第一級アルコールのそれぞれを濃硫酸と熱して脱水反応を行ったところ，異なるアルケンが得られた。これらのアルケンに塩化水素を付加させたとき，それぞれのアルケンから得られる主生成物の構造式をすべて書きなさい。ただし，不飽和結合への塩化水素の付加反応は，結合している水素の数が多い方の炭素に水素が優先して付加するものとする。

問3　分子式 $C_4H_{10}O$ で表されるアルコールのすべての異性体を，それぞれ硫酸酸性の二クロム酸カリウム水溶液を用いて酸化した。2種類のアルコールからは還元性を示す化合物を経て，最終的に酸性を示す化合物が生成した。最終的に生成する二つの化合物の構造式を書きなさい。

問4　**問3**の酸化反応で得られた化合物の中の一つに，ヨウ素と水酸化ナトリウム水溶液を加えて温めたとき，ヨードホルム(CHI_3)が生成する化合物Aが存在した。化合物Aの構造式を書きなさい。

また，化合物Aからヨードホルムが生成する反応式は次のとおりである。

$$\boxed{\text{A}} + 3I_2 + 4NaOH \longrightarrow CHI_3 + CH_3CH_2COONa + 3NaI + 3H_2O$$

上式の反応でヨードホルムが19.7g得られたとすると，化合物Aは何gか，有効数字2桁で答えなさい。ただし，反応は完全に進行するものとする。

(2013　首都大学東京)

［Ⅱ］ 分子式 $C_5H_{12}O$ の化合物A，B，C，D，E，F，G，Hがある。これらA～Hの化合物について記述した(a)～(e)の文を読み，**問1～3**に答えよ。

(a)　A～Hはいずれも金属ナトリウムと反応して水素を発生する。

(b)　A～Hで不斉炭素原子をもつ化合物はE，G，Hだけである。E，G，Hを二クロム酸カリウムの硫酸酸性溶液でおだやかに酸化すると中性の化合物I，J，Kがそれぞれ得られる。IとJは不斉炭素をもたないが，Kは不斉炭素原子をもつ。

(c)　Aを二クロム酸カリウムの硫酸酸性溶液で酸化するとケトンが得られるが，Bはこの条件で酸化されない。

(d)　AとEをそれぞれ濃硫酸で脱水した生成物には，どちらにもアルケンLが含まれる。この反応条件でDからアルケンは得られない。

(e)　AとFをそれぞれ濃硫酸で脱水して得られるアルケンに水素を付加すると，同一の生成物Mが得られる。同様の操作でCとGからも同一の生成物Nが得られる。

問1　A～DおよびFの構造式を記せ。

問2　I，J，Kのうちで銀鏡反応を起こす化合物を選び，記号で記せ。

問3　Lには2種類の幾何異性体が存在する。その両者の構造式を相違が明確にわかるように記せ。

(2001　名古屋)

解答

［Ⅰ］**問1**　$CH_3-CH_2-CH_2-CH_2-OH$，$CH_3-{}^{*}CH(OH)-CH_2-CH_3$，

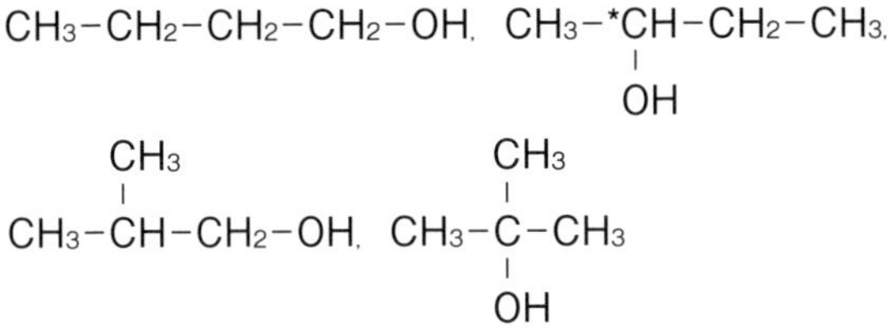

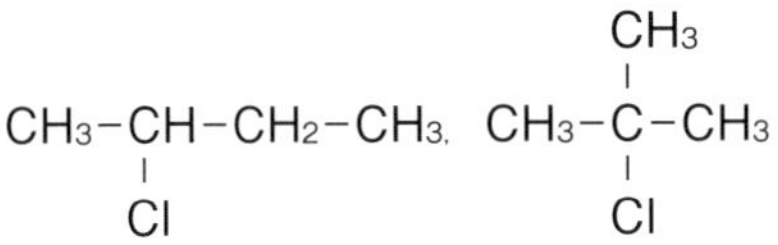

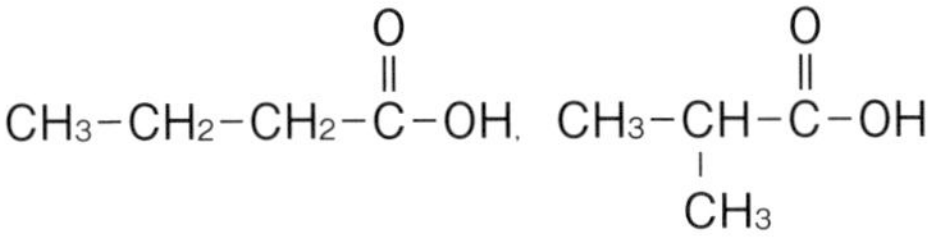

$CH_3-CH(CH_3)-CH_2-OH$，$CH_3-C(CH_3)(OH)-CH_3$

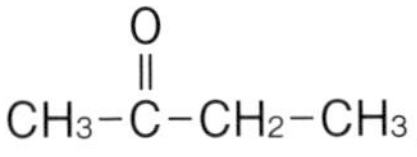

問2　$CH_3-CH(Cl)-CH_2-CH_3$，$CH_3-C(CH_3)(Cl)-CH_3$

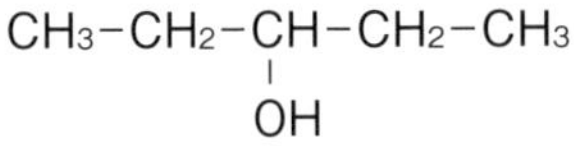

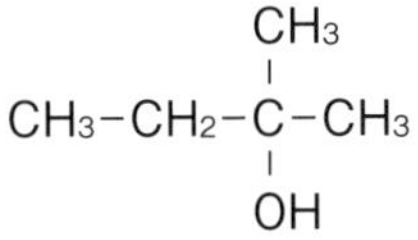

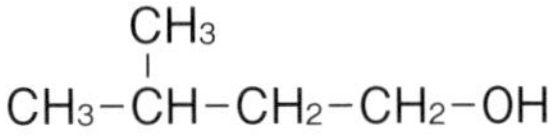

問3　$CH_3-CH_2-CH_2-C(=O)-OH$，$CH_3-CH(CH_3)-C(=O)-OH$

問4　$CH_3-C(=O)-CH_2-CH_3$，3.6 g

［Ⅱ］**問1** A　$CH_3-CH_2-CH(OH)-CH_2-CH_3$

B　$CH_3-CH_2-C(CH_3)(OH)-CH_3$　C　$CH_3-CH(CH_3)-CH_2-CH_2-OH$

D　$CH_3-C(CH_3)_2-CH_2-OH$

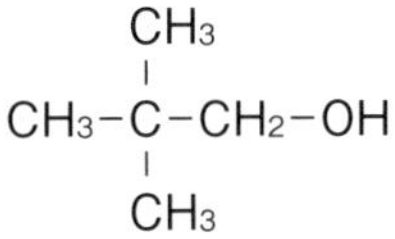

F　$CH_3-CH_2-CH_2-CH_2-CH_2-OH$

問2　K

問3　$CH_3(H)C=C(H)CH_2-CH_3$（CH_3 と CH_2-CH_3 が同じ側：シス形），$CH_3(H)C=C(H)CH_2-CH_3$（CH_3 と CH_2-CH_3 が反対側：トランス形）

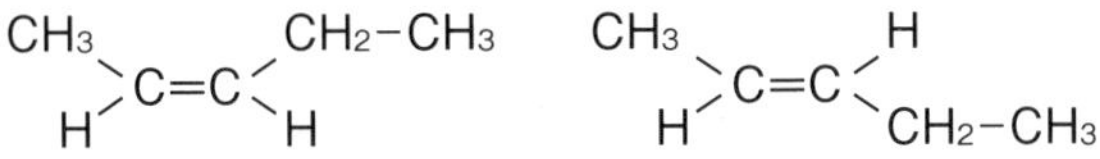

［解説］

［Ⅰ］　**問1**　$C_4H_{10}O$ の不飽和度 Iu は，$Iu = \dfrac{(2\times4+2)-10}{2} = 0$

よって，分子は鎖状であり，すべて単結合（飽和）でかつ O 原子を 1 個持つため，

ヒドロキシ基−OH を 1 つ持つアルコール，またはエーテル結合 C−O−C を 1 つ持つエーテルであることがわかる(つまり Iu = 0 で O 原子を 1 個持つならば，必ず鎖状飽和のアルコールまたはエーテルである)。以上より，$C_4H_{10}O$ には以下の 7 種類の構造異性体があり(H 原子の一部を省略し，不斉炭素原子には＊を付記する)，そのうちアルコールは 4 種類である。

```
[アルコール]                              [エーテル]
C−C−C−C            C−C−C*−C             C−C−C−O−C        C−C−O−C−C
      |                  |
      OH                 OH

   C                  C                    C
   |                  |                    |
C−C−C              C−C−C                C−C−O−C
     |                |
     OH               OH
```

問 2　**問 1** より，第一級アルコールは以下の 2 種類の異性体がある。それぞれの異性体を脱水して生じたアルケンに HCl を付加させた主生成物の構造を記す。なお，題意より，C=C へ付加する HCl は，結合している H 原子の数が多い方の C 原子に優先して H 原子が付加する。

```
                      −H2O
                                           H  H                          H  H
                                           |  |                          |  |
CH3−CH2−CH−CH2       ────→   CH3−CH2−C=C−H     ────→   CH3−CH2−C−C−H
        |   |         脱水                 ↑  ↑         付加             |  |
        H   OH                             Cl H                          Cl H

      CH3             −H2O        CH3   H                  CH3   H
      |                           |     |                  |     |
CH3−C−CH2            ────→  CH3−C  =  C−H    ────→   CH3−C────C−H
      |   |           脱水         ↑     ↑       付加        |     |
      H   OH                       Cl    H                   Cl    H
```

問 3　酸化して還元性を示す化合物が得られるアルコールは，第一級アルコールである。**問 1** より，2 種類の第一級アルコールを酸化すると，それぞれ還元性を示すアルデヒドを経てカルボン酸を生じる。

```
                                                  O                              O
                                                  ‖                              ‖
CH3−CH2−CH2−CH2   ────→   CH3−CH2−CH2−C−H   ────→   CH3−CH2−CH2−C−OH
            |      酸化                       酸化
            OH

      CH3                  CH3   O                  CH3   O
      |                    |     ‖                  |     ‖
CH3−CH−CH2   ────→   CH3−CH−C−H    ────→   CH3−CH−C−OH
          |    酸化                    酸化
          OH
```

問4 CH_3CO-をもつ化合物がヨードホルム反応を示す。よって，化合物Aは，第二級アルコールを酸化して生じる以下の構造で表されるケトンである。

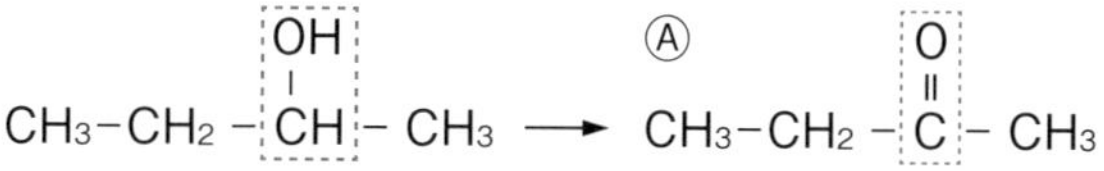

$$CH_3-CH_2-\underset{\substack{|\\ CH}}{\overset{OH}{}}-CH_3 \longrightarrow CH_3-CH_2-\overset{\substack{O\\ \|}}{C}-CH_3 \quad (Ⓐ)$$

よって，反応式は次式のようになり，A〔mol〕= CHI_3〔mol〕であることがわかる。

$$1\overset{Ⓐ}{CH_3CH_2COCH_3} + 3I_2 + 4NaOH$$
$$\longrightarrow 1CHI_3 + CH_3CH_2COONa + 3NaI + 3H_2O$$

以上より，ヨードホルム CHI_3(= 394)が19.7g得られたときに反応した化合物A(= 72)の質量〔g〕は，

CHI_3〔mol〕= A〔mol〕

$$\frac{19.7\,[\mathrm{g}]}{394\,[\mathrm{g/mol}]} \times 72\,[\mathrm{g/mol}] = \underline{3.6}\,[\mathrm{g}]$$

［II］ **問1** $C_5H_{12}O$の不飽和度Iuは，$Iu = \frac{(2\times5+2)-12}{2} = 0$

よって，分子は鎖状でありすべて単結合(飽和)でかつO原子を1個持つため，ヒドロキシ基$-OH$を1つ持つアルコール，またはエーテル結合$C-O-C$を1つ持つエーテルであることがわかる。

ここで，実験(a)より，化合物A～Hはすべて金属Naと反応してH_2を発生したことから，アルコールであることがわかるため，以下のように考えると，$C_5H_{12}O$には8種類の構造異性体が考えられる。(↑は$-OH$の結合箇所で，◯の中の数字は級数を表す。H原子を省略し，不斉炭素原子を持つときは＊を付記する。)

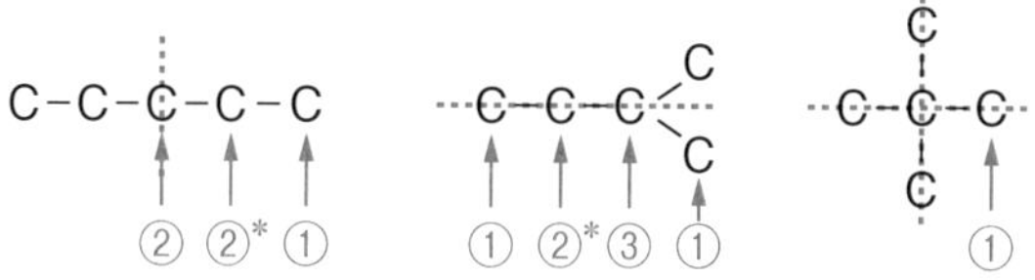

C−C−C−C−C ↑②, ↑②*, ↑①

C−C−C(−C)−C ↑①, ↑②*, ↑③, ↑①

C−C(−C)(−C)−C ↑①

ここで，化合物A～Hに関する実験結果および，その結果から考察できることを化合物ごとに振り分けると以下のようになる。

化合物 A
- (b) C^* なし
- (c) 酸化するとケトンが生成 ⇨ 第二級アルコール
- (d) 脱水すると E と同じアルケン L が生成 ⇨ A と E は同一 C 骨格
- (e) 脱水して生じるアルケンに H_2 付加で F と同様にアルカン M が生成 ⇨ A と F は同一 C 骨格

以上より，化合物 A は以下の構造に決まる。

$$\begin{array}{c} CH_3-CH_2-\underset{\displaystyle OH}{\underset{|}{CH}}-CH_2-CH_3 \end{array}$$

化合物 B
- (b) C^* なし
- (c) 酸化されない ⇨ 第三級アルコール

以上より，化合物 B は以下の構造に決まる。

$$CH_3-CH_2-\overset{\displaystyle CH_3}{\overset{|}{\underset{\displaystyle OH}{\underset{|}{C}}}}-CH_3$$

化合物 C
- (b) C^* なし
- (e) 脱水して生じるアルケンに H_2 付加で G と同様にアルカン N が生成 ⇨ C と G は同一 C 骨格

以上より，化合物 C は，B と G の決定後に消去法で以下の構造に決まる。

$$\underset{\displaystyle OH}{\underset{|}{CH_2}}-CH_2-\overset{\displaystyle CH_3}{\overset{|}{CH}}-CH_3$$

化合物 D
- (b) C^* なし
- (d) 脱水できない
  ⇨ －OH が結合している C 原子に隣接した C 原子に H 原子が結合していない。

以上より，化合物 D は以下の構造に決まる。

$$CH_3-\overset{\displaystyle CH_3}{\overset{|}{\underset{\displaystyle CH_3}{\underset{|}{C}}}}-\underset{\displaystyle OH}{\underset{|}{CH_2}}$$

化合物 E
(b) C*あり
(b) 酸化すると I(C*なし)が生成
(d) 脱水すると A と同様にアルケン L が生成
⇨ E と A は同一 C 骨格

以上より，化合物 E は，A の決定後に以下の構造に決まる。

```
CH3-CH2-CH2-C*H-CH3
             |
             OH
```

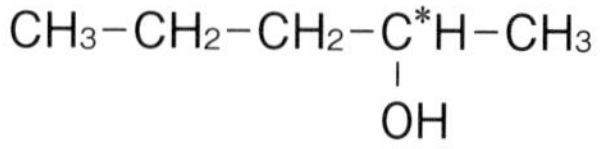

化合物 F
(b) C*なし
(e) 脱水して生じるアルケンに H_2 付加で A と同様にアルカン M が生成 ⇨ F と A は同一 C 骨格

以上より，化合物 F は，A の決定後に以下の構造に決まる。

```
CH3-CH2-CH2-CH2-CH2
                 |
                 OH
```

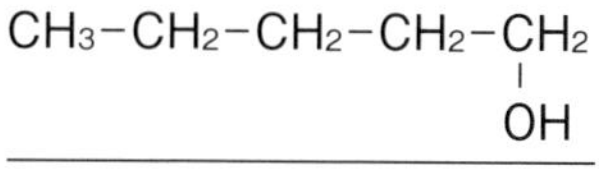

化合物 G
(b) C*あり
(b) 酸化すると J(C*なし)が生成
(e) 脱水して生じるアルケンに H_2 付加で C と同様にアルカン N が生成 ⇨ C と G は同一 C 骨格

以上より，化合物 G は，E と H の決定後，消去法で以下の構造に決まる。

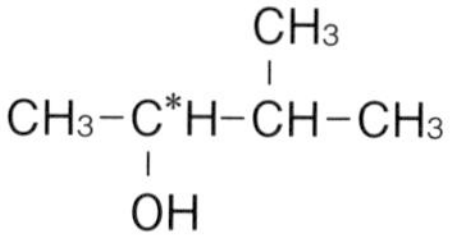

```
           CH3
            |
CH3-C*H-CH-CH3
     |
     OH
```

化合物 H
(b) C*あり
(b) 酸化すると K(C*あり)が生成(**問 2** を参照)

以上より，化合物 H は以下の構造に決まる。

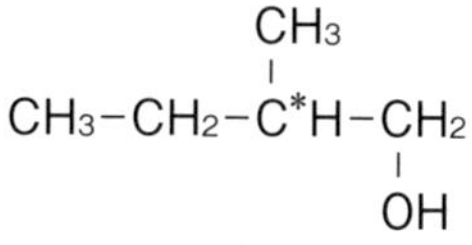

```
              CH3
               |
CH3-CH2-C*H-CH2
              |
              OH
```

問2　酸化により銀鏡反応を示す，つまり，還元性を示すアルデヒドとなるのは，第一級アルコールである。よって，化合物I，J，Kの酸化前の化合物E，G，Hのうち，第一級アルコールは化合物Hのみである。化合物Hと，酸化生成物である化合物<u>K</u>の構造を以下に記す。

$$\text{Ⓗ}\ CH_3-CH_2-\overset{\displaystyle CH_3}{\overset{|}{C^*}}H-\underset{\displaystyle OH}{\underset{|}{CH_2}} \xrightarrow{\text{酸化}} \text{Ⓚ}\ CH_3-CH_2-\overset{\displaystyle CH_3}{\overset{|}{C^*}}H-\overset{\displaystyle O}{\overset{\|}{C}}-H$$

問3　化合物Aを脱水して生じるアルケンLの構造を以下に記す(H原子の一部を省略)。

$$\text{Ⓐ}\ C-C-\underset{\displaystyle OH}{\underset{|}{C}}-\underset{\displaystyle H}{\underset{|}{C}}-C \xrightarrow{-H_2O} \text{Ⓛ}\ C-C-C=C-C$$

$$\left\{\begin{array}{ll} \underline{\begin{matrix} CH_3-CH_2 & & CH_3 \\ & C=C & \\ H & & H \end{matrix}} & \text{（シス形）} \\ \underline{\begin{matrix} CH_3-CH_2 & & H \\ & C=C & \\ H & & CH_3 \end{matrix}} & \text{（トランス形）} \end{array}\right.$$

テーマ 7 アルコール②(芳香族)

フレーム 7

◎芳香族アルコールとフェノール類

・芳香族アルコール⇨側鎖の C 原子にヒドロキシ基 $-OH$ が結合したもの

・フェノール類⇨ベンゼン環の C 原子にヒドロキシ基 $-OH$ が直接結合したもの

◎異性体の書き出しステップ

Step1 炭素骨格を書き出す(連鎖異性体)。

Step2 対称軸を引く。

Step3 対称軸の片側の C 原子のみに，$-OH$ を結合させる or $-OH$ の結合箇所に↑を記す。

※ H 原子は省略し，↑の下には級数を記して，不斉炭素原子を持つときには＊を付記しておくと推定の際に便利である。

［例］ $C_8H_{10}O$(C_8H_9OH)で表されるアルコールとフェノール類の異性体

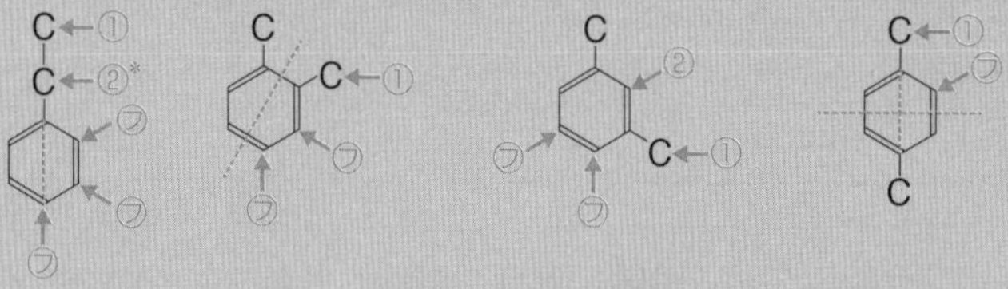

◎異性体の絞り込みに用いる反応

①塩化鉄(Ⅲ) $FeCl_3$ 水溶液による呈色

⇨ 紫系色を呈することで**フェノール類と特定できる**。

②置換反応

⇨ ベンゼン環上の H 原子 1 つをハロゲン原子などと置換することで，そこで生じる異性体の数で ***o*，*m*，*p* 体の絞り込みができる**(⇨ P.132)。

③酸化反応(アルコールの場合)

⇨ 酸化剤($KMnO_4$ 水溶液や $K_2Cr_2O_7$ 水溶液)を用いて酸化の有無をチェックし，さらにその酸化生成物がフェーリング液を還元するかどうかでアルコールの**級数が特定できる**。

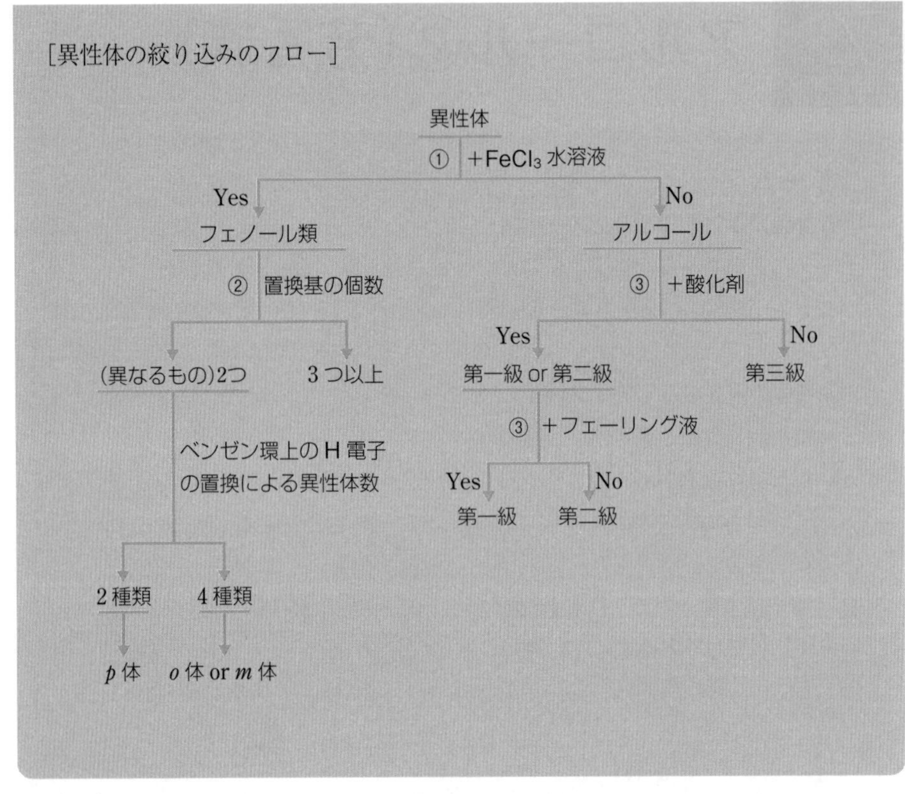

実践問題　1回目　2回目　3回目

目標：18分　実施日：　／　／　／

［Ⅰ］ 次の文章を読んで，以下の**問1～4**に答えよ。

分子式 C_7H_8O の芳香族化合物Xについて，次のような実験操作を行った。

操作1. 金属ナトリウムを加えると，気体が発生した。この気体を試験管に集めて，火をつけると，音がして瞬間的に燃えた。

操作2. フェノール類の検出反応を試したところ，フェノール類に特有の色を呈さなかった。

操作3. 化合物Xをおだやかに酸化したところ，化合物Yが得られた。化合物Yにアンモニア性硝酸銀水溶液を加えると，銀鏡が生じた。また化合物Yをさらに酸化すると，酸性の化合物Zになった。

問1 操作1で発生した気体の名称を記せ。また，操作1の結果と分子式 C_7H_8O から，化合物Xが持つと考えられる官能基は何か，官能基の名称を記せ。

問2　操作2で用いた検出試薬の化学式を書き，フェノール類にその試薬を加えたときに呈する色を記せ。

問3　化合物X，Y，Zの構造式を記せ。

問4　化合物Zは他の物質を酸化する反応によっても，合成することができる。分子式 C_7H_8 の化合物から，化合物Zのアルカリ金属塩ができるときの反応の反応式を記せ。

（2003　宇都宮 改）

［Ⅱ］　次の文の［　　　］に入れるのに最も適当なものを 解答群 から選び，その記号を記しなさい。また，（　　　）には下記の例にならい構造式を，｛ (3) ｝には化学式を，それぞれ記しなさい。なお，光学異性体は区別しないものとする。

構造式の記入例　（ベンゼン環）−CHCH3（CH上にCH3）

ベンゼン環を含む分子式 $C_8H_{10}O$ の化合物A, B, Cがある。以下の(ⅰ)～(ⅲ)からA，B，Cそれぞれの構造を決定する。

(ⅰ)　Aは単体のナトリウムと反応して水素が発生したが，Aに塩化鉄(Ⅲ)水溶液を加えても溶液は呈色しなかった。Aの構造異性体の中で，このような性質をもつ異性体はAを含めて［ (1) ］種類存在する。Aを過マンガン酸カリウム水溶液で十分に酸化するとDが生じた。Dを加熱すると分子内脱水反応が起こり，分子式 $C_8H_4O_3$ の化合物Eが得られた。これらの結果から，Aの構造は(　(2)　)である。

(ⅱ)　BもAと同様に単体のナトリウムと反応して水素が発生したが，塩化鉄(Ⅲ)水溶液を加えても溶液は呈色しなかった。Bを二クロム酸カリウムと硫酸酸性水溶液中で反応させると，化合物Fが得られた。Fにヨウ素と水酸化ナトリウム水溶液を加えて穏やかに加熱すると，黄色の沈殿｛ (3) ｝が生じた。この反応は(＊)式で表される。ろ過により｛ (3) ｝を除いた後，Gを含むろ液に塩酸を加えて酸性にすると，白色沈殿(　(4)　)が生成した。これらの結果から，Bの構造は(　(5)　)である。

$$F + 3I_2 + 4NaOH \longrightarrow \{\ (3)\ \} + G + 3NaI + 3H_2O \quad \cdots\cdots(*)$$

(iii)　Cに塩化鉄(Ⅲ)水溶液を加えると溶液は呈色した。Cの構造異性体の中で，このような呈色反応を示す異性体はCを含めて［(6)］種類存在する。Cのベンゼン環の一つの水素原子を臭素原子で置換させた化合物には，2種類の構造異性体が存在する。また，Cのアルキル基の一つの水素原子を臭素原子で置換させた化合物には，2種類の構造異性体が存在する。これらのことから，Cの構造は(　(7)　)である。

解答群

(ア)　3　　(イ)　4　　(ウ)　5　　(エ)　6　　(オ)　7

(カ)　8　　(キ)　9　　(ク)　10　　(ケ)　11

(2009　関西)

解答

［Ⅰ］問1　気体…水素　　官能基…ヒドロキシ基

問2　試薬…$FeCl_3$　　色…紫

問3　X　$C_6H_5-CH_2-OH$　　Y　C_6H_5-CHO　　Z　C_6H_5-COOH

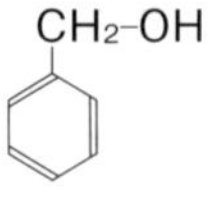

問4　$C_6H_5-CH_3 + 2KMnO_4 \longrightarrow C_6H_5-COOK + 2MnO_2 + KOH + H_2O$

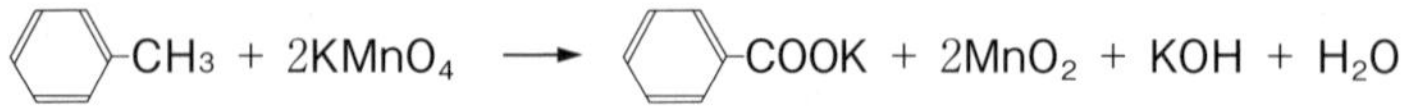

［Ⅱ］(1)　(ウ)　　(2) 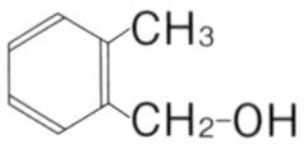　$C_6H_4(CH_3)(CH_2-OH)$（オルト位）　　(3)　CHI_3　　(4) 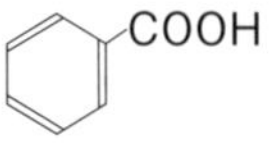　C_6H_5-COOH

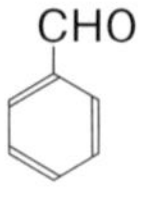

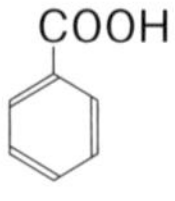

(5) 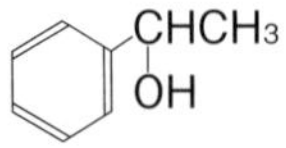　$C_6H_5-CH(OH)CH_3$　　(6)　(キ)　　(7) 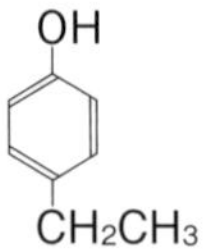　$HO-C_6H_4-CH_2CH_3$（パラ位）

[解説]

［Ⅰ］　問1～3　C_7H_8O の不飽和度 Iu は，$Iu = \frac{(2\times7+2)-8}{2} = 4$

ここで，題意と分子式より化合物Xはベンゼン環を1つ含む。そのため，不飽和度4はそのベンゼン環1つにすべて含まれ，あとはすべて鎖式単結合のみである。よって，側鎖はすべて単結合(鎖式飽和)でかつO原子を1個持つため，ヒドロキシ基－OHを1つ持つアルコールかフェノール類，またはエーテル結合C－O－Cを1つ持つエーテルであることがわかる(つまり，Iu = 4で芳香族かつO原子を1個もつならば，必ずアルコール，フェノール類，またはエーテルである)。

以上より，C_7H_8Oには以下のアルコール1種，フェノール類3種，エーテル1種の計5種類の構造異性体がある(H原子の一部は省略)。

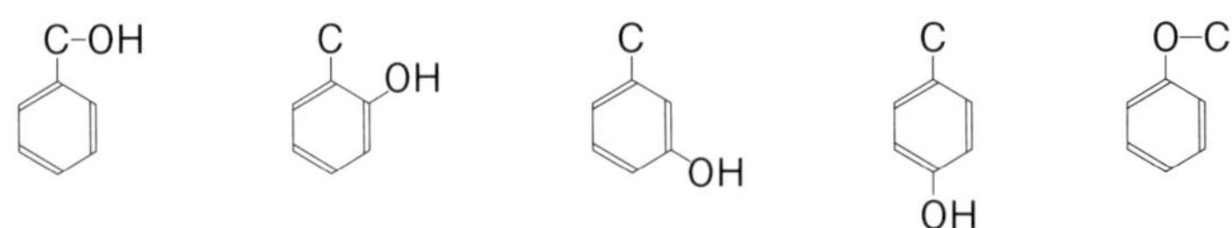

ここで，各実験操作の結果，及びその結果から推定できることを以下にまとめる。

［操作1］ 化合物Xに金属Naを加えて気体(問1 水素H_2)が発生したことから，Xは問1 ヒドロキシ基－OHを持つことがわかる。つまり，Xは，アルコール，またはフェノール類である。

［操作2］ 化合物Xは，問2 $FeCl_3$水溶液を用いるフェノール類の検出で問2 紫色を呈さなかったことから，フェノール類ではない。つまり，操作1の結果を踏まえると，化合物Xはアルコールと判明し，構造は以下に決まる。

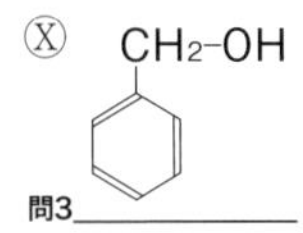

［操作3］ 化合物X(第一級アルコール)を酸化し，銀鏡反応を示す化合物Y(アルデヒド)を経て酸性の化合物Z(カルボン酸)が生じる流れを以下に記す。

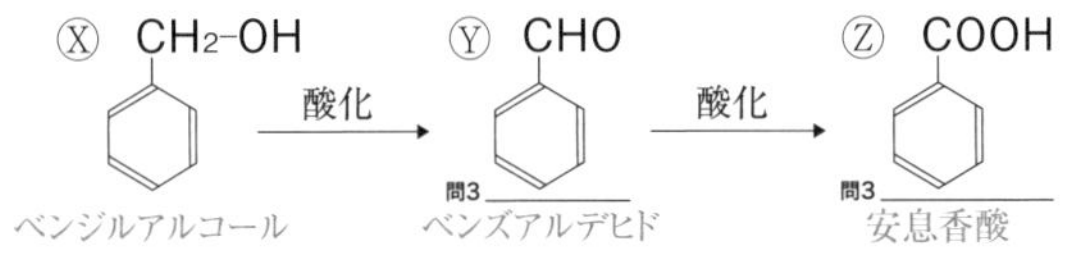

問4 分子式C_7H_8で表されるトルエンに，中性～塩基性下で過マンガン酸カリウム$KMnO_4$水溶液を反応させると化合物Z(安息香酸)のカリウム塩が生じる。その反応の反応式を以下のように作成する。

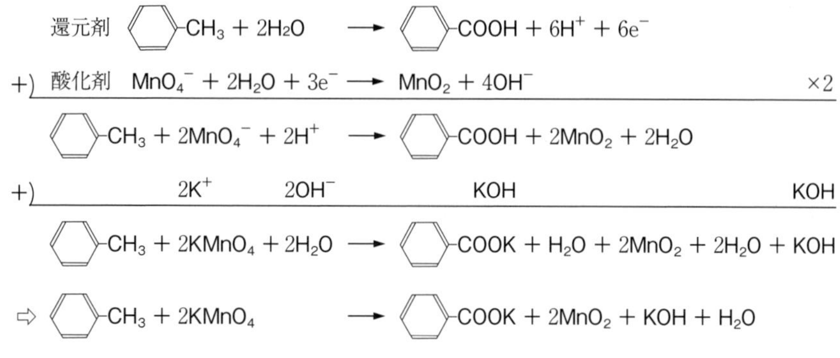

［Ⅱ］ $C_8H_{10}O$ の不飽和度 Iu は，$Iu = \dfrac{(2\times8+2)-10}{2} = 4$

ここで，題意と分子式より化合物 X はベンゼン環を 1 つ含む。そのため，不飽和度 4 はそのベンゼン環 1 つにすべて含まれ，あとはすべて鎖式単結合のみである。よって，側鎖はすべて単結合（鎖式飽和）でかつ O 原子を 1 個もつため，ヒドロキシ基 −OH を 1 つもつアルコールかフェノール類，またはエーテル結合 C−O−C を 1 つもつエーテルであることがわかる。

以上より，$C_8H_{10}O$ には以下のアルコール 5 種（(数)→：「→」は −OH の結合箇所で，〇の中の数字は級数を表す），フェノール類 9 種（㋫→：「→」は −OH の結合箇所），エーテル 5 種（㋓→：「→」は −O− の挿入箇所）の計 19 種類の構造異性体がある（H 原子は省略，不斉炭素原子をもつときには＊を付記している）。

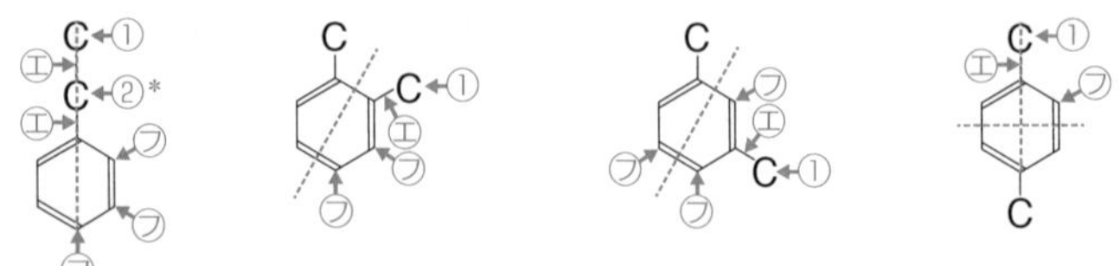

ここで，記述（ｉ）〜（iii）から，化合物 A 〜 C の構造を推定する。

［記述（ｉ）］

化合物 A
- 金属 Na で H_2 発生 ⇨ −OH あり
- $FeCl_3$ 水溶液で呈色しない ⇨ フェノール類ではない
  } アルコール（(1)5 種類）
- 酸化生成物 D が脱水する ⇨ フタル酸（D）からの無水フタル酸（E：$C_8H_4O_3$）の生成 ⇨ *o* 体

以上より，化合物 A は以下の構造に決まる。

$$\text{o-}CH_3C_6H_4\text{-}CH_2\text{-}OH$$

[記述(ⅱ)]

化合物A
- 金属NaでH_2発生 ⇨ $-OH$あり
- $FeCl_3$水溶液で呈色しない ⇨ フェノール類ではない
  } アルコール
- 酸化生成物Fがヨードホルム反応陽性($_{(3)}$<u>CHI_3</u>の黄色沈殿の生成)
- ⇨ $-CH(OH)CH_3$が酸化され，$-COCH_3$の構造を持つFが生成

以上より，化合物Bと化合物Fは以下の構造に決まる。

$$\text{Ⓑ } C_6H_5\text{-}CH(OH)\text{-}CH_3 \xrightarrow{\text{酸化}} \text{Ⓕ } C_6H_5\text{-}CO\text{-}CH_3$$

ここで，化合物Fのヨードホルム反応の化学反応式を，以下のように3段階の反応を1つにまとめて作成する。

Step1 I_2による置換

$$\text{Ⓕ } C_6H_5\text{-}CO\text{-}CH_3 + 3I_2 \longrightarrow C_6H_5\text{-}CO\text{-}CI_3 + 3HI \quad \cdots①$$

Step2 NaOHによる加水分解

$$C_6H_5\text{-}CO\text{-}CI_3 + NaOH \longrightarrow C_6H_5\text{-}CO\text{-}ONa + CHI_3\downarrow(\text{黄}) \quad \cdots②$$

よって，①式+②式より

$$\text{Ⓕ } C_6H_5\text{-}CO\text{-}CH_3 + 3I_2 + NaOH \longrightarrow C_6H_5\text{-}CO\text{-}ONa + 3HI + CHI_3$$

Step3 HIの中和(上式の両辺に3NaOHを加えてHIを中和する)

$$\text{Ⓕ } C_6H_5\text{-}CO\text{-}CH_3 + 3I_2 + 4NaOH \longrightarrow \text{Ⓖ } C_6H_5\text{-}CO\text{-}ONa + {}_{(3)}\underline{CHI_3} + 3NaI + 3H_2O$$

さらに，ここで生じた化合物Gに塩酸を加えると，弱酸遊離反応により(次式)，安息香酸の白色沈殿が生じる。

$$C_6H_5\text{-}COONa + HCl \longrightarrow {}_{(4)}\underbrace{C_6H_5\text{-}COOH}_{\text{安息香酸}} + NaCl$$

有機編 第2章 構造推定①(分解なし)

※実際には，安息香酸は分子中の－COOHで水素結合を形成し，二量体となる。
その結果，分子量が増加し沈殿する。

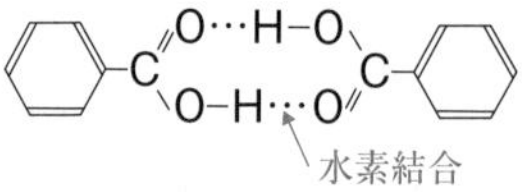

［記述(iii)］

化合物C｛FeCl$_3$水溶液で呈色する→フェノール類($_{(6)}$9種)
ベンゼン環上のH原子1つをBr原子で置換した生成物は2種類
⇨ 以下の2つの構造に絞れる(→はBr原子の置換する位置)

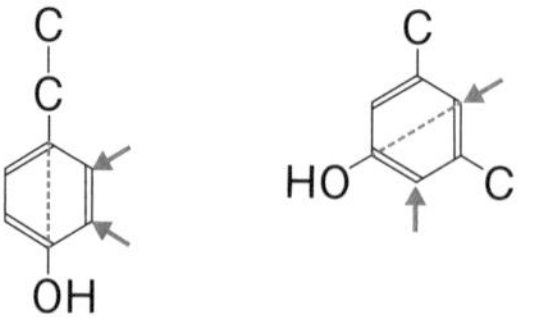

この2つのうち，アルキル基1つのH原子をBr原子で置換させた生成物が2種類あることから(→はBr原子の置換する位置)，化合物Cは以下の左の構造に決まる。

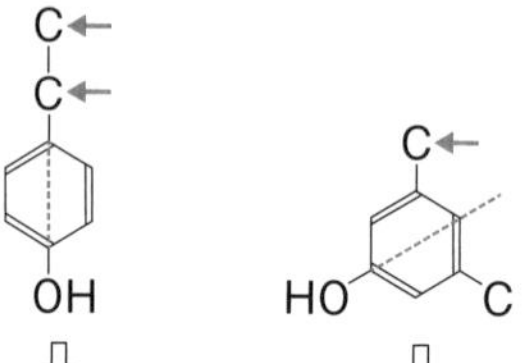

⇩
2種

⇩
1種

テーマ

8 エーテル

フレーム 8

◎エーテルとは

⇨ C 原子と C 原子の間に－O－が結合したもの。

◎異性体の書き出しステップ

Step1 炭素骨格を書き出す。

Step2 対称軸を引く。

Step3 対称軸の片側の C 原子間のみに，－O－の挿入箇所に↓を記す。

※ H 原子は省略し，不斉炭素原子をもつときには＊を付記しておくと推定の際に便利である。

［例］ $C_5H_{12}O$ で表されるエーテルの異性体

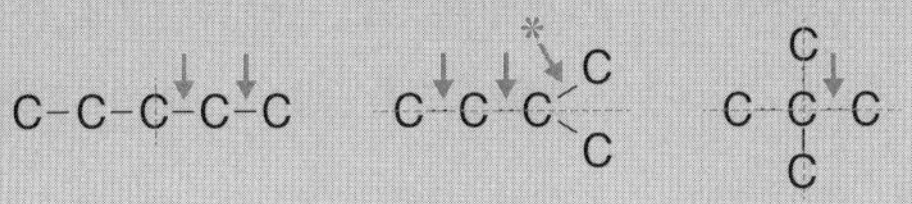

C－C－C－C－C　　C－C－C(－C)(－C)　　C－C(C)(C)－C

◎異性体の区別

①エーテルは大きな反応はなく，構造の対称性などにより分子間力の大きさに違いが出てきて，沸点の差として現れる。

⇨ 分子間力が強い，つまり，**沸点が高ければ対称性が小さい(分子内極性が生じやすい)ことが判明する。**

②アルコールやフェノール類など－OH をもつ化合物とは官能基異性体の関係になりやすい。

⇨ これらとの区別は，金属 Na と反応させることで，**気体(H_2)が発生しなければエーテルと特定できる。**

実践問題

1回目　2回目　3回目

目標：5分　実施日：　／　　／　　／

次の文を読み，**問1〜3**に答えなさい。

同じ分子式で表される化合物で互いに異なるものを異性体と呼ぶ。このうち，構造の異なるものは構造異性体と呼ばれる。構造異性体は互いに異なる物理的および化学的性質を示す。

分子式 $C_4H_{10}O$ で表される化合物には(　ア　)種類の構造異性体が存在し，沸点の違いによって二つのグループに分類される。沸点の低い(約 51 ℃以下) a第一のグループは(　イ　)種類の化合物からなり，沸点の高い(約 82 ℃以上)第二のグループには(　ウ　)種類の化合物が属する。

この二つのグループの化合物は化学的な性質も大きく異なり，b金属ナトリウムを加えると［　　　　　　］。

問1　文中の(　ア　)〜(　ウ　)に適切な数字を入れなさい。

問2　下線部 a について，第一のグループに分類される化合物の構造式をすべて書きなさい。また，このような構造の化合物は一般的になんと呼ばれるか答えなさい。

問3　下線部 b の空欄部分にもっとも適した文を以下から選び番号で答えなさい。

① 第一のグループの化合物だけが反応し，気体を発生する

② 第二のグループの化合物だけが反応し，気体を発生する

③ 第一のグループの化合物だけが反応し，黄色の沈殿を生じる

④ 第二のグループの化合物だけが反応し，黄色の沈殿を生じる

(2012　鹿児島 改)

解答

問1 ア　7　イ　3　ウ　4

問2　$H_3C-CH_2-CH_2-O-CH_3$，$H_3C-CH_2-O-CH_2-CH_3$，$H_3C-CH(CH_3)-O-CH_3$，エーテル

問3　②

[解説]

問 1，2　$C_4H_{10}O$ の不飽和度 Iu は，$Iu = \dfrac{(2\times4+2)-10}{2} = 0$

よって，分子は鎖状であり，すべて単結合(飽和)でかつ O 原子を 1 個持つため，ヒドロキシ基－OH を 1 つもつアルコール，またはエーテル結合 C－O－C を 1 つもつエーテルであることがわかる(つまり，Iu = 0 で O 原子を 1 個持つならば，必ず鎖状飽和のアルコールまたはエーテルである)。以上より，$C_4H_{10}O$ には以下の$_{(ア)}$7 種類の構造異性体がある(H 原子の一部を省略し，不斉炭素原子には＊を付記する)。

```
[アルコール]                          [エーテル]
C-C-C-C      C-C-C*-C                 C-C-C-O-C    C-C-O-C-C
      |           |
      OH          OH

  C              C                      C
  |              |                      |
C-C-C          C-C-C                  C-C-O-C
    |            |
    OH           OH
```

上の 7 種類の構造異性体のうち，アルコール$_{(ウ)}$4 つは分子内に－OH を持ち，分子間で水素結合を形成するため，沸点が高い(第二のグループ)。一方，問2 エーテル$_{(イ)}$3 つは分子間で水素結合を形成しないため，分子間力が弱く，アルコールに比べ沸点は低い(第一のグループ)。

問 3　－OH をもつアルコール C_4H_9OH(第二のグループ)に金属 Na を加えると，次式で表される反応が起こり，H_2 が発生する。一方，エーテル(第一のグループ)に金属 Na を加えても変化はない。

$$2C_4H_9OH + 2Na \longrightarrow 2C_4H_9ONa + H_2\uparrow$$

テーマ

9 アミン①(脂肪族)

フレーム 9

◎アミンとは

⇨ アンモニア NH_3 の H 原子を C 原子で置換したもの。

⇨ 置換した C 原子の数で異なる級数のアミンが存在する。

[第一級]　[第二級]　[第三級]

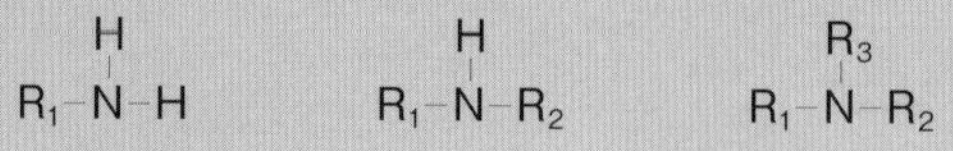

R_1-NH-H（N に H）　R_1-NH-R_2（N に H）　$R_1-N(R_3)-R_2$

◎異性体の書き出しステップ(C_4H_9N を例に)

Step1　炭素骨格を書き出す(連鎖異性体)。

Step2　対称軸を引く。

Step3－1　第一級アミンの場合は，対称軸の片側の C 原子のみに，$-NH_2$ の結合箇所に↑を記して数え上げる。

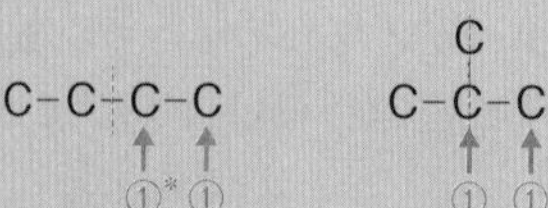

Step3－2　第二級アミンの場合は，対称軸の片側の C 原子間のみに，－NH－の挿入箇所に↑を記して数え上げる。

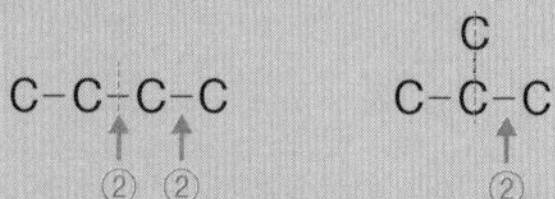

※1　H 原子は省略し，不斉炭素原子を持つときには＊を付記しておくと推定の際に便利である。

※2　第三級アミンのみ，N 原子の 3 本の結合に C 原子 3 つをつなげ，そこに対称軸を引き，その片側の C 原子に残り(今回は 1 つ)の C 原子をつなげて書き出す。

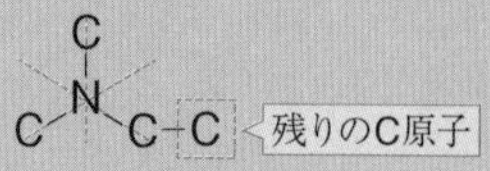

残りのC原子

実践問題　　　　1回目　2回目　3回目

目標：8分　実施日：　／　　／　　／

次の文章を読み，設問に答えなさい。

有機化合物には，同じ分子式で示される化合物でも構造式が異なる「構造異性体」が存在する。構造異性体は，構造の骨格や官能基の違い，官能基や置換基が付いている位置や不飽和結合の位置の違いなどさまざまな原因から生じる。一方，分子式と構造式が同じでも立体構造が異なる「立体異性体」が存在する。立体異性体には不斉炭素原子をもつ光学異性体や，炭素原子間などの二重結合が原因で生じる幾何異性体であるシス－トランス異性体が存在する。これら異性体に関する設問**(1)**～**(3)**に答えなさい。

(1)　分子式 $C_5H_{13}N$ で表されるアミンの中で，第一級アミンの「構造異性体」は何種類あるか。ただし，下図に示すようにアンモニア NH_3 の置換体であるアミンの中で，置換基が1個のときを第一級アミン，2個のときを第二級アミン，3個のときを第三級アミンという。

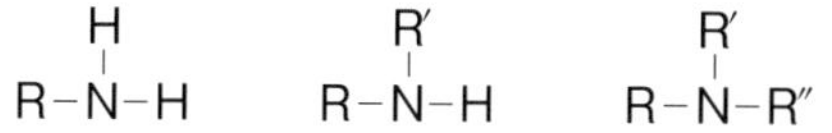

H | R－N－H	R′ | R－N－H	R′ | R－N－R″
第一級アミン	第二級アミン	第三級アミン

(2)　分子式 $C_5H_{13}N$ で表されるアミンには全部で何種類の「構造異性体」があるか。

(3)　分子式 $C_5H_{13}N$ で表されるアミンの中で，不斉炭素原子をもつ「構造異性体」は何種類あるか。ただし，不斉炭素原子を1つもつ一対の光学異性体（対掌体）を1種類と数える。また，ここでは窒素Nは不斉中心原子とはならない。

（2013　東京理科大）

解答

(1)　8種類　　**(2)**　17種類　　**(3)**　4種類

[解説]

(1)　$C_5H_{13}N$ の不飽和度Iuは，$Iu = \dfrac{(2\times5+2+1)-13}{2} = 0$

よって，分子は鎖状でありすべて単結合(飽和)でかつ，第一級アミンのためアミノ基$-NH_2$以外の官能基を持たないことがわかる。ここで，以下のように考えると，第一級アミンには8種類の構造異性体が考えられる。(↑は$-NH_2$の結合箇所を表す。H原子を省略し，不斉炭素原子を持つときには＊を付記する。)

C−C−C−C−C　　C−C−C(−C)−C　　C−C(−C)(−C)−C

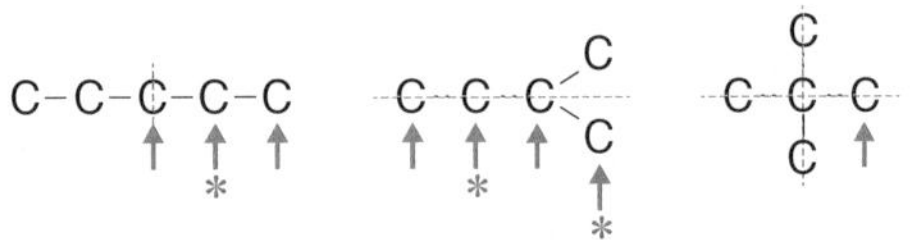

※分子式$C_5H_{12}O$で表されるアルコールの異性体の数え上げと同様に考えればよい(⇨ P.140)。

(2) 第二級アミンと第三級アミンに分けて数え上げていく。

[第二級アミン]

対称軸の片側のC原子間のみに，$-NH-$の挿入箇所に↑を記す(H原子を省略し，不斉炭素原子を持つときには＊を付記する)。下記より，第二級アミンには6種類の構造異性体があることがわかる。

C−C−C−C−C　　C−C−C(−C)−C　　C−C(−C)(−C)−C

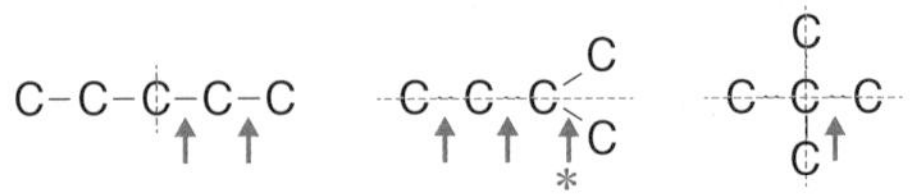

[第三級アミン]

N原子の3本の結合にC原子3つをつなげ，そこに対称軸を引き，その片側のC原子に残りのC原子2つをつなげる(H原子を省略し，不斉炭素原子をもつときには＊を付記する)。なお，C原子を2つつなげる場合，エチル基$-CH_2CH_3$を1つつなげる，あるいは，メチル基$-CH_3$を2つつなげる2パターンがあることに注意する。下記より，第三級アミンには3種類の構造異性体があることがわかる。

C−N(−C)−C−C−C　　C−N(−C)−C(−C)−C　　C−C−N(−C)−C−C

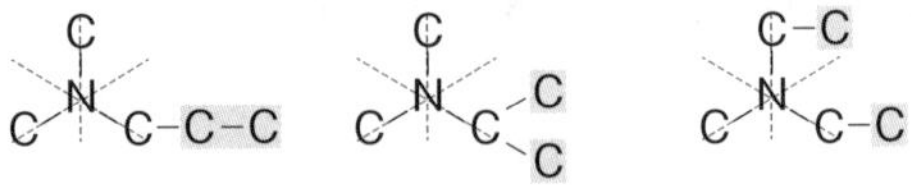

以上より，分子式 $C_5H_{13}N$ で表されるアミンの構造異性体は，8(第一級アミン)+6(第二級アミン)+3(第三級アミン)= 17 種類あることがわかる。

(3) 分子式 $C_5H_{13}N$ で表されるアミンの中で，不斉炭素原子(C^*)を持つ光学異性体は，**(1)**，**(2)**より，以下の 4 種類である。

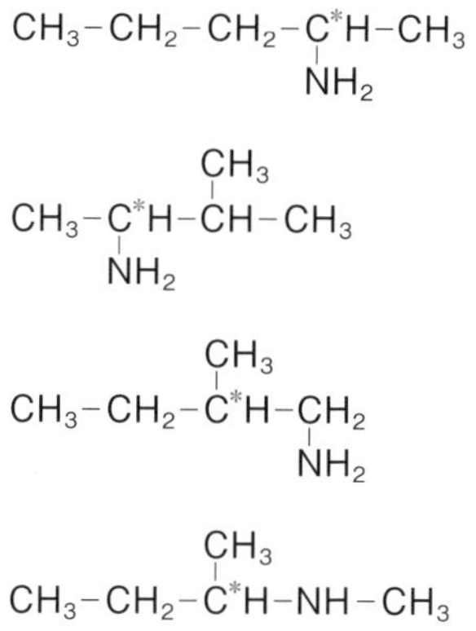

$$CH_3-CH_2-CH_2-\underset{\underset{NH_2}{|}}{C^*H}-CH_3$$

$$CH_3-\underset{\underset{NH_2}{|}}{C^*H}-\overset{\overset{CH_3}{|}}{CH}-CH_3$$

$$CH_3-CH_2-\overset{\overset{CH_3}{|}}{C^*H}-\underset{\underset{NH_2}{|}}{CH_2}$$

$$CH_3-CH_2-\overset{\overset{CH_3}{|}}{C^*H}-NH-CH_3$$

テーマ
10 アミン②（芳香族）

フレーム 10

◎芳香族アミンとは

⇨　ベンゼン環のH原子を$-NH_2$や$-NH-$で置換したもの。

◎異性体の書き出しステップ（C_7H_9Nを例に）

Step1　炭素骨格を書き出す（連鎖異性体）。

Step2　対称軸を引く。

Step3　第一級アミンの場合は，対称軸の片側のC原子のみに$-NH_2$の結合箇所に↑を記して，第二級アミンの場合は，対称軸の片側のC原子間のみに$-NH-$の挿入箇所に↑を記して数え上げる。

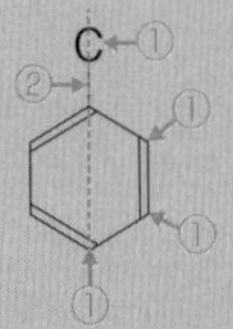

◎異性体の絞り込みに用いる反応（呈色反応）

⇨　ベンゼン環にアミノ基$-NH_2$が直接結合している場合は，さらし粉$CaCl(ClO)\cdot H_2O$水溶液により赤紫色を呈する。

※側鎖のC原子に$-NH_2$が結合している場合には呈色しない。

実践問題　　1回目　2回目　3回目

目標：10分　実施日：　／　　／　　／

［Ⅰ］　次の記述を読み，下記の問いに答えよ。ただし，構造式は例にならって記せ。

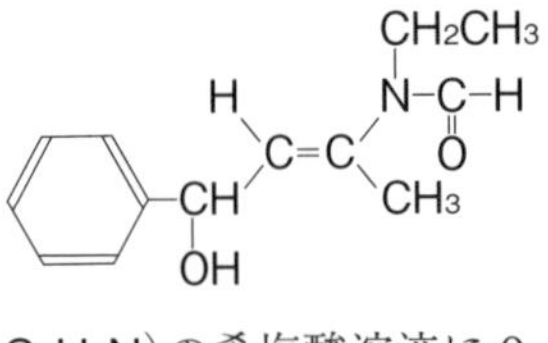

CH_2CH_3
H　　N－C－H
C=C　　‖O
（ベンゼン環）－CH　　CH_3
OH

芳香族アミンA（分子式C_7H_9N）の希塩酸溶液に0～5℃で亜硝酸ナトリウム水溶液を加えると，化合物Bが生じた。次いで，ナトリウムフェノキシド水溶液を加えると，橙赤色の化合物Cが生成した。なお，Aのベンゼン環上の水素原子１個を臭素原子に置換した化合物は２種類存在する。

問１　化合物A，B，Cの構造式を記せ。

問２　反応A→BおよびB→Cの名称を記せ。

（2013　明治薬科 改）

［Ⅱ］　分子式が$C_8H_{11}N$であり，ベンゼン環を有する化合物Aがある。化合物Aは塩基性物質であり，不斉炭素原子を有していた。化合物Aの1.21 gに，Aと同じ物質量の無水酢酸を加えて十分に反応させると，化合物Bと化合物Cとなった。得られた化合物Bと化合物Cの混合物をジエチルエーテルに溶解し，この溶液を水酸化ナトリウム水溶液の入った分液ロートに入れてよくふりまぜたところ，化合物Bはジエチルエーテル層に，化合物Cは水層に移行した。**問１**，**２**に答えよ。原子量は，H = 1.0　C = 12　N = 14　O = 16とする。

問１　化合物Aの構造式を記せ。不斉炭素原子には＊印をつけること。

問２　化合物B，Cの構造式及び質量〔g〕をそれぞれ記せ。

（2015　日本女子）

解答

［Ⅰ］**問１**A　CH_3–(ベンゼン環)–NH_2　　B　CH_3–(ベンゼン環)–$N^+{\equiv}NCl^-$

C　CH_3–(ベンゼン環)–N=N–(ベンゼン環)–OH

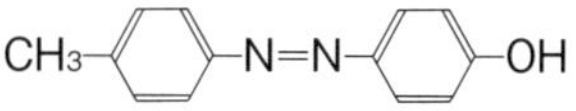

問２A→B　ジアゾ化　　B→C　（ジアゾ）カップリング

［Ⅱ］**問１**　(ベンゼン環)–C*H(NH_2)–CH_3

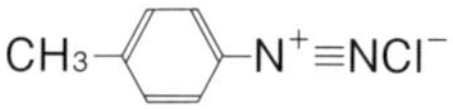

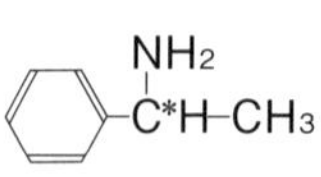

問２B　(ベンゼン環)–CH(CH_3)–NH–C(=O)–CH_3，1.63 g

C　CH_3–C(=O)–OH，6.0×10^{-1} g

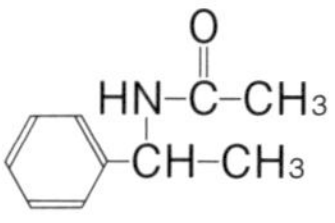

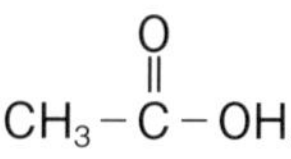

[解説]

［Ⅰ］ C_7H_9N の不飽和度 Iu は，$Iu = \dfrac{(2\times7+2+1)-9}{2} = 4$

ここで，A は芳香族アミン，かつ分子式より，ベンゼン環を 1 つ含む。そのため，不飽和度 4 はそのベンゼン環 1 つにすべて含まれ，あとはすべて鎖式単結合のみである。よって，側鎖はすべて単結合（鎖式飽和）でかつアミノ基 $-NH_2$ を 1 つもつことがわかる。よって，以下の 4 種類の構造が考えられるが，このうち，ベンゼン環上の H 原子 1 つを Br 原子で置換して生成物が 2 種類であることから（↑は Br 原子の置換する位置），A は *p* 体の芳香族アミンに決まる。

CH_2-NH_2 ⇩ 3種類　　CH_3, NH_2 ⇩ 4種類　　CH_3, NH_2 ⇩ 4種類　　Ⓐ CH_3, NH_2 ⇩ 2種類

また，A に $NaNO_2$ と HCl 水溶液を作用させると，ジアゾニウム塩である B が生じる，さらにナトリウムフェノキシド水溶液を加えるとアゾ基 $-N=N-$ をもつ C が沈殿する。

Ⓐ $CH_3-C_6H_4-NH_2$（問1）$\xrightarrow[\text{ジアゾ化（問2）}]{NaNO_2,\ HClaq}$ Ⓑ $CH_3-C_6H_4-N^+\equiv NCl^-$（問1）

$\xrightarrow[\text{カップリング（問2）}]{C_6H_5ONa}$ Ⓒ $CH_3-C_6H_4-N=N-C_6H_4-OH$↓（橙赤）（問1）

※この反応は，アニリンをジアゾ化し塩化ベンゼンジアゾニウムを作り，それにナトリウムフェノキシドの水溶液を作用させて *p*−フェニルアゾフェノール（*p*−ヒドロキシアゾベンゼン）を合成する経路に照らし合わせると理解しやすい。

［Ⅱ］ **問 1**　$C_8H_{11}N$ の不飽和度 Iu は，$Iu = \dfrac{(2\times8+2+1)-11}{2} = 4$

ここで，化合物 A はベンゼン環をもち，塩基性であるため，芳香族アミンである。また，不斉炭素原子 C^* をもつため，化合物 A は以下の構造に決まる。

$$\mathrm{H-C^{*}(CH_3)(C_6H_5)-NH_2}$$

問2　化合物Aに無水酢酸$(CH_3CO)_2O$を作用させると，次式のように反応し，酢酸CH_3COOHが生じる。ここにNaOH水溶液を加えると，CH_3COOHは中和して塩(イオン)となり溶解する。よって，化合物Cが酢酸CH_3COOHであり，化合物Bは生じたアミドである(アミド結合$-NHCO-$は強く，NaOH水溶液を加えても加熱しないと切断されない)。

$$\text{Ⓐ}\ \mathrm{C_6H_5-CH(CH_3)-NH-H} + \underset{\text{無水酢酸}}{\mathrm{O(COCH_3)_2}} \longrightarrow \text{Ⓑ}\ \mathrm{C_6H_5-CH(CH_3)-NH-CO-CH_3} + \text{Ⓒ}\ \underset{\text{酢酸}}{\mathrm{CH_3-CO-OH}}$$

また，化合物A(＝121)1.21gから生じる化合物B(＝163)と化合物C(＝60)の質量を，それぞれx〔g〕，y〔g〕とおくと，上式より，

化合物A〔mol〕：化合物B〔mol〕：化合物C〔mol〕＝1：1：1

$$\Leftrightarrow \frac{1.21〔\mathrm{g}〕}{121〔\mathrm{g/mol}〕} : \frac{x〔\mathrm{g}〕}{163〔\mathrm{g/mol}〕} : \frac{y〔\mathrm{g}〕}{60〔\mathrm{g/mol}〕} = 1:1:1$$

$$\therefore\ x = \underline{1.63}〔\mathrm{g}〕,\ y = \underline{6.0\times10^{-1}}〔\mathrm{g}〕$$

$C_8H_{11}N$のアミンの異性体

本問は異性体を書き出さずとも，C原子数と$-NH_2$と不斉炭素原子C^*の存在で化合物Aの構造はすぐに特定できたが，ここでは$C_8H_{11}N$の異性体を数え上げる手法に触れておく。

[第一級アミン]

$C_8H_{10}O$の$-OH$をもつ芳香族化合物の異性体と同様に考える(⇨P.149)。対称軸の片側のC原子間のみに，$-NH_2$の結合箇所に↑を記す(H原子を省略し，不斉炭素原子をもつときには＊を付記する)。下記より，第一級アミンの構造異性体は11種類ある。

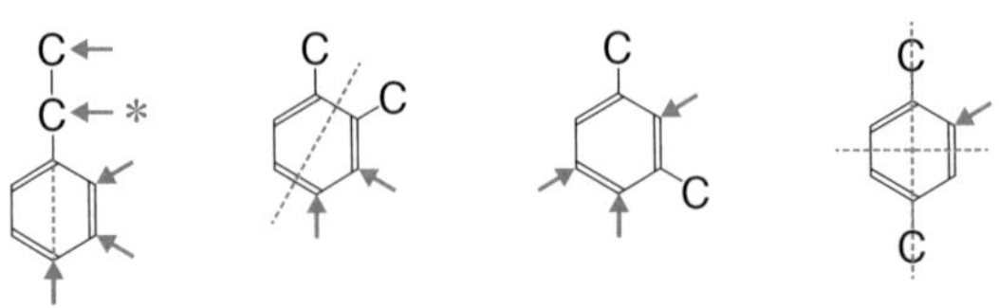

問 2　第二級アミンと第三級アミンに分けて数え上げていく。

[第二級アミン]

対称軸の片側の C 原子間のみに，－NH－の挿入箇所に↑を記す(H 原子を省略)。下記より，第二級アミンの構造異性体は 5 種類ある。

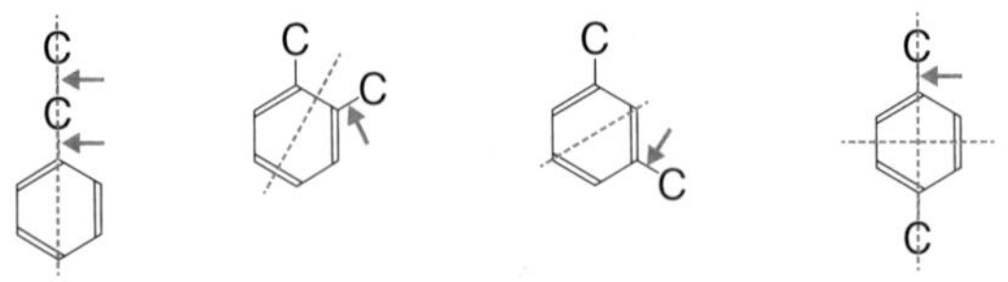

[第三級アミン]

N 原子の 3 本の結合にベンゼン環と C 原子 2 つをそれぞれつなげた化合物 1 種類がある(H 原子は省略)。

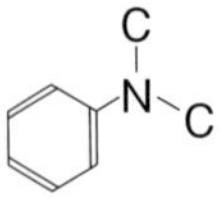

テーマ

11 アミノ酸

フレーム 11

◎アミノ酸とは

⇨ 分子内にカルボキシ基 $-COOH$ とアミノ基 $-NH_2$ の両方をもつもの。

⇨ 構造推定で出題されるものはほとんどが α－アミノ酸(1 つの C 原子に $-COOH$ と $-NH_2$ の両方が結合したもの)のため，骨格はある程度決まっている。

⇨ **α－アミノ酸の構造推定は側鎖 R を決めることにある。**

◎異性体の絞り込みの 2 パターン

パターン 1 分子量から決定する。

⇨ α－アミノ酸の共通部分の式量 $-\underset{\substack{|\\NH_2}}{CH}-COOH$(＝ 74)を分子量から引くと，側鎖部分の式量が出る。

パターン 2 分子式から決定する。

[解法Ⅰ] α－アミノ酸の共通部分の原子($C_2H_4NO_2$)を分子式から差し引くと，側鎖部分の原子の種類とその数が求まる。

⇨ 側鎖 R ＝ $C_xH_yO_z$(分子式) － $C_2H_4NO_2$(共通部分)

[解法Ⅱ] (グリシンとアラニン以外は)アラニンの分子式 $C_3H_7NO_2$ を差し引くと側鎖の官能基が絞りやすい。

⇨ 以上の 2 つの解法では，確かに原子の組み合わせで異性体を考えることができるが，そもそも α－アミノ酸という制約の中では，側鎖はほぼ一通りに決まる。(例外：ロイシンとイソロイシンは異性体の関係にある。)

⇨ 側鎖 R ＝ $C_xH_yO_z$(分子式) － $C_3H_7NO_2$(アラニン) ＋ CH_3

◎呈色反応

	反応名	試 薬	結 果
フェニルアラニン	キサントプロテイン反応	濃硝酸 HNO_3	黄 色
チロシン	キサントプロテイン反応	濃硝酸 HNO_3	黄 色
システイン	－	NaOH 水溶液＋ 酢酸鉛(Ⅱ)$Pb(CH_3COO)_2$ 水溶液	黒色沈殿(PbS)の生成

実践問題　　1回目　2回目　3回目

目標：12分　実施日：　／　　／　　／

計算を行う場合，必要ならば次の値を用いよ。

原子量　H：1.00　C：12.0　N：14.0　O：16.0

［Ⅰ］ 次の問いに答えよ。

分子量が290で，アミノ酸3つから成るペプチドがあった。元素分析したところ，このペプチドの組成は，水素7.6％，炭素45.5％，窒素19.3％，酸素27.6％であった。このペプチドを適当な酸で加水分解したところ，得られた3つのアミノ酸A，B，C，のうちAはリシン($C_6H_{14}N_2O_2$)であり，Bには光学異性体が存在しなかった。残りのアミノ酸Cの分子式として最も適当なものを次の①～⑥の中から一つ選べ。

① $C_2H_5NO_2$　② $C_2H_5NO_3$　③ $C_3H_7NO_2$　④ $C_3H_7NO_3$

⑤ $C_4H_7NO_4$　⑥ $C_4H_9NO_3$

（2003　順天堂大・医）

［Ⅱ］ 次の文章を読み，**問1～問3**に答えよ。

生命の根源をなす重要な物質の1つである［A］は，［B］が［C］反応によってつながり合った高分子化合物である。［B］どうしのアミド結合を特に［D］結合という。［A］を加熱したり，その水溶液に重金属イオンを加えたりすると，［E］して凝固するものが多い。［B］は，次の構造式(Rは水素原子や炭化水素基等を示す)で示され，グリシン(R＝H)以外はL体とD体の［F］異性体が存在する。

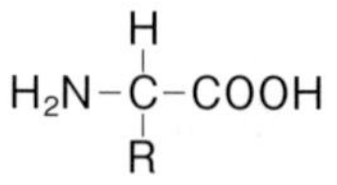

```
      H
      |
H2N - C - COOH
      |
      R
```

問 1　[A] ～ [F] にあてはまる語句を a)～ t)からそれぞれ選べ。同じ選択肢を何度用いてもよい。正解がない場合は u を記せ。

a）タンパク質　b）炭水化物　c）セルロース　d）多糖類
e）ナイロン　f）イオン　g）変性　h）延性
i）共有　j）水和　k）α－グルコース　l）α－アミノ酸
m）スクロース　n）ペプチド　o）置換　p）縮合
q）脱離　r）構造　s）同族　t）光学

問 2　[B] を検出する反応を a)～ e)から選べ。正解が複数ある場合，あるいは正解がない場合は f を記せ。

a）キサントプロテイン反応　b）ヨウ素デンプン反応
c）ビウレット反応　d）ニンヒドリン反応　e）フェーリング反応

問 3　炭素，水素，酸素，窒素原子のみを含む分子量 165 以下の [B] の元素分析値は，質量百分率で炭素 51.3 %，水素 9.6 %，窒素 12.0 %であった。この化合物の分子式を求めたところ，$C_wH_xO_yN_z$ となった。w，x，y，z に最も近い整数を A 群の a)～ o)からそれぞれ選べ。同じ選択肢を何度用いてもよい。また，ここで求めた分子式から，構造式の R にあてはまる官能基を B 群の a)～ e)から選べ。正解がない場合は f を記せ。

A 群
a）0　b）1　c）2　d）3　e）4　f）5　g）6　h）7
i）8　j）9　k）10　l）11　m）12　n）13　o）14 以上

B 群
a）$-CH_3$　b）$-CH(CH_3)-CH_3$（$-CH-CH_3$ の CH に CH_3 が結合）　c）$-CH_2-$（ベンゼン環）

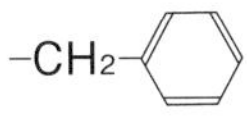

d）$-CH_2-COOH$　e）$-(CH_2)_4NH_2$

（2008 上智）

解答

［Ⅰ］ ④

［Ⅱ］**問１** A a)　B l)　C p)　D n)　E g)　F t)

問２ d)

問３ A群 w f)　x l)　y c)　z b)

B群 b)

［解説］

［Ⅰ］ このペプチドの分子式中の各原子の個数は以下のように求められる。

$$\text{C 原子数}：\frac{290\times\frac{45.5}{100}}{12}\fallingdotseq 11〔個〕\qquad \text{H 原子数}：\frac{290\times\frac{7.6}{100}}{1}\fallingdotseq 22〔個〕$$

$$\text{N 原子数}：\frac{290\times\frac{19.3}{100}}{14}\fallingdotseq 4〔個〕\qquad \text{O 原子数}：\frac{290\times\frac{27.6}{100}}{16}\fallingdotseq 5〔個〕$$

よって，このペプチドの分子式は $C_{11}H_{22}N_4O_5$ となる。また，このペプチドの加水分解反応は次式のように表される（アミノ酸が３分子得られたため，このペプチド１分子中にはペプチド結合が２つ含まれており，加水分解反応の H_2O の係数は２となる）。なお，アミノ酸Ｂには光学異性体が存在しないことからグリシン（$C_2H_5NO_2$）であることがわかる。

$$C_{11}H_{22}N_4O_5+2H_2O \longrightarrow {}^{Ⓐ}C_6H_{14}N_2O_2+{}^{Ⓑ}C_2H_5NO_2+\boxed{\text{アミノ酸C}}$$

ここで，化学反応の前後での原子の種類とその個数は変わらない（原子保存の法則）から，アミノ酸Ｃの分子式は，$(C_{11}H_{22}N_4O_5 + 2H_2O) - (C_6H_{14}N_2O_2 + C_2H_5NO_2) = C_3H_7NO_3$（④）と求まる。

［Ⅱ］ **問２** α－アミノ酸を検出する反応は，アミノ基－NH_2 の検出に用いるd)ニンヒドリン反応である。なお, a)キサントプロテイン反応はアミノ酸のR（側鎖）にベンゼン環をもつ場合（もしくはそのアミノ酸を含むペプチド）にのみ用いる検出反応である。b)ヨウ素デンプン反応はデンプンやグリコーゲンを，c)ビウレット反応はトリペプチド（３分子のアミノ酸からなるもの）以上を，e)フェーリング反応は還元性をもつ物質（アルデヒドなど）を検出する反応である。

問3　元素分析値から，

$$w:x:y:z=\frac{51.3}{12}:\frac{9.6}{1}:\frac{100-(51.3+9.6+12.0)}{16}:\frac{12.0}{14}$$

$$\fallingdotseq 4.27:9.6:1.69:0.857$$

$$\fallingdotseq 5:11:2:1$$

÷0.857

1番小さい値で全体を割る。

よって，組成式は $C_5H_{11}O_2N$ となる。

また，分子量が165以下なので，

$(C_5H_{11}O_2N)_n \leqq 165$

$\Leftrightarrow\quad 117\times n\leqq 165 \qquad \therefore\quad n=1$

以上より，分子式は $\underline{C_5H_{11}O_2N}$ となる。

また，側鎖Rに含まれる原子は，

$R=C_5H_{11}O_2N-C_2H_4O_2N=C_3H_7$

よって，選択肢中の構造で，この原子数の組み合せに該当するのは

b) $-CH(CH_3)_2$ である。

アルケン

フレーム 12

◎アルケンとは

⇨ 炭素間二重結合 C=C をもつ炭化水素。

◎異性体の書き出しステップ

Step1 炭素骨格を書き出す(連鎖異性体)。

Step2 対称軸を引く。

Step3 対称軸の片側の炭素間単結合 C−C のみ,「C=C にする」or「C=C にする箇所に↑を記す」(位置異性体)。

※ H 原子は省略し,幾何(シス−トランス)異性体が存在する場合は ㊇,不斉炭素原子をもつ場合には＊を付記しておくと推定の際に便利である。

［例 1］ C_4H_8 で表されるアルケン

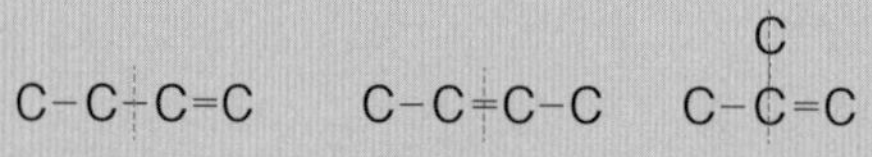

C−C−C=C　　C−C=C−C　　C−C(C)=C

［例 2］ C_5H_{10} で表されるアルケン

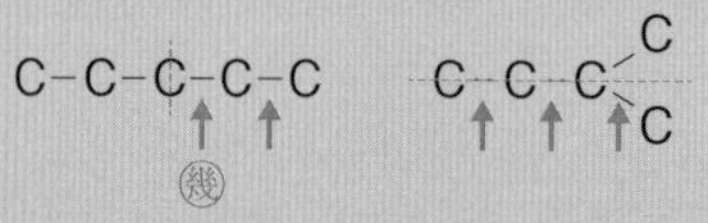

C−C−C−C−C (↑ ↑, ㊇)　　C−C−C(C)−C (↑ ↑ ↑)

※㊇で記した場合の幾何異性体

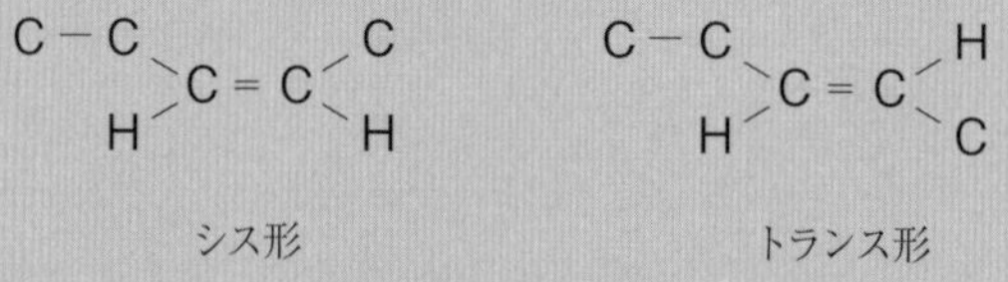

C−C(H)C=C(C)(H)　　C−C(H)C=C(H)(C)

シス形　　トランス形

◎アルケンの分解(酸化開裂)

⇨ 適切な酸化剤を用いることで C=C を切断し,2 つのカルボニル化合物を生じる(次ページ上図)。

⇨ 分解生成物を特定することで,分解前のアルケンの構造を推定する。

$$\begin{matrix} R_1 \\ R_2 \end{matrix}\!\!>\! C=C \!<\!\!\begin{matrix} R_3 \\ R_4 \end{matrix} \xrightarrow{\text{酸化開裂}} \begin{matrix} R_1 \\ R_2 \end{matrix}\!\!>\! C=O + O=C \!<\!\!\begin{matrix} R_3 \\ R_4 \end{matrix}$$

※ R_1～R_4＝H 原子または炭化水素$-C_mH_n$

◎二重結合の位置の特定のポイント

①ホルムアルデヒド H$-$CHO の生成

⇨ C 骨格の末端に C＝C あり。

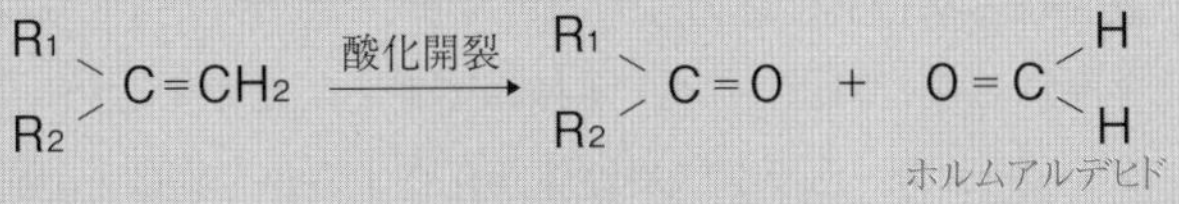

$$\begin{matrix} R_1 \\ R_2 \end{matrix}\!\!>\! C=CH_2 \xrightarrow{\text{酸化開裂}} \begin{matrix} R_1 \\ R_2 \end{matrix}\!\!>\! C=O \;+\; \underset{\text{ホルムアルデヒド}}{O=C \!<\!\!\begin{matrix} H \\ H \end{matrix}}$$

②ケトンの生成

⇨ C 骨格の枝分かれ部位に C＝C あり。

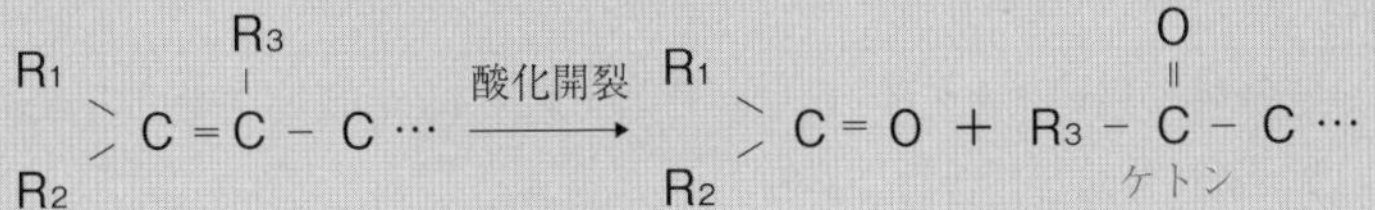

$$\begin{matrix} R_1 \\ R_2 \end{matrix}\!\!>\! C=\overset{\overset{R_3}{|}}{C}-C\cdots \xrightarrow{\text{酸化開裂}} \begin{matrix} R_1 \\ R_2 \end{matrix}\!\!>\! C=O + \underset{\text{ケトン}}{R_3-\overset{\overset{O}{\|}}{C}-C\cdots}$$

③生成物が 1 種類

パターン 1　C 骨格の対称軸に C＝C あり。

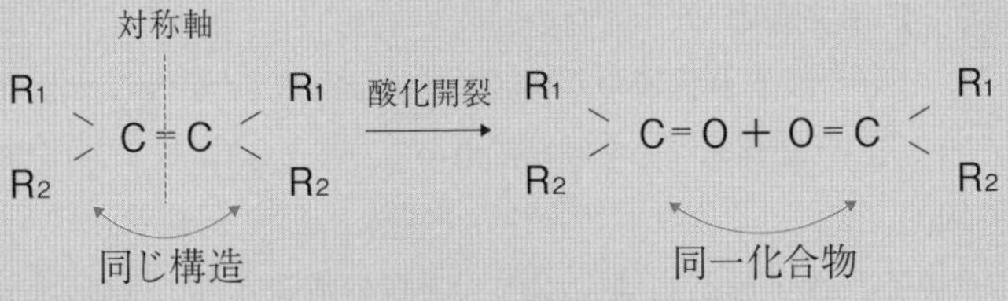

対称軸

$$\begin{matrix} R_1 \\ R_2 \end{matrix}\!\!>\! C=C \!<\!\!\begin{matrix} R_1 \\ R_2 \end{matrix} \xrightarrow{\text{酸化開裂}} \begin{matrix} R_1 \\ R_2 \end{matrix}\!\!>\! C=O + O=C \!<\!\!\begin{matrix} R_1 \\ R_2 \end{matrix}$$

同じ構造　　　　　　同一化合物

パターン 2　C＝C を含んだ環状構造あり。

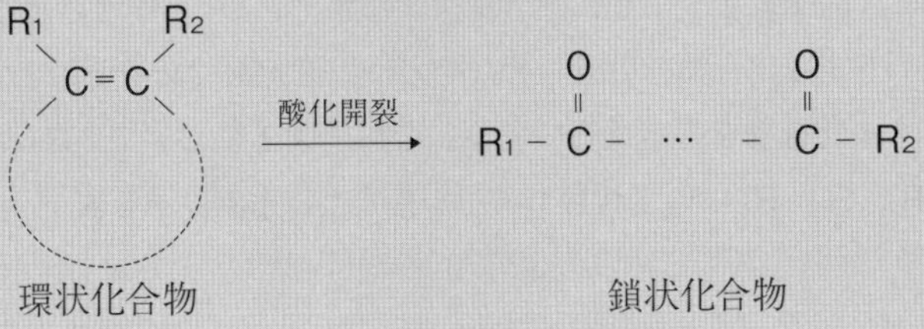

$$\underset{\text{環状化合物}}{\overset{R_1\quad R_2}{C=C}\ (\text{環})} \xrightarrow{\text{酸化開裂}} \underset{\text{鎖状化合物}}{R_1-\overset{\overset{O}{\|}}{C}-\cdots-\overset{\overset{O}{\|}}{C}-R_2}$$

実践問題　　　　1回目　2回目　3回目

目標：20分　実施日：　／　　／　　／

［Ⅰ］　次の文の ＿＿ に入れるのに最も適当なものを 解答群 から選び，その記号を記しなさい。また，(　　　)には下記の記入例にならって構造式を記しなさい。

構造式の記入例　　$CH_3-CH_2-C(CH_3)=CH-CH(CH_3)-CH=CH_2$

分子式 C_5H_{10} で表される構造異性体のうち，アルケンは，シス－トランス異性体(幾何異性体)を区別しなければ， (1) 種類である。また，この (1) 種類の構造異性体のうち，シス－トランス異性体が存在する化合物は (2) 種類である。

次に，このアルケン C_5H_{10} の (1) 種類の構造異性体のうち，化合物A，B，Cの構造について考えてみよう。A，B，Cについては次の(a)～(d)のことがわかっている。

(a)　白金を触媒に用い，A，B，Cそれぞれを水素 H_2 と反応させて得られるアルカンはいずれも同じ化合物である。

(b)　Aをオゾン分解すると，2種類のカルボニル化合物D，Eが得られる。D，Eはいずれも銀鏡反応を示す。

(c)　Bをオゾン分解すると，Aのオゾン分解で得られるDとカルボニル化合物Fが得られる。Fは銀鏡反応を示さない。

(d)　Cをオゾン分解すると，2種類のカルボニル化合物G，Hが得られる。Gは，塩化パラジウム(Ⅱ)と塩化銅(Ⅱ)を触媒に用いて，エテン(エチレン)を酸化しても得られる。

これらのことから，Aの構造式は(　(3)　)，Bの構造式は(　(4)　)，Cの構造式は(　(5)　)である。

オゾン分解とは，図1に示すように，アルケンにオゾン O_3 を作用させてオゾニドとよばれる不安定な化合物を生成させ，その後，還元剤である亜鉛 Zn を作用させてカルボニル化合物を得る反応である。なお，図1において，R_1 はアルキル基を表し，R_2，R_3，R_4 はいずれもアルキル基または水素原子を表す。

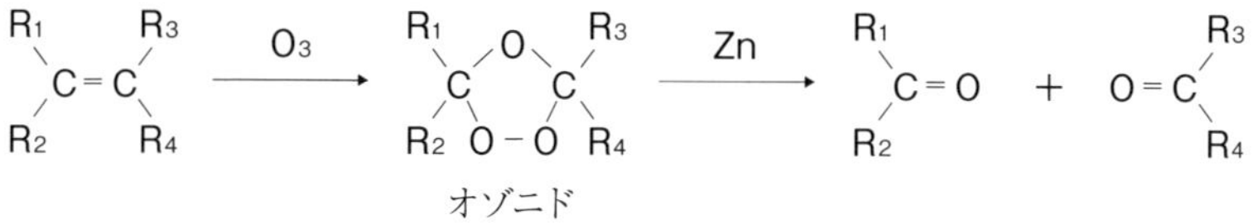

$$R_1R_2C{=}CR_3R_4 \xrightarrow{O_3} \text{オゾニド} \xrightarrow{Zn} R_1R_2C{=}O + O{=}CR_3R_4$$

図1

解答群

（ア） 1　（イ） 2　（ウ） 3　（エ） 4　（オ） 5　（カ） 6
（キ） 7　（ク） 8

（2019　関西）

［Ⅱ］ 次の文を読んで，**問1**～**問3**に答えよ。構造式を記入するときは，記入例にならって記せ。なお，構造式の記入に際し不斉炭素原子の立体化学は考慮しなくてよい。

構造式の記入例

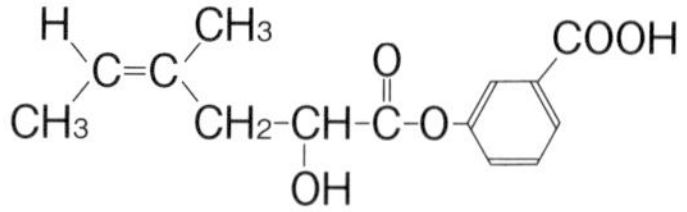

$$\text{H(CH}_3\text{)C=C(CH}_3\text{)-CH}_2\text{-CH(OH)-C(=O)-O-C}_6\text{H}_4\text{-COOH}$$

環状構造を1つだけ持つ芳香族炭化水素A，B，C，D，Eの分子式はC_9H_{10}であり，水素の付加反応により分子式C_9H_{12}の化合物F，G，Hのいずれかを与えた。化合物A，B，Cからは同一の化合物Fが生成し，化合物BとCは互いに幾何異性体の関係にある。化合物Gは化合物Dから生じ，フェノールの工業的生産に利用される化合物として知られている。化合物Hを与える化合物Eは，適切な条件下において酸化すると化合物Iとギ酸に分解され，さらに化合物Iは触媒を用いて空気酸化することによりPET樹脂の原料となるジカルボン酸Jに変換された。

問1 分子式がC_9H_{10}の芳香族炭化水素で，化合物A，B，C，D，Eのように環状構造を1つだけ持つ化合物は他にいくつあるか答えよ。

問2 化合物Gの化合物名を記せ。

問3 化合物AおよびEの構造式を記せ。

（2011　京都 改）

解答

［Ⅰ］(1)　(オ)　　(2)　(ア)　　(3)

$$\begin{array}{c} \quad CH_3 \\ \quad | \\ CH_3-CH-CH=CH_2 \end{array}$$

(4)

$$\begin{array}{c} CH_3 \\ | \\ CH_2=C-CH_2-CH_3 \end{array}$$

(5)

$$\begin{array}{c} CH_3 \\ | \\ CH_3-C=CH-CH_3 \end{array}$$

［Ⅱ］**問1**　2個　　**問2**　クメン

問3A　$H_2C=CH-CH_2-C_6H_5$（構造式）　　E　$H_2C=CH-C_6H_4-CH_3$（パラ位，構造式）

[解説]

［Ⅰ］(1)，(2)　C_5H_{10} の不飽和度 Iu は，$Iu = \frac{(2 \times 5 + 2) - 10}{2} = 1$

アルケンは C=C を1つもち，不飽和度1はこの構造に含まれる。よって，シス－トランス異性体を区別しない場合，構造異性体は以下の(1)5種類である。

C−C−C−C=C　　C−C−C=C−C
（シス－トランスあり）

$$\begin{array}{ccc} \quad C & \quad C & \quad C \\ \quad | & \quad | & \quad | \\ C-C-C=C & C-C=C-C & C=C-C-C \end{array}$$

このうち，シス－トランス異性体が存在するものは，2－ペンテンの(2)1種類である。

(3)〜(5)　(a)より，A，B，C に H_2 を付加させて生じるアルカンが同一化合物であることから，A，B，C はすべて同じ C 骨格であることがわかる。

[A について]

(b)より，A をオゾン分解して生じる2種類のカルボニル化合物 D，E はともに銀鏡反応を示すことから，いずれもアルデヒドである。つまり，A は C 骨格に枝分かれがない部分に C=C があり，そこで切断されたことがわかる（⇨ P.175）。

(c)より，B をオゾン分解して生じるカルボニル化合物 F が銀鏡反応を示さなかったことから，F はケトンである。ここから，B の C 骨格に枝分かれがある部分に C=C があり，そこで切断されたことがわかる（⇨ P.175）。

つまり，同じC骨格であるAにもC骨格に枝分かれがある。以上より，Aは以下の構造に決まる。

Ⓐ (3) $CH_2=CH-CH(CH_3)-CH_3$ —オゾン分解→ $(H)_2C=O + O=C(H)-CH(CH_3)-CH_3$

[Bについて]

(c)より，Bをオゾン分解して生じるカルボニル化合物Fがケトンであり，BのC骨格に枝分かれがある部分にC=Cがある。また，Aをオゾン分解して生じるDがBの分解からも生じることから，Bは以下の構造に決まる。

Ⓑ (4) $CH_3-CH_2-C(CH_3)=CH_2$ —オゾン分解→ Ⓕ $CH_3-CH_2-C(CH_3)=O$ + Ⓓ $O=C(H)_2$

[Cについて]

消去法により，Cは以下の構造に決まる。なお，Cをオゾン分解して生じるカルボニル化合物Gは，エチレン$CH_2=CH_2$を酸化しても得られることから，アセトアルデヒドCH_3-CHOであることがわかる。

Ⓒ (5) $CH_3-CH=C(CH_3)-CH_3$ —オゾン分解→ Ⓖ $CH_3-C(H)=O$ + Ⓗ $O=C(CH_3)-CH_3$

［Ⅱ］ **問1** C_9H_{10}の不飽和度Iuは，$Iu=\dfrac{(2\times9+2)-10}{2}=5$

題意より，A～Eは環状構造を1つだけ持つ芳香族化合物であり，(C原子数から)ベンゼン環を1つ含む。そのため，不飽和度4はそのベンゼン環1つに含まれる。また，H_2が付加することから，側鎖にC=Cを1つ(残りの不飽和度1)を持つことがわかる。以上より，C_9H_{10}には，幾何(シス－トランス)異性体を含め，以下の7種類の異性体が存在する(H原子省略)。

C−C=C (ベンゼン環に結合)　C=C−C (ベンゼン環に結合)(シス－トランスあり)　C−C(=C) (ベンゼン環に結合)　C=C と C (オルト位)　C=C と C (メタ位)　C=C と C (パラ位)

よって，化合物A～Eの5種類以外に環状構造を1つだけ持つ芳香族化合物C_9H_{10}は，7−5 = 2〔個〕ある。

問2，3 [化合物B，Cについて]

化合物BとCは幾何(シス－トランス)異性体の関係にあることから，以下の構造に決まる(BとCのどちらがシス形でどちらがトランス形かの確定は不可)。

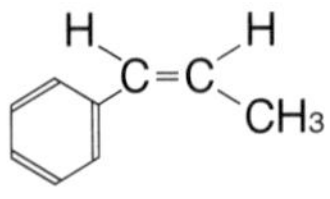

(シス形) 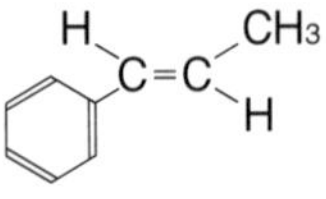　(トランス形)

[化合物A，Fについて]

化合物A, B, CにH_2を付加すると同一化合物Fが生じることから, 化合物A, B，Cは同一C骨格だとわかる(C＝Cの位置が異なる位置異性体の関係)。化合物BとCの構造がすでに決まっていることから，化合物AとFは以下の構造に決まる。

Ⓐ $CH_2-CH=CH_2$ 　$\xrightarrow[\text{付加}]{H_2}$　Ⓕ $CH_2-CH_2-CH_3$

問3

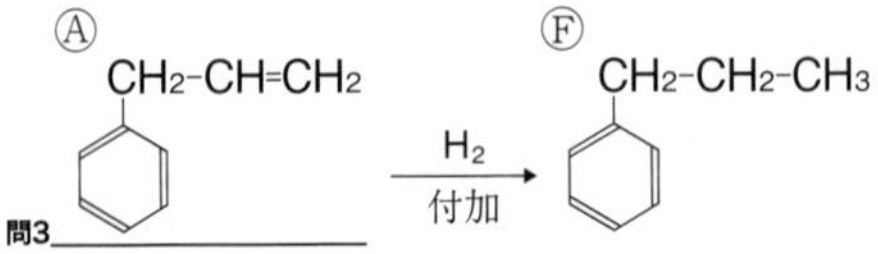

[化合物D，Gについて]

化合物G(分子式C_9H_{12})はフェノールの工業的生産に利用されるとあるので，問2 クメンであることがわかる。よって，化合物DとGは以下の構造に決まる。

Ⓓ $CH_3-C=CH_2$ 　$\xrightarrow[\text{付加}]{H_2}$　Ⓖ $CH_3-CH-CH_3$

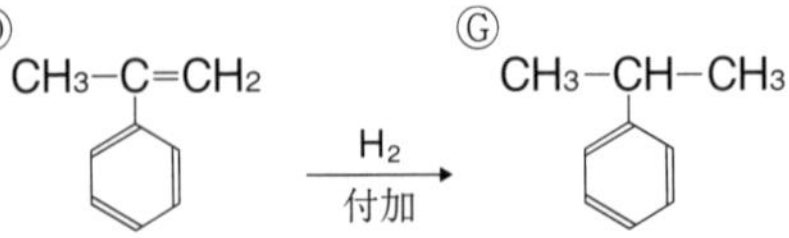

[化合物E，H，I，Jについて]

化合物Iを酸化して得られるジカルボン酸JはPET樹脂の原料となることから，テレフタル酸であることがわかる。よって，化合物Iはp－体であり，酸化分解前の化合物Eもp－体であることがわかる。以上より，化合物E，H，I，Jは以下の構造に決まる。

Ⓔ $CH_3-C_6H_4-CH=CH_2$ 　酸化開裂→　Ⓘ $CH_3-C_6H_4-CHO$ ＋ $HCHO$ (ホルムアルデヒド)

問3

↓

Ⓗ $CH_3-C_6H_4-CH_2-CH_3$

↓酸化　Ⓙ $HOOC-C_6H_4-COOH$ テレフタル酸

↓酸化　($H-CO-OH$) ギ酸

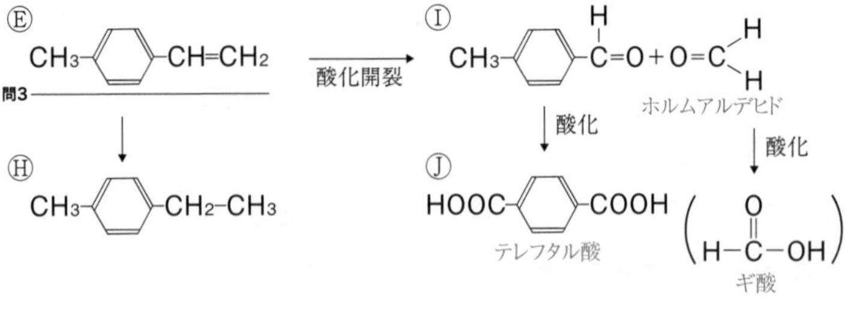

テーマ 13 エーテル①(オリゴ糖)

フレーム 13

◎オリゴ糖とは

⇨　単糖類どうしが縮合重合により**グリコシド結合**(エーテル結合の一種)で数個つらなったもの。

◎構造決定の概要

⇨　構成している単糖が何で，いくつ，何位のC原子でグリコシド結合しているかを割り出すことで決定する。

⇨　シクロデキストリン※の構造決定につながる。

※デキストリン…デンプンを加水分解して生じるデンプンとマルトースの中間の低分子量のオリゴ糖(厳密には多糖類に分類される)。

◎構造決定の方針

①**単糖類の種類**…グリコシド結合を加水分解して生じる単糖類を決定。ほとんどが六単糖 $C_6H_{12}O_6$(特にグルコース)。

②**単糖どうしの結合位置**…還元性の有無(ヘミアセタール構造が残っているか否か)。

③**構成単糖の個数**…分子量測定を中心とした定量実験。

実践問題　　1回目　2回目　3回目

目標：25分　実施日：　／　　／　　／

［I］　次の文を読んで，**問1～問2**に答えよ。

A, B, C, D, Eの5種類の二糖があり，分子式はいずれも $C_{12}H_{22}O_{11}$ である。二糖A，B，Cは二つの同じ単糖Xが脱水縮合したもので，二糖D，Eは2種類の単糖が脱水縮合したものである。二糖Aはアミロースをアミラーゼで，二糖Bはセルロースをセルラーゼで加水分解したときに生じる。

α型の単糖Xの構造を図1に示す。図1で「＊」をつけた炭素原子を1位として，その隣の炭素原子から順に2位，3位，4位，5位，6位と呼ぶ。二糖Cは，環状構造となった二つのα型の単糖Xの1位の炭素原子に結合したヒドロキシ基どうしが脱水縮合したものであり，トレハロースと呼ばれる。

単糖Xの4位の炭素原子に結合したヒドロキシ基の方向のみが逆になった異性体は，ガラクトースと呼ばれる。二糖Dは，β型のガラクトースの1位の炭素原子に結合したヒドロキシ基と，単糖Xの4位の炭素原子に結合したヒドロキシ基が脱水縮合したものであり，ラクトース(乳糖)と呼ばれ乳中に含まれている。二糖Eは砂糖の主成分であり，α型の単糖Xとフルクトース(果糖)が図2のように脱水縮合したものである。

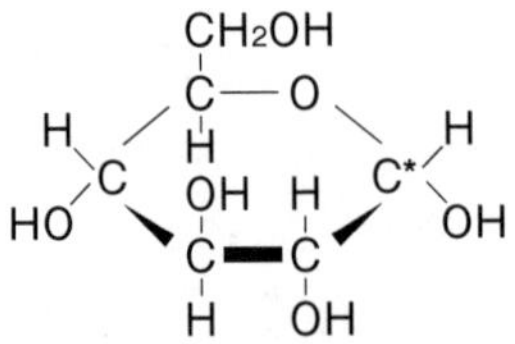

図1　αの単糖X

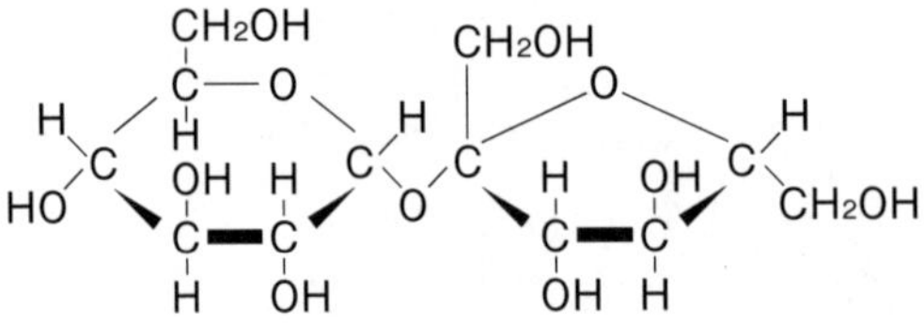

図2　二糖E

問1　β型のガラクトースの構造式を，図1にならって記せ。

問2　二糖の性質について，以下の問いに答えよ。

(1)　二糖A，B，C，D，Eの中から，フェーリング液を還元するものをすべて選び，その記号を記せ。

(2)　(1)で選んだ二糖が還元性を示す理由を簡潔に記せ。

(2007　京都)

[Ⅱ] 以下の文章を読んで，**(1)**～**(3)**の問に答えなさい。計算の答は四捨五入して指定された桁まで求めなさい。必要があれば，原子量をH = 1.0，C = 12.0，O = 16.0として計算しなさい。

(1) 次の文中の［ア］に記号，［イ］，［キ］，［ク］に語句，［ウ］～［カ］，［サ］に数字，［ケ］に整数比，［コ］に分子式を記入しなさい。

図1のように数分子のグルコースが環状に結合した化合物をシクロデキストリンと呼ぶ。何分子のグルコースから構成されるかによって，さまざまな大きさのシクロデキストリンが存在する。図1は6分子のグルコースから構成されるシクロデキストリンAである。シクロデキストリンではグルコースどうしは［ア］－1, 4－グリコシド結合によりつながっている。また，シクロデキストリンの水溶液は還元性を［イ］。

シクロデキストリンAの立体的な形は，図2のように底の抜けたバケツのように見える。シクロデキストリンAの場合，広い方の口には［ウ］個の第［エ］級アルコールのヒドロキシ基が存在し，狭い方の口には［オ］個の第［カ］級アルコールのヒドロキシ基が存在する。

シクロデキストリンの内部は空洞となっており，そこにさまざまな有機化合物を取り込むことができる。ある種のシクロデキストリンBは，図3のように2分子のシクロデキストリンBで1分子のフラーレンC_{60}を取り込んで複合体となることが知られている。これは，シクロデキストリンの空洞の内側が［キ］性になっているため，［キ］性の高いフラーレンC_{60}が取り込まれるためである。一方，シクロデキストリンの［ク］性のヒドロキシ基が外側に存在するために，通常は水に溶けないフラーレンC_{60}を水に溶かすことができるようになる。

図3に示す複合体4.14 mgを完全燃焼させたところ，二酸化炭素が8.58 mg，水が1.80 mg生成した。この複合体の炭素，水素，酸素各原子の数の比は，C：H：O = ［ケ］であり，複合体全体を一つの分子として考えるとその分子式は［コ］で表される。したがって，シクロデキストリンBは［サ］分子のグルコースから構成されていることがわかる。

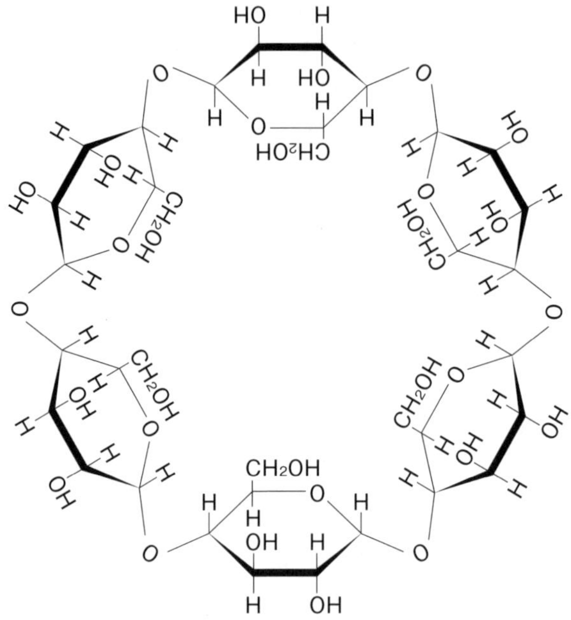

図１　６分子のグルコースから構成されるシクロデキストリン A

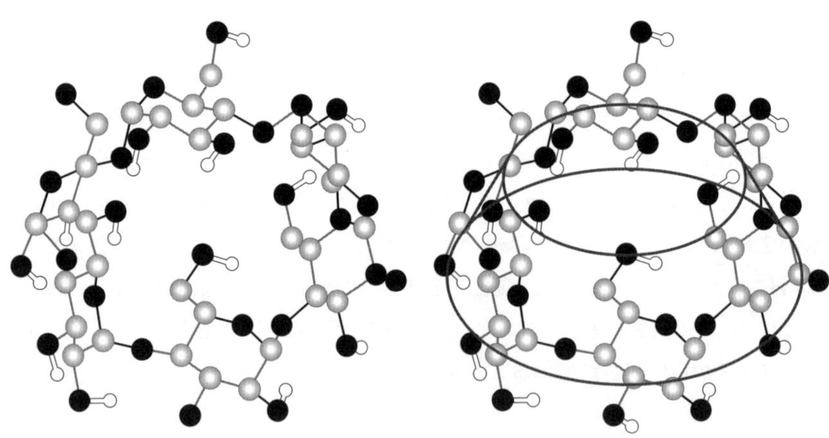

図２　シクロデキストリン A の立体構造（灰色が炭素原子，黒色が酸素原子，小さい球が水素原子。炭素原子に結合した水素原子は省略してある。）

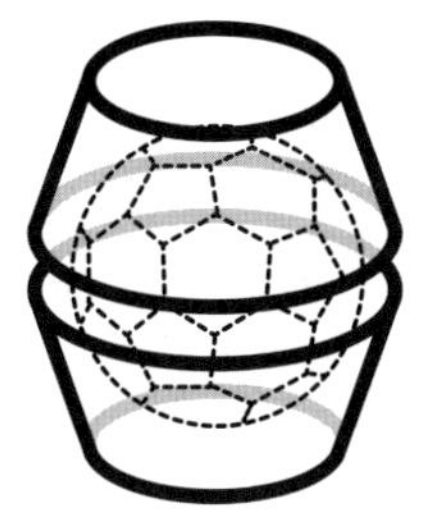

図３　２分子のシクロデキストリンＢと１分子のフラーレン C_{60} からなる複合体
（シクロデキストリンをバケツ型で模式的に表している。）

(2)　シクロデキストリンと同じ種類のグリコシド結合をもつ化合物を以下の選択肢の中からすべて選びなさい。

選択肢：グリコーゲン，セルロース，セロビオース，デンプン，マルトース

(3)　還元性について，シクロデキストリンと同じ性質をもつ化合物を以下の選択肢の中からすべて選びなさい。

選択肢：エタノール，ギ酸，グルコース，酢酸，スクロース，フルクトース

（2011　慶應・薬）

解答

［Ⅰ］**問１**

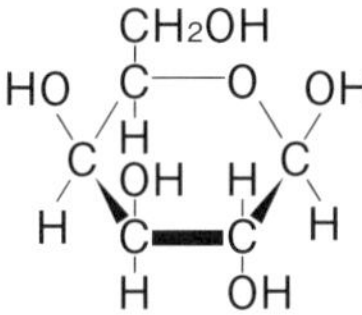

問２(1)　A，B，D

(2)　グルコース単位の１位の炭素原子に結合しているヒドロキシ基がグリコシド結合に使われずヘミアセタール構造が残っているため水溶液中で開環し，ホルミル基を生じるため。

［Ⅱ］**(1)** ア　α　　イ　示さない　　ウ　12　　エ　二　　オ　6　　カ　一

キ　疎水　　ク　親水　　ケ　39：40：20　　コ　$C_{156}H_{160}O_{80}$

サ　8

(2)　グリコーゲン，デンプン，マルトース

(3)　エタノール，酢酸，スクロース

[解説]

［I］ **問1**　本問の図1の単糖Xはα－グルコースである(左下図)。ガラクトースは，このグルコースの4位のC原子に結合した－OHと－Hが逆になった構造である。また，β型にするためには，1位のC原子に結合した－OHと－Hを逆にする。そうすると，β－ガラクトースは右下図のような構造になる。

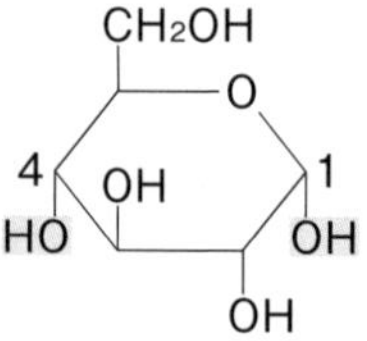

α－グルコース　　β－ガラクトース

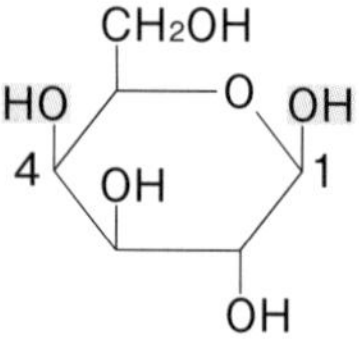

問2　二糖Aはアミロースをアミラーゼで加水分解したときに生じるのでマルトース(麦芽糖)である。また，二糖Bはセルロースをセルラーゼで加水分解したときに生じるのでセロビオースである。二糖Eは砂糖の主成分であり，本問の図2より，スクロース(ショ糖)と決まる。よって，次図のようになる。

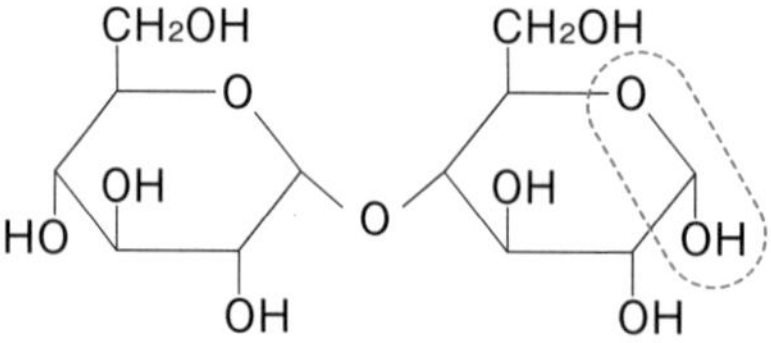

二糖A(マルトース) 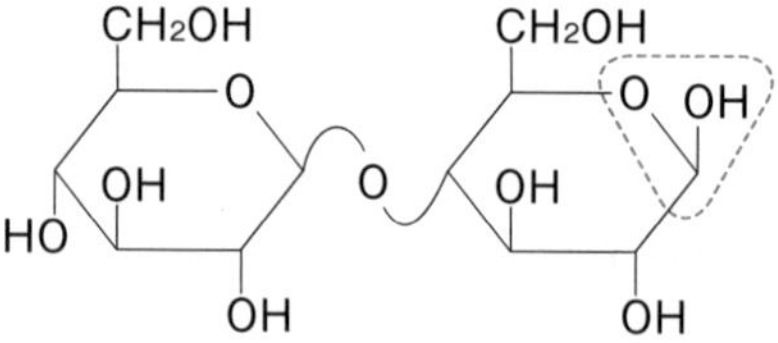　　二糖B(セロビオース)

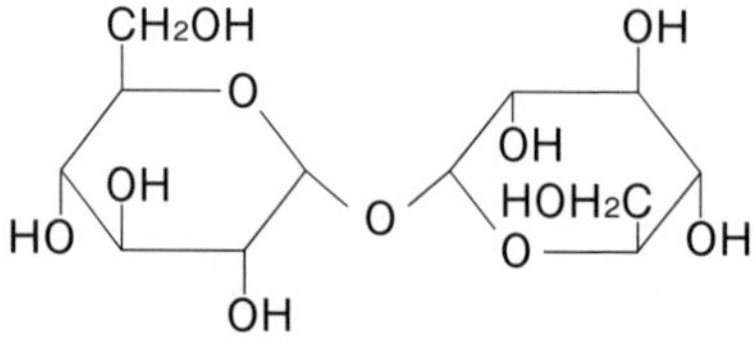

二糖C(トレハロース) 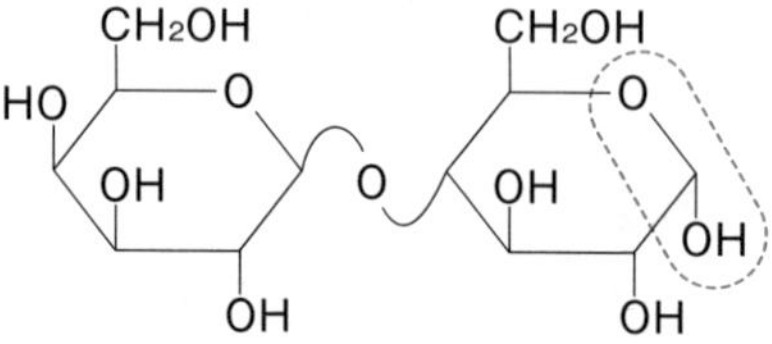　　二糖D(ラクトース)

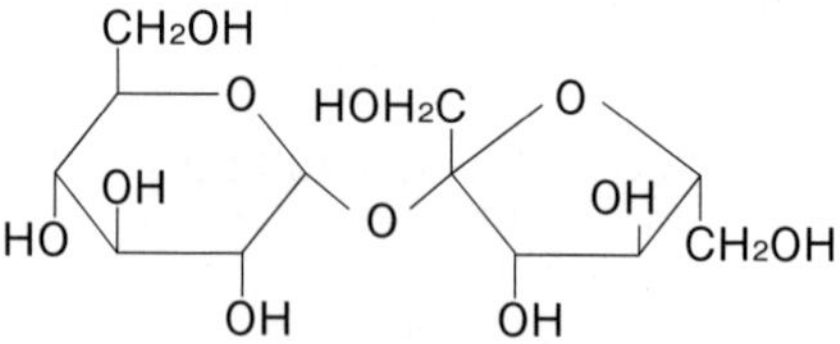

二糖E(スクロース)

なお，フェーリング液を還元するためには，環状構造が開環して－CHO ができなければならない。そして，開環するためにはヘミアセタール構造が残っていなければならず，ヘミアセタール構造(前ページの図の◯囲い)が残っているのは二糖 A，B，D である。

［Ⅱ］〔1〕 ア 本問の図 1 より，シクロデキストリン A は α－グルコースの 1 位と 4 位の C 原子に結合した－OH でグリコシド結合により結合していることがわかる。そのため，この結合は，α－1, 4－グリコシド結合と呼ばれる。

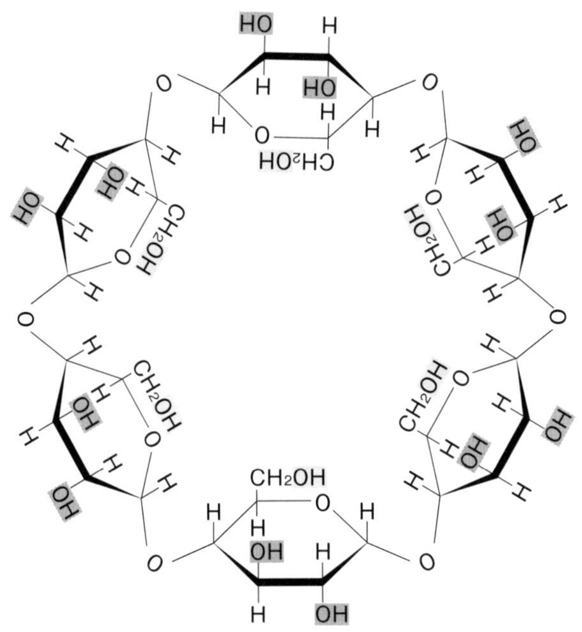

図 1 6 分子のグルコースから構成されるシクロデキストリン A

イ 1 位の C 原子の－OH がグリコシド結合しているため，ヘミアセタール構造がなく開環できない。そのため，シクロデキストリンの水溶液は還元性を示さない。

ウ，エ 本問の図 2 より，シクロデキストリン A の広い方の口，つまり外側を向いている 2(2，3 位)× 6(グルコース分子数)＝ウ 12〔個〕の－OH は第エ二級アルコールのヒドロキシ基である(上図)。

オ，カ 本問の図 2 より，シクロデキストリン A の狭い方の口，つまり内側を向いている 1(6 位)× 6(グルコース分子数)＝オ 6〔個〕の－OH は第カ一級アルコールのヒドロキシ基である(上図)。

キ　フラーレン C_{60} は無極性分子で疎水性が高いため，シクロデキストリン空洞の内側に取り込まれる。

ク　ヒドロキシ基 $-OH$ は親水性である。

ケ　複合体について，生じた CO_2 と H_2O の質量から，この複合体 4.14 mg 中の各元素の質量は以下のように求められる。

$$C : 8.58 \times \frac{12.0}{44.0} = 2.34 \text{〔mg〕}$$

$$H : 1.80 \times \frac{2.0}{18.0} = 0.20 \text{〔mg〕}$$

$$O : 4.14 - (2.34 + 0.20) = 1.60 \text{〔mg〕}$$

ここで，この複合体の組成式を $C_xH_yO_z$ とおくと，組成比 $x : y : z$ = 物質量(モル)比より，

$$x : y : z = \frac{2.34}{12.0} : \frac{0.20}{1.0} : \frac{1.60}{16.0}$$

$$= 0.195 : 0.2 : 0.1$$

$$= 195 : 200 : 100 \quad (\times 100)$$

$$= \underline{39 : 40 : 20} \quad (\div 5)$$

コ，サ　この複合体の分子式は以下の 2 通りで表すことができる。

$$\begin{cases} (C_{39}H_{40}O_{20})_m = C_{39m}H_{40m}O_{20m} & (m : \text{整数}) \\ (C_6H_{10}O_5)_n \times 2 + C_{60} = C_{12n+60}H_{20n}O_{10n} & (n : \text{重合度}) \end{cases}$$

シクロデキストリン B の分子数　フラーレン

よって，各原子数について次式が成り立つ。

$$\begin{cases} \text{C 原子数} : 39m = 12n + 60 \\ \text{H 原子数} : 40m = 20n \end{cases} \quad \therefore \quad m = 4, \; n = {}_{サ}\underline{8}$$

以上より，分子式は $(C_{39}H_{40}O_{20})_4 = {}_{コ}\underline{C_{156}H_{160}O_{80}}$ となる。

〔2〕　シクロデキストリンと同じ $\alpha-1,4-$グリコシド結合を持つものは，グリコーゲン，デンプン，マルトースである（グリコーゲンとデンプンは $\alpha-1,6-$グリコシド結合による枝分かれ構造も含む）。なお，セルロースとセロビオースは $\beta-1,4-$グリコシド結合を持つ。

〔3〕　シクロデキストリンは〔1〕イより還元性がない。還元性を示すホルミル基 $-CHO$ を持たない（または生じない）化合物は，エタノール，酢酸，スクロースである。

テーマ

14 エーテル②(多糖類)

フレーム 14

◎多糖類とは

⇨ 単糖類どうしが縮合重合によりグリコシド結合(エーテル結合の一種)で多数つらなったもの。

◎構造決定の概要

⇨ アミロペクチンの枝分かれした構造部分の個数の算出や，それにまつわる問題が中心。

Step1 アミロペクチンをメチル化する(次ページの図)。

Step2 加水分解する(1，4－と 1，6－のグリコシド結合の両方を切断)。

Step3 分子量の異なる 3 種類の生成物(末端に位置していたり，枝分かれの有無により，メチル化される－OH の個数が異なる)の生成量〔mol〕を算出。

※メチル化と加水分解後の生成物の構造式を問われることもある。

◎構造決定の仕組み

⇨ 次ページの図にあるように，アミロペクチン中の－OH をすべて－OCH_3 にし，そのあと加水分解すると，化合物 X ～ Z が得られる。

⇨ 化合物 X は－OCH_3 を 4 つももつことから末端部分由来であることがわかる。一方，化合物 Z は－OCH_3 を 2 つしか持たないことから枝分かれ部分由来であることがわかる(通常の 1, 4－グリコシド結合のみしていたものは－OCH_3 が 3 つ)。

⇨ 次式のように，化合物 X ～ Z の物質量〔mol〕比を求めることで，1, 6－グリコシド結合による枝分かれした構造の含有率がわかる。

化合物 X〔mol〕：化合物 Y〔mol〕：化合物 Z〔mol〕＝ $a : b : c$

$$枝分かれの含有率 = \frac{c}{a+b+c}$$

［例］ $a : b : c = 1 : 18 : 1$ だった場合

化合物 Z は枝分かれ部分由来の物質のため，生成した化合物 Z の割合の分だけ枝分かれが含まれることになる。

⇨　このアミロペクチンには，1 + 18 + 1 = 20 個中，枝分かれは平均で 1 個含まれていると推定できる。

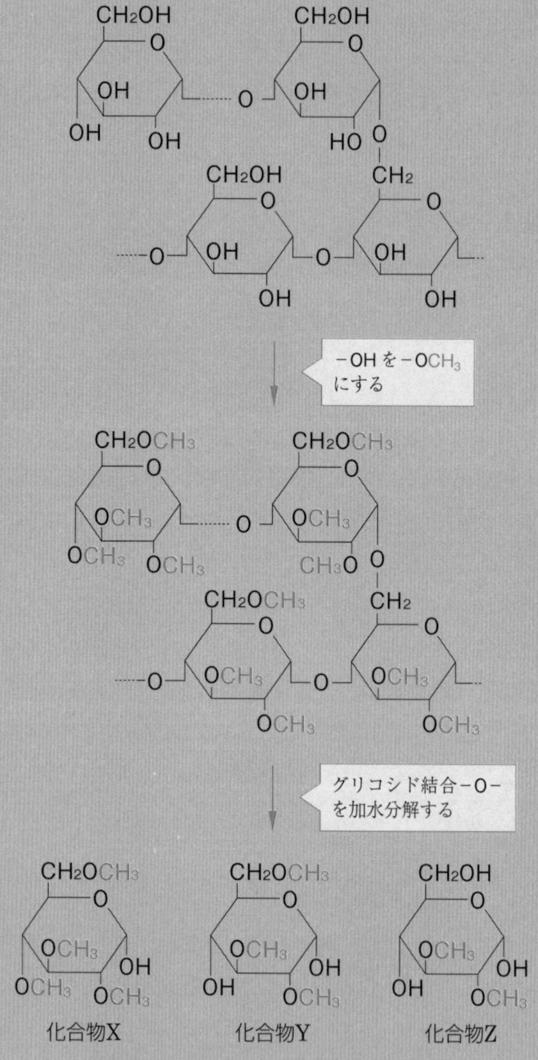

実践問題

1回目　2回目　3回目

目標：12分　実施日：　／　　／　　／

次の文を読み，**問1〜5**に答えよ。それぞれ答を一つずつ選びなさい。原子量が必要な場合には，次の数値を用いること。

H：1.00　　C：12.0　　O：16.0

アボガドロ定数　6.02×10^{23}/mol

デンプンは植物の根，地下茎，種子などに含まれる多糖である。デンプンの成分には，［ア］や［イ］がある。［ア］は，α－グルコース(図)がα－1, 4結合により直鎖状につながった構造をしており，温水に溶けやすい。一方［イ］は，多数のα－1, 4結合に加え，α－1, 6結合による枝分かれ構造をもち，温水に溶けにくい。デンプンは，体内で種々のアミラーゼの働きで［ウ］となり，さらに別の消化酵素で，グルコースへと分解される。

デンプン内の枝分かれの度合いは次のような方法で調べることができる。デンプンのヒドロキシ基をメチル化剤により完全にメチル化し(－OH ⟶ $-OCH_3$)，その後に希硫酸を用いてα－1, 4およびα－1, 6結合を完全に加水分解しメチル化された単糖へと変換する。得られたそれぞれのメチル化された単糖を分析することで，1分子中の枝分かれ数を知ることができる。ただし，この加水分解条件では，図の①位に結合した$-OCH_3$基のみ－OH基へと変換されるが，そのほかの$-OCH_3$基は変化しない。

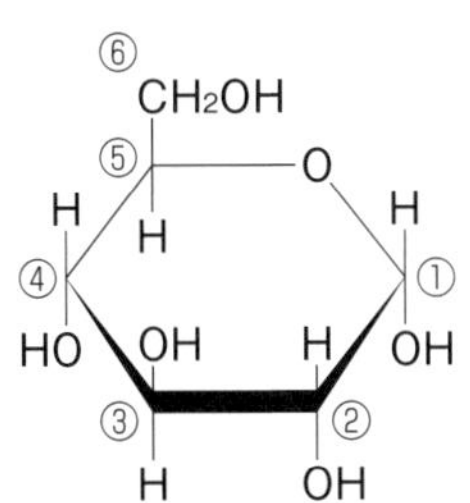

図　α－グルコースの構造式

①〜⑥はグルコース分子中の炭素の位置番号である。

実験　平均分子量6.0×10^5のデンプンXを100 g使って枝分かれの度合いを調べた。その結果，［エ］，［オ］，［カ］の3種類のメチル化された単糖が，それぞれ［エ］は126 g，［オ］は6.07 g，［カ］は5.35 g得られた。また，［オ］と［カ］はほぼ同じ物質量であった。

問1　文中の［ア］，［イ］，［ウ］に入る語句として，最も適切な組合せはどれか。

	ア	イ	ウ
①	セルロース	アミロース	スクロース
②	セルロース	アミロース	マルトース
③	セルロース	アミロペクチン	ラクトース
④	アミロース	アミロペクチン	スクロース
⑤	アミロース	アミロペクチン	マルトース
⑥	アミロース	セルロース	ラクトース
⑦	アミロペクチン	セルロース	スクロース
⑧	アミロペクチン	セルロース	マルトース
⑨	アミロペクチン	アミロース	ラクトース

問2　実験で用いたデンプンX 100 gに種々のアミラーゼを作用させて，全て［ウ］へと加水分解した。このとき，生成した［ウ］の量〔g〕として，最も適切なものはどれか。

①　50.0　②　92.0　③　100　④　106　⑤　111　⑥　190
⑦　211　⑧　222　⑨　342

問3　実験で得られた［エ］，［オ］，［カ］の構造式の組合せとして，最も適切なものはどれか。ただし，グルコースと同様にA～Dは異性体（α型環状構造，鎖状構造，β型環状構造）の平衡状態で存在するが，ここではα型環状構造のみを示す。

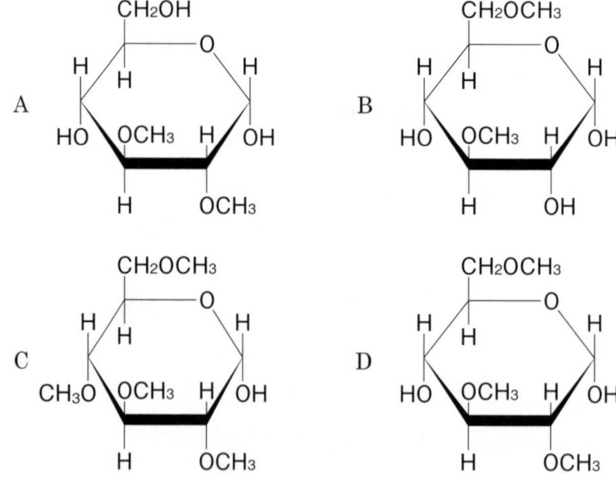

エ	オ	カ
① A	B	C
② A	B	D
③ A	D	B
④ C	A	D
⑤ C	B	D
⑥ C	D	A
⑦ D	A	C
⑧ D	C	A
⑨ D	C	B

問4 実験で得られた3種類のメチル化された単糖の物質量比 エ : オ : カ として，最も適切なものはどれか。

① 18 : 1 : 1　② 20 : 1 : 1　③ 22 : 1 : 1　④ 24 : 1 : 1
⑤ 19 : 2 : 2　⑥ 21 : 2 : 2　⑦ 23 : 2 : 2　⑧ 25 : 2 : 2

問5 実験で用いたデンプンX 100g中に含まれる $\alpha-1,6$ 結合による枝分かれ構造の数として，最も適切なものはどれか。

① 1.54×10^{2}　② 2.74×10^{2}　③ 5.93×10^{2}　④ 2.37×10^{13}
⑤ 5.84×10^{13}　⑥ 8.31×10^{13}　⑦ 1.55×10^{22}　⑧ 7.33×10^{22}
⑨ 9.29×10^{22}

（2014　北里・薬 改）

解答

問1 ⑤　**問2** ④　**問3** ⑧　**問4** ③　**問5** ⑦

[解説]

問1　デンプンの成分には，α－グルコースがα－1, 4結合により直鎖状につながった構造をしており，温水に溶けやすい$_{ア}$アミロースと，多数のα－1, 4結合に加え，α－1, 6結合による枝分かれ構造を持ち，温水に溶けにくい$_{イ}$アミロペクチンがある。また，デンプンは，アミラーゼの働きでデキストリンを経て$_{ウ}$マルトースとなり，さらにマルターゼの働きでグルコースへと分解される。

問2　デンプン$(C_6H_{10}O_5)_n$を加水分解してマルトース$C_{12}H_{22}O_{11}$が生じる反応は次式で表される。

$$1^{ⓧ}(C_6H_{10}O_5)_n + \frac{n}{2}H_2O \longrightarrow \frac{n}{2}C_{12}H_{22}O_{11}$$

よって，デンプン$(C_6H_{10}O_5)_n$（$=162n$）100 gから得られるマルトース$C_{12}H_{22}O_{11}$（$=342$）の質量〔g〕は，

デンプンX〔mol〕　マルトース〔mol〕

$$\frac{100\,[\mathrm{g}]}{162n\,[\mathrm{g/mol}]} \times \frac{n}{2} \times 342\,[\mathrm{g/mol}] = 105.5\cdots \fallingdotseq \underline{106}\,[\mathrm{g}]$$

問3, 4　以下に，アミロペクチンのメチル化されるヒドロキシ基－OHを◯で囲い，切断されるグリコシド結合を／で記す。

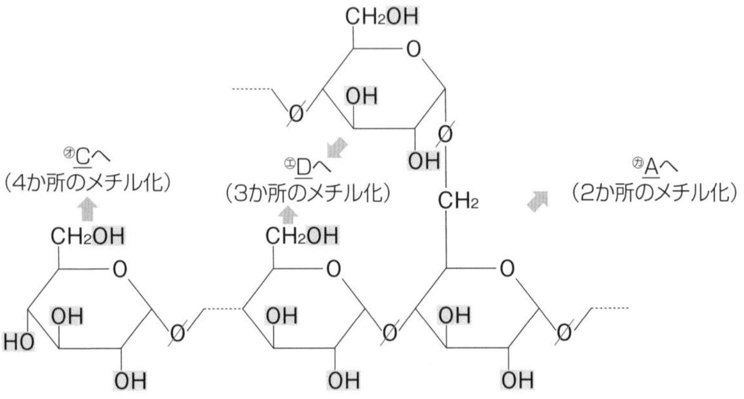

ここで，化合物 ㋓D，㋔C，㋕A の物質量〔mol〕比をとると，

㋓D〔mol〕：㋔C〔mol〕：㋕A〔mol〕←枝分かれ由来

$$= \frac{126〔g〕}{222〔g/mol〕} : \frac{6.07〔g〕}{236〔g/mol〕} : \frac{5.35〔g〕}{208〔g/mol〕} \fallingdotseq$$ 問4 22：1：1

なお，この結果から，このデンプン X には，枝分かれは平均で 22 + 1 + 1 = 24 個中 1 個含まれていると推定できる。

問 5　このデンプン X の重合度 n（＝重合しているグルコースの個数）は，

$$(C_6H_{10}O_5)_n = 6.0 \times 10^5$$

$$\Leftrightarrow \quad 162n = 6.0 \times 10^5 \qquad \therefore \quad n = \frac{6.0\times10^5}{162}$$

よって，デンプン X 100g 中に含まれる枝分かれ構造の個数は，**問 4** より，

デンプン X〔mol〕　グルコース〔mol〕　グルコース〔個〕

$$\frac{100〔g〕}{6.0\times10^5〔g/mol〕} \times \frac{6.0\times10^5}{162} \times 6.02 \times 10^{23}〔個/mol〕 \times \frac{1}{24}$$

問 4 より

$$= 1.548\cdots \times 10^{22} \fallingdotseq 1.55 \times 10^{22}〔個〕$$

有機編 第3章 構造推定②（分解あり）

テーマ 15 エステル①(脂肪族)

フレーム 15

◎エステルとは

⇨　エステル結合 −COO− をもつ化合物。

◎異性体の書き出しステップ

Step1　R_1−COO−R_2 における R_1 と R_2 に C 原子を割り振る。

Step2　R_1 と R_2 のそれぞれの C 骨格を書き出す(連鎖異性体)。

※ H 原子は省略し，不斉炭素原子を持つときには＊を付記しておくと推定の際に便利である。

［例 1］　$C_4H_8O_2$ で表されるエステル

H−COO−C_3 {
−C−C−C
C
|
−C−C
}

C−COO−C_2

C_2−COO−C

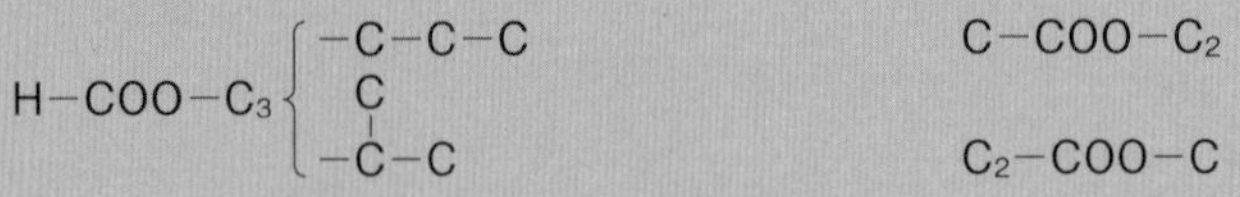

［例 2］　$C_5H_{10}O_2$ で表されるエステル

H−COO−C_4 {
−C−C−C−C
C
|
−C−C−C
C
|
−C*−C−C
C
|
−C−C
|
C
}

C−COO−C_3 {
−C−C−C
C
|
−C−C
}

C−C−COO−C−C

{
C−C−C−
C
|
C−C−
} C_3−COO−C

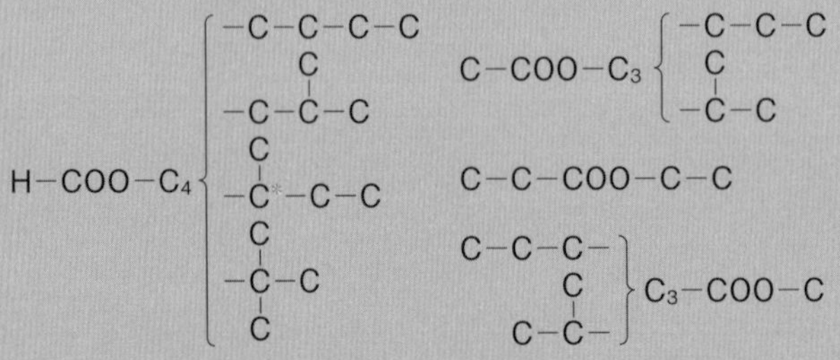

◎異性体の絞り込みに用いる反応(加水分解反応)

⇨　塩酸あるいは水酸化ナトリウム水溶液を加えて加熱する。

⇨　生成するカルボン酸とアルコール(⇨ P.140)の反応や性質で構造決定する。

※異性体の数が少ない場合，加水分解生成物であるアルコールやカルボン酸も書いておくと問題を解く上では便利。

[例]　$C_3H_6O_2$ で表されるエステルとその加水分解生成物

$$H-COO-C_2 \xrightarrow{+H_2O} H-COOH + C_2-OH$$

ギ酸　エタノール

$$C-COO-C \xrightarrow{+H_2O} C-COOH + C-OH$$

酢酸　メタノール

実践問題　　1回目　2回目　3回目

目標：25分　実施日：　／　　／　　／

[Ⅰ]　次の文章を読み，以下の問い(**問1～4**)に答えなさい。

分子式がすべて $C_4H_8O_2$ で表される4種類のエステル E_1 ～ E_4 について以下の実験を行い，えられた結果を次図のようにまとめた。

実験1　エステル E_1 ～ E_4 を加水分解すると以下の通り4種類のアルコール(A_1 ～ A_4)と3種類のカルボン酸(B_1 ～ B_3)がえられた。エステル E_1 からは A_1 と B_1 が，エステル E_2 からは A_2 と B_2 が，エステル E_3 からは A_3 と B_3 が，エステル E_4 からは A_4 と B_3 がえられた。

実験2　アルコール A_1，A_2，A_3 を酸化すると，それぞれW，X，Yに変化し，さらに酸化すると，それぞれカルボン酸 B_3，B_2，B_1 へと変化した。W，X，Yおよび①カルボン酸 B_3 は還元性をもっていた。

実験3　アルコール A_4 を酸化するとケトンZがえられた。②ケトンZは［　ア　］の乾留によっても，えることができる。

(図)

$$E_1 \xrightarrow{\text{加水分解}} A_1 + B_1$$

$$E_2 \xrightarrow{\text{加水分解}} A_2 + B_2$$

$$E_3 \xrightarrow{\text{加水分解}} A_3 + B_3$$

$$E_4 \xrightarrow{\text{加水分解}} A_4 + B_3$$

$$A_1 \xrightarrow{\text{酸化}} W \xrightarrow{\text{酸化}} B_3$$

$$A_2 \xrightarrow{\text{酸化}} X \xrightarrow{\text{酸化}} B_2$$

$$A_3 \xrightarrow{\text{酸化}} Y \xrightarrow{\text{酸化}} B_1$$

$$A_4 \xrightarrow{\text{酸化}} Z$$

問 1　エステル $E_1 \sim E_4$ の構造式をかきなさい。

問 2　下線部①について，カルボン酸 B_3 の構造式を示し，カルボン酸 B_3 が還元性をもつ理由を 20 字以内で説明しなさい。

問 3　［ア］に適切な化合物の名称をかき，下線部②の反応を化学反応式で示しなさい。

問 4　ある質量のエステル E_1 を完全に加水分解し，えられたカルボン酸 B_1 とエステル E_4 の加水分解でえられたアルコール A_4 とを用いて新たなエステル E_5 を合成したところ，えられたエステル E_5 の質量は，反応に用いたエステル E_1 よりも 1.4 g 大きかった。反応に用いたエステル E_1 の質量を有効数字 2 けたで求めなさい。計算過程も示しなさい。ただし，全ての反応は完全に進行したものとする。

（2006　千葉）

［II］ 次の文章を読み，**問 1**～**問 6** に答えなさい。なお，構造式は下記の解答例にならって書きなさい。必要があれば，原子量を H = 1，C = 12，O = 16 として計算しなさい。また，気体はすべて理想気体とする。構造式は次図の例にならって記入しなさい。

O
‖
CH_3-CH_2-CH-CH_2-C-OH
NO_2
O
‖
HO-CH_2　　CH_2-CH-C-O-CH_2-CH_3
CH_3

分子式 $C_5H_{10}O_2$ で表されるエステルには，立体異性体をそれぞれ別のものとして考えると［ a ］種類の異性体がある。これらのエステルのうちいくつかは，加水分解することにより同一のカルボン酸を与える。

あるエステルを加水分解すると，アルコールAと酢酸が生成した。このアルコールAを硫酸酸性の二クロム酸カリウム水溶液で酸化して得られる物質は，酸性を示さず，銀鏡反応も示さなかった。

別のエステルを加水分解すると，アルコールBとカルボン酸Cが生成した。このアルコールBを，水酸化ナトリウム水溶液中でヨウ素と作用させると特異臭のある黄色い沈殿が得られた。一方，得られたカルボン酸Cに濃硫酸を加えて熱すると，水と一酸化炭素を生じた。

さらに，別のエステルからは加水分解することによりアルコールDが生成した。このアルコールDに二クロム酸カリウム水溶液を作用させてもアルデヒドあるいはケトンや，カルボン酸への変化はみられなかった。

問1　[a]に入る数字を答えなさい。

問2　分子式 $C_5H_{10}O_2$ で表されるエステルを加水分解してできるカルボン酸の構造式をすべて書きなさい。

問3　**問2**のうち，元のエステルの異性体の数が最も多いカルボン酸の名称を答えなさい。

問4　アルコールA，BおよびDの構造式を書きなさい。なお，不斉炭素原子がある時はその原子を○で囲みなさい。

問5　分子式 $C_5H_{10}O_2$ のエステルを加水分解して得られるカルボン酸 528 mg を取り，0.10 mol/L の水酸化ナトリウム水溶液で中和したところ，60 mL を必要とした。考えられる元のエステルの構造式をすべて書きなさい。

問6　分子式 $C_5H_{10}O_2$ のエステルを加水分解して得られるアルコール 230 mg を取り，乾燥したエーテル中で金属ナトリウムと反応させたところ，標準状態で 56 mL の水素が発生した。考えられる元のエステルの構造式をすべて書きなさい。

（2014　慶應・薬）

解答

［Ⅰ］**問1**

E_1　$CH_3-CH_2-C(=O)-O-CH_3$　　E_2　$CH_3-C(=O)-O-CH_2-CH_3$

E_3　$H-C(=O)-O-CH_2-CH_2-CH_3$　　E_4　$H-C(=O)-O-CH(CH_3)-CH_3$

問2　ギ酸は分子内にホルミル基を持つため。(19字)

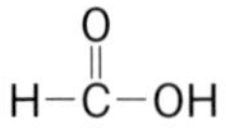

$$\mathrm{H-\overset{\overset{\displaystyle O}{\|}}{C}-OH}$$

問3　酢酸カルシウム

$(CH_3COO)_2Ca \rightarrow CH_3COCH_3 + CaCO_3$

問4　4.4 g

[Ⅱ] **問1**　10

問2　$\mathrm{H-\underset{\underset{\displaystyle O}{\|}}{C}-OH}$,　$\mathrm{CH_3-\underset{\underset{\displaystyle O}{\|}}{C}-OH}$,　$\mathrm{CH_3-CH_2-\underset{\underset{\displaystyle O}{\|}}{C}-OH}$,

$\mathrm{CH_3-CH_2-CH_2-\underset{\underset{\displaystyle O}{\|}}{C}-OH}$,　$\mathrm{CH_3-\underset{\underset{\displaystyle CH_3}{|}}{CH}-\underset{\underset{\displaystyle O}{\|}}{C}-OH}$,

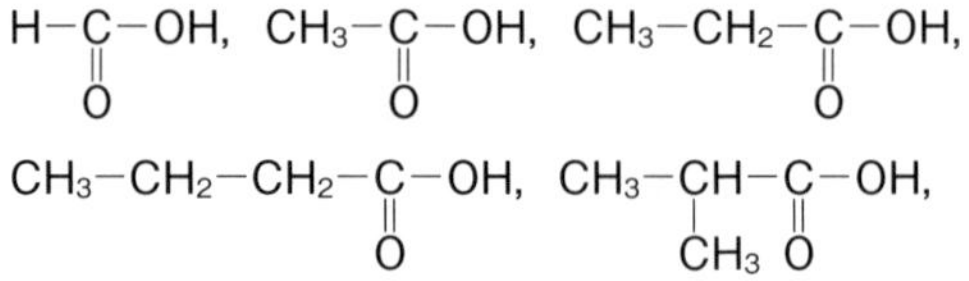

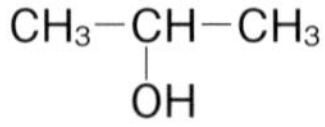

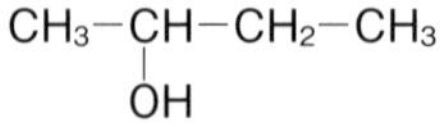

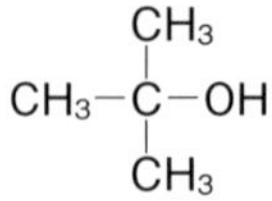

問3　ギ酸

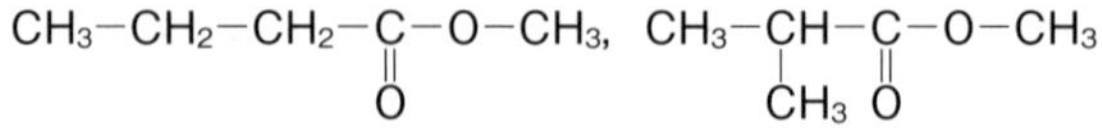

問4　A　$\mathrm{CH_3-\underset{\underset{\displaystyle OH}{|}}{CH}-CH_3}$　　B　$\mathrm{CH_3-\underset{\underset{\displaystyle OH}{|}}{CH}-CH_2-CH_3}$

D　$\mathrm{CH_3-\overset{\overset{\displaystyle CH_3}{|}}{\underset{\underset{\displaystyle CH_3}{|}}{C}}-OH}$

問5　$\mathrm{CH_3-CH_2-CH_2-\underset{\underset{\displaystyle O}{\|}}{C}-O-CH_3}$,　$\mathrm{CH_3-\underset{\underset{\displaystyle CH_3}{|}}{CH}-\underset{\underset{\displaystyle O}{\|}}{C}-O-CH_3}$

問6　$\mathrm{CH_3-CH_2-\underset{\underset{\displaystyle O}{\|}}{C}-O-CH_2-CH_3}$

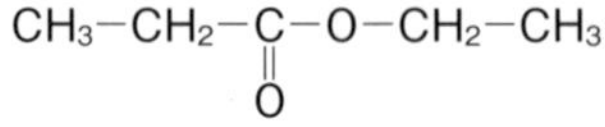

[解説]

[Ⅰ] **問1，3**　$C_4H_8O_2$ の不飽和度 Iu は，$Iu = \dfrac{(2 \times 4 + 2) - 8}{2} = 1$

よって，分子内には二重結合1つまたは環状構造1つ含む。したがって，エステル $E_1 \sim E_4$ はエステル結合 $-COO-$ を1つ持つことがわかる。以上より，$R_1-COO-R_2$ における R_1 と R_2 の C 原子の割り振りを考えると，$C_4H_8O_2$ のエステルには以下の4種類の構造異性体がある。加水分解生成物も合わせて記す。

$$\mathrm{H-CO/O-CH_2-CH_2-CH_3 \xrightarrow{+H_2O} H-COOH + CH_3-CH_2-\underset{\displaystyle OH}{\underset{|}{CH_2}}}$$

$$\mathrm{H-CO/O-\overset{\displaystyle CH_3}{\overset{|}{C}}H-CH_3 \xrightarrow{+H_2O} H-COOH + CH_3-\underset{\displaystyle OH}{\underset{|}{C}}H-CH_3}$$

$$\mathrm{CH_3-CO/O-CH_2-CH_3 \xrightarrow{+H_2O} CH_3-COOH + CH_3-CH_2-OH}$$

$$\mathrm{CH_3-CH_2-CO/O-CH_3 \xrightarrow{+H_2O} CH_3-CH_2-COOH + CH_3-OH}$$

ここで，各実験の結果，およびその結果から考察できることを，化合物ごとに以下にまとめる。

［E_2 について］

実験 2 において，エステル E_2 の加水分解から生じた A_2(アルコール)を酸化することで，実験 1 の加水分解生成物である B_2(カルボン酸)となることから，A_2 と B_2 は C 原子数が等しいことがわかる。今，E_2 の C 原子数は 4 なので，A_2 は C 原子数 2 のエタノール C_2H_5OH，B_2 は C 原子数 2 の酢酸 CH_3COOH とわかる。よって，エステル E_2 は以下の構造に決まる。

$$\underset{\text{酢酸 }(B_2)}{\mathrm{CH_3-\overset{\displaystyle O}{\overset{\|}{C}}-OH}} + \underset{\text{エタノール }(A_2)}{\mathrm{H-O-CH_2-CH_3}} \longrightarrow \underset{\text{問1}\ (E_2)}{\underline{\mathrm{CH_3-\overset{\displaystyle O}{\overset{\|}{C}}-O-CH_2-CH_3}}} + \mathrm{H_2O}$$

［E_4 について］

実験 3 において，エステル E_4 の加水分解から生じた A_4(アルコール)を酸化して得られる化合物 Z はケトンであるため，A_4 は第二級アルコールであることがわかる。**問 1** より，$C_4H_8O_2$ で表されるエステルを加水分解して得られるアルコールで第二級アルコールは 2－プロパノール $CH_3CH(OH)CH_3$ のみである。よって，B_3 はギ酸 HCOOH であり，エステル E_4 は以下の構造に決まる。

$$\underset{\text{ギ酸 }(B_3)}{\mathrm{H-\overset{\displaystyle O}{\overset{\|}{C}}-OH}} + \underset{\text{2-プロパノール }(A_4)}{\mathrm{H-O-\overset{\displaystyle CH_3}{\overset{|}{C}}H-CH_3}} \longrightarrow \underset{\text{問1}\ (E_4)}{\underline{\mathrm{H-\overset{\displaystyle O}{\overset{\|}{C}}-O-\overset{\displaystyle CH_3}{\overset{|}{C}}H-CH_3}}} + \mathrm{H_2O}$$

また，A_4(2－プロパノール)を酸化して得られるケトン Z はアセトン CH_3COCH_3 であり，アセトンは問3 酢酸カルシウム $(CH_3COO)_2Ca$ を乾留することでも得られる(次式)。

$$(CH_3COO^-)_2Ca^{2+} \xrightarrow{\text{乾留}} CH_3-CO-CH_3\ (\text{アセトン}) + CaCO_3$$

[E_3 について]

還元性を持つ B_3 がギ酸 HCOOH であることから，A_3(アルコール)は 1－プロパノール $CH_3CH_2CH_2OH$ と決まる。よって，エステル E_3 は以下の構造に決まる。

$$\underset{\text{ギ酸}}{H-CO-OH} + \underset{\text{1-プロパノール}}{H-O-CH_2-CH_2-CH_3} \longrightarrow \underline{H-CO-O-CH_2-CH_2-CH_3}\ (\text{問1}) + H_2O$$

[E_1 について]

還元性を持つ B_3 がギ酸 HCOOH であることから，A_1(アルコール)はメタノール CH_3OH であることがわかる(次式)。

$$\underset{\text{メタノール}}{H-CH_2-OH} \xrightarrow{\text{酸化}} \underset{\text{ホルムアルデヒド}}{H-CHO} \xrightarrow{\text{酸化}} \underset{\text{ギ酸}}{H-COOH}$$

よって，B_1 はプロピオン酸 CH_3CH_2COOH と決まるため，エステル E_1 は以下の構造に決まる。

$$\underset{\text{プロピオン酸}}{CH_3-CH_2-CO-OH} + \underset{\text{メタノール}}{HO-CH_3} \longrightarrow \underline{CH_3-CH_2-CO-O-CH_3}\ (\text{問1}) + H_2O$$

問2　ギ酸 HCOOH は以下のような構造をしており，ホルミル基－CHO を持つため還元性を示す。

$$H-CO-OH$$

問4　A_4 と B_1 から得られる E_5 は以下の構造となる。

$$\underset{\text{プロピオン酸}}{CH_3-CH_2-CO-OH} + \underset{\text{2-プロパノール}}{H-O-CH(CH_3)-CH_3} \longrightarrow \underset{(M=116)}{CH_3-CH_2-CO-O-CH(CH_3)-CH_3} + H_2O$$

また，E_1 と B_1 の反応の物質量〔mol〕比は 1：1 であり，また，上式より B_1 と E_5 の物質量〔mol〕比も 1:1 のため,「E_1〔mol〕:E_5〔mol〕= 1:1」となる。よって，用いた E_1 の質量を x〔g〕とおくと，

E_1〔mol〕：E_5〔mol〕= 1：1

$$\Leftrightarrow \quad \frac{x\,[\mathrm{g}]}{88\,[\mathrm{g/mol}]} : \frac{x+1.4\,[\mathrm{g}]}{116\,[\mathrm{g/mol}]} = 1 : 1 \qquad \therefore \quad x = 4.4\,[\mathrm{g}]$$

［Ⅱ］ **問 1**　$C_5H_{10}O_2$ の不飽和度 Iu は，$\mathrm{Iu} = \dfrac{(2\times5+2)-10}{2} = 1$

よって，分子内には二重結合 1 つまたは環状構造 1 つ含む。また，題意より，$C_5H_{10}O_2$ はエステルであるため，不飽和度はエステル結合 −COO− に含まれ，あとはすべて鎖式単結合のみである。以上より，R_1 −COO− R_2 における R_1 と R_2 の C 原子の割り振りを考えると，$C_5H_{10}O_2$ のエステルには P.196 より，光学異性体も含め問1 10 種類の異性体がある。

問 2，3　$C_5H_{10}O_2$ のエステルを加水分解して生じるカルボン酸の構造式は P.196 を参照のこと。また，元のエステルの異性体の数が最も多いカルボン酸は問3 ギ酸 HCOOH であり，光学異性体を含めるとその異性体は 5 種類ある。

問 4　［アルコール A について］

$C_5H_{10}O_2$ を加水分解して酢酸 CH_3COOH が得られるとき，アルコール A の C 原子数は，5 − 2(酢酸) = 3 である。

また，アルコール A を酸化して得られる物質は酸性を示さず，銀鏡反応を示さなかったことからケトンであることがわかる。よって，アルコール A は第二級アルコールである 2- プロパノール $CH_3CH(OH)CH_3$ と決まる。加水分解反応は次式で表される。

```
                                                   Ⓐ
       O      CH3                  O
       ‖      |          +H2O      ‖
CH3−C−O−CH−CH3  ──→  CH3−C−OH + CH3−CH−CH3
                                  酢酸            |
                                                 OH
                                            2-プロパノール
```

［アルコール B について］

アルコール B はヨードホルム反応を示す（黄色沈殿 CHI_3 の生成）ことから，$CH_3CH(OH)-$ の構造を持つことがわかる。

また，得られたカルボン C に濃硫酸を加えて加熱すると水 H_2O と一酸化炭素 CO を生じたことから，カルボン酸 C はギ酸 HCOOH と決まる（次式）。

$$H-COOH \longrightarrow CO\uparrow + H_2O$$

よって，アルコールBのC原子数は，5－1(ギ酸)＝4である。以上より，アルコールBは2－ブタノール $CH_3CH(OH)CH_2CH_3$ と決まる。加水分解反応は次式で表される。

$$H-\overset{\overset{\large O}{\|}}{C}-O-\overset{\overset{\large CH_3}{|}}{C^*}H-CH_2-CH_3 \xrightarrow{+H_2O} \underset{\text{ギ酸}}{H-\overset{\overset{\large O}{\|}}{C}-OH} + \underset{\text{2-ブタノール}}{\underline{CH_3-\underset{\underset{\large OH}{|}}{CH}-CH_2-CH_3}}\ \text{Ⓑ}$$

［アルコールDについて］

アルコールDは酸化されないことから，第3級アルコールだとわかる。よって，アルコールDは2－メチル－2－プロパノール $CH_3CCH_3(OH)(CH_3)$ と決まる。加水分解反応は次式で表される。

$$H-\overset{\overset{\large O}{\|}}{C}-O-\underset{\underset{\large CH_3}{|}}{\overset{\overset{\large CH_3}{|}}{C}}-CH_3 \xrightarrow{+H_2O} \underset{\text{ギ酸}}{H-\overset{\overset{\large O}{\|}}{C}-OH} + \underset{\text{2-メチル-2-プロパノール}}{\underline{CH_3-\underset{\underset{\large OH}{|}}{\overset{\overset{\large CH_3}{|}}{C}}-CH_3}}\ \text{Ⓓ}$$

問5　この加水分解反応で生じるカルボン酸のモル質量を M_1〔g/mol〕とおくと，中和反応の量的関係より，次式が成り立つ。

$$\underbrace{\frac{528\times10^{-3}\,〔g〕}{M_1\,〔g/mol〕}\overset{\text{価数}}{\times 1}}_{\text{カルボン酸が放出する}H^+〔mol〕} = \underbrace{0.10\,〔mol/L〕\times\frac{60}{1000}\,〔L〕\overset{\text{価数}}{\times 1}}_{\text{NaOHが放出する}OH^-〔mol〕}$$

$$\therefore\ M_1 = 88$$

また，(鎖式飽和の)カルボン酸の一般式は $C_nH_{2n}O_2$ と表されるため，

$$C_nH_{2n}O_2 = 88$$

$$\Leftrightarrow\ 14n + 32 = 88 \qquad \therefore\ n = 4$$

よって，このカルボン酸の分子式は $C_4H_8O_2$ となる。

また，加水分解反応で生じるアルコールのC原子数は，5－4＝1である。以上より，このアルコールはメタノール CH_3OH であり，元のエステルの構造は以下に決まる。

$$CH_3-CH_2-CH_2-\overset{\overset{\large O}{\|}}{C}-OH+H-O-CH_3 \xrightarrow{-H_2O} \underline{CH_3-CH_2-CH_2-\overset{\overset{\large O}{\|}}{C}-O-CH_3}$$

$$CH_3-\overset{\overset{\large CH_3}{|}}{CH}-\overset{\overset{\large O}{\|}}{C}-OH+H-O-CH_3 \xrightarrow{-H_2O} \underline{CH_3-\overset{\overset{\large CH_3}{|}}{CH}-\overset{\overset{\large O}{\|}}{C}-O-CH_3}$$

問 6　一般に，アルコール R－OH に金属ナトリウム Na を加えると，次式のように反応する。

$$1R-OH \quad + \quad Na \longrightarrow R-ONa \quad + \quad \frac{1}{2}H_2\uparrow$$

ここで，この加水分解反応で生じるアルコールのモル質量を M_2〔g/mol〕とおくと，上式の量的関係より，次式が成り立つ。

$$R-OH〔mol〕:H_2〔mol〕= 1 : \frac{1}{2}$$

$$\Leftrightarrow \quad \frac{230\times10^{-3}〔g〕}{M_2〔g/mol〕} : \frac{56\times10^{-3}〔L〕}{22.4〔L/mol〕} = 1 : \frac{1}{2}$$

$$M_2 = 46$$

また，（鎖式飽和の）アルコールの一般式は $C_nH_{2n+2}O$ と表されるため，

$$C_nH_{2n+2}O = 46$$

$$\Leftrightarrow \quad 14n + 18 = 46 \qquad \therefore \quad n = 2$$

よって，このアルコールはエタノール C_2H_5OH となる。

また，加水分解反応で生じるカルボン酸の C 原子数は，$5-2=3$ である。以上より，このカルボン酸はプロピオン酸 C_2H_5COOH であり，元のエステルの構造は以下に決まる。

$$\underset{\text{プロピオン酸}}{CH_3-CH_2-\overset{\overset{\large O}{\|}}{C}-OH}+\underset{\text{エタノール}}{H-O-CH_2-CH_3} \xrightarrow{-H_2O} \underline{CH_3-CH_2-\overset{\overset{\large O}{\|}}{C}-O-CH_2-CH_3}$$

テーマ

16 エステル②(芳香族)

フレーム 16

◎異性体の書き出しステップ

Step1　$R_1-COO-R_2$ における R_1 と R_2 に C 原子を割り振る。

Step2　R_1 と R_2 のそれぞれの C 骨格を書き出す(連鎖異性体)。

※ C 原子が 6 以上の場合は，ベンゼン環を作る。

※ H 原子は省略し，不斉炭素原子を持つときには＊を付記しておくと推定の際に便利である。

［例］ $C_7H_6O_2$ で表される芳香族エステル

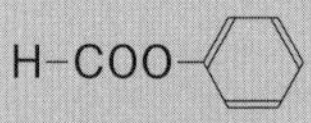

H−COO−(ベンゼン環)

※ $C_7H_6O_2$ で表される芳香族エステルの異性体に以下の安息香酸がある。

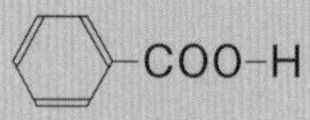

(ベンゼン環)−COO−H

※ C 原子数が 9 以上の場合にはエステルの異性体は書き出さず，加水分解生成物であるカルボン酸とアルコールの特定を優先する。これは，異性体を書き出すことで逆に時間的ロスが生じることがほとんどのためである。

◎異性体の絞り込みに用いる反応(加水分解反応)

⇨　塩酸あるいは水酸化ナトリウム水溶液を加えて加熱する。

⇨　生成するカルボン酸 R−COOH とアルコール R−OH(⇨ P.140)の反応や性質で構造を決定する。

※異性体の数が少ない場合，加水分解生成物であるカルボン酸やアルコールも書いておくと問題を解く上では便利。

［例］ $C_8H_8O_2$ で表される芳香族エステルとその加水分解生成物

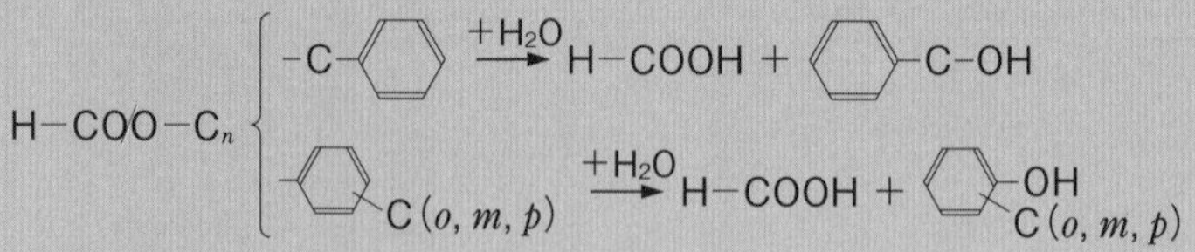

$H-COO-C_n$
- −C−(ベンゼン環) $\xrightarrow{+H_2O}$ H−COOH ＋ (ベンゼン環)−C−OH
- −(ベンゼン環)−C (o, m, p) $\xrightarrow{+H_2O}$ H−COOH ＋ (ベンゼン環)(−OH)(−C) (o, m, p)

C−COO−(ベンゼン環) $\xrightarrow{+H_2O}$ C−COOH + (ベンゼン環)−OH

(ベンゼン環)−CO/O−C $\xrightarrow{+H_2O}$ (ベンゼン環)−COOH + C−OH

※ (ベンゼン環)−C (*o*, *m*, *p*) の表記は，−(ベンゼン環) の *o*，*m*，*p* 位のいずれかの C 原子に CH_3−が結合することを表している。

実践問題　　1回目　2回目　3回目

目標：25 分　実施日：　／　　／　　／

原子量は，H：1.00，C：12.0，O：16.0 とする。

［Ⅰ］ 次の文章を読み，**問 1** ～**問 2** に答えよ。

分子式 $C_8H_8O_2$ で表される化合物には多数の異性体が存在する。その中で化合物 A ～ F は，ベンゼン環の一置換体もしくは二置換体の化合物である。

なお，指定のない限り，構造式は右記の例のように書け。

（例） HO−, −COOH, CH_3-COO-CH_2-CH_2−, −O-CH_3 が置換したベンゼン環

問 1 化合物 A，B に関する下記の実験結果を読み，設問(1)および設問(2)に答えよ。

・化合物 A，B とアルコールの縮合によりエステルが生じた。

・化合物 A を触媒を用いて酸化すると化合物アが生じ，さらにこれを加熱すると化合物イが生成した。化合物イの分子量は化合物アよりも 18 小さかった。なお，化合物イは合成樹脂の原料や可塑剤として用いられる。

・化合物 B を触媒を用いて酸化すると化合物ウが得られた。ウの構造は右記のとおりであった。

ウ　HOOC−(ベンゼン環)−COOH

(1) 化合物 A，B の構造式を書け。

(2) 化合物イは，それぞれ異なる芳香族化合物を出発原料とする二種類の方法により工業的に合成される。これら原料となる芳香族化合物名をそれぞれ記せ。

問 2 化合物 C ～ F に関する下記の実験結果を読み，設問(1)～設問(3)に答えよ。

・けん化により化合物 C，D，E，F は加水分解された。続いて塩酸を作用させて芳香族化合物の成分を得たところ，化合物 C からは化合物エ，化合物 D か

らは化合物オ, 化合物Eからは化合物カ, 化合物Fからは化合物キが得られた。

・化合物エ〜キの分子量を比較すると，エ＞オ＝カ＞キの順で小さくなった。

・分子量の等しい化合物オと化合物カをそれぞれ塩化鉄(Ⅲ)水溶液に加えたところ, 化合物カの場合には青色に呈色したが, 化合物オの場合には呈色しなかった。

・化合物カは殺菌消毒作用を示した。さらに化合物カを酸化剤を用いて酸化し，さらにメタノールと濃硫酸を作用させたところ，消炎剤として使用される化合物クが生成した。

(1) 化合物C，D，E，Fの構造式を書け。

(2) 化合物キを十分な量の［　　］水に加えると，芳香環に対し置換反応が起こり，白色沈殿が生じた。［　　］にあてはまる物質名を書け。

(2015　岩手 改)

［Ⅱ］ 次の文章を読んで下記の問いに答えよ。

炭素，水素，酸素からなる有機化合物A 4.96 mgを完全に燃焼させて，二酸化炭素12.32 mgと水2.88 mgを得た。また，その分子量は，240から260の間の値である。Aを加水分解すると物質B，芳香族化合物C(分子式$C_8H_{10}O$)，およびD(分子式C_2H_6O)がそれぞれ等モル比で生成した。Bは分子内脱水により容易に無水物を生じた。Bには幾何異性体があることがわかっている。Cは水酸化ナトリウム水溶液に溶解せず，塩化鉄(Ⅲ)水溶液でもほとんど呈色しなかった。Cを過マンガン酸カリウムで酸化すると, E(分子式$C_8H_6O_4$)が生成した。Eは別途にp−キシレンの酸化によっても合成できる。Dを脱水するとF(分子式C_2H_4)となり，Fの酸化によりアルコールG(分子式$C_2H_6O_2$)を生じた。EとGとの縮合重合生成物Hは，繊維やフィルムなどに広く用いられている。

問1 Aの分子式を求めよ。

問2 A，C，D，Hの構造式を書け。なお，幾何異性体があれば，明瞭に書くこと。また，構造式は右の例にしたがって書くこと。

C−CH−CH3
‖　|
O　CH3

(2001　中央)

解答

［Ⅰ］**問1**(1)

A　COOH / CH3

B　COOH / CH3

(2) ナフタレン，o−キシレン

問 2(1)

C (ベンゼン環)$-COO-CH_3$　D (ベンゼン環)$-CH_2-O-CO-H$

E (ベンゼン環, o位)$-O-CO-H$, $-CH_3$　F (ベンゼン環)$-O-CO-CH_3$

(2) 臭素

[Ⅱ]**問 1**　$C_{14}H_{16}O_4$

問 2　A

$H-C(=C(H)-C(=O)-O-CH_2-C_6H_4-CH_3)-C(=O)-O-CH_2-CH_3$

C　$H_3C-C_6H_4-CH_2-OH$

D　H_3C-CH_2-OH

H　$\left[O-CH_2-CH_2-O-\overset{O}{\overset{\|}{C}}-C_6H_4-\overset{O}{\overset{\|}{C}} \right]_n$

[解説]

[Ⅰ]　$C_8H_8O_2$ の不飽和度 Iu は，$Iu = \dfrac{(2\times8+2)-8}{2} = 5$

ここで，化合物 A ～ F は芳香族化合物であり，(C 原子数から)ベンゼン環を 1 つ含む。そのため，不飽和度 4 はそのベンゼン環 1 つに含まれる。

また，不飽和度の残り 1(＝5－4)は，O 原子 2 つを含むカルボキシ基－COOH，もしくはエステル結合－COO－に含まれると予想される。

問 1　化合物 A, B はアルコール(R－OH)と縮合してエステルを生じることから，カルボキシ基－COOH をもつことがわかる。よって，異性体には以下の 4 種類が考えられる。

(ベンゼン環)$-C-COOH$　(ベンゼン環, o位)C, $COOH$　(ベンゼン環, m位)C, $COOH$　(ベンゼン環, p位)C, $COOH$

[化合物 A について]

化合物 A を酸化して得られる化合物アを加熱して脱水が起こった(分子量が 18 減少)ことから，化合物アは o 体の 2 価カルボン酸であり，化合物イはその脱水生成物であるから C 原子数 8 の酸無水物の無水フタル酸と決まる。以上より，化合物Aもo体であり，構造は以下に決まる。

$$\text{C}_6\text{H}_4(\text{CH}_3)(\text{COOH}) \xrightarrow{\text{酸化}} \text{C}_6\text{H}_4(\text{COOH})_2\ (\text{フタル酸}) \xrightarrow[\text{加熱}]{-H_2O} \text{C}_6\text{H}_4(\text{CO})_2\text{O}\ (\text{無水フタル酸})$$

[化合物Bについて]

化合物Bを酸化して得られる化合物ウがテレフタル酸であることから，化合物Bもp体であり，構造は以下に決まる。

$$HOOC-C_6H_4-CH_3 \xrightarrow{\text{酸化}} HOOC-C_6H_4-COOH\ (\text{テレフタル酸})$$

問2　(1)　化合物C～Fは加水分解(けん化)されたことから，エステル結合$-COO-$をもつことがわかる。よって，異性体には以下の6種類が考えられる。

$C_6H_5-COO-CH_3$　$C_6H_5-CH_2-O-CO-H$　o-$CH_3-C_6H_4-O-CO-H$　m-$CH_3-C_6H_4-O-CO-H$

p-$CH_3-C_6H_4-O-CO-H$　$C_6H_5-O-CO-CH_3$

ここで，加水分解生成物のうち，芳香族化合物エ～キの分子量は「エ>オ=カ>キ」であることから，芳香族化合物エは安息香酸，キはフェノールと決まる。

[化合物Cについて]

芳香族化合物エが安息香酸であることから，化合物Cの構造は以下に決まる。

$$C_6H_5-COOH\ (\text{安息香酸}) + H-O-CH_3 \xrightarrow{-H_2O} \text{Ⓒ}\ \underline{C_6H_5-COO-CH_3}$$

[化合物Fについて]

芳香族化合物キがフェノールであることから，化合物Fの構造は以下に決まる。

$$CH_3-COOH + H-O-C_6H_5 \xrightarrow{-H_2O} \text{Ⓕ}\ \underline{CH_3-COO-C_6H_5}$$

[化合物Eについて]

芳香族化合物カを酸化してメタノールと濃硫酸を作用させてサリチル酸メチル(消炎剤)が得られたことから，芳香族化合物カはo-クレゾールであることがわかる(次式)。

$$\text{(カ) } o\text{-クレゾール (}C_6H_4(CH_3)OH\text{)} \xrightarrow{\text{酸化}} \text{サリチル酸 (}C_6H_4(COOH)OH\text{)} \xrightarrow[\text{濃}H_2SO_4]{+CH_3OH} \text{(ク) サリチル酸メチル (}C_6H_4(COO\text{-}CH_3)OH\text{)}$$

以上より，化合物Eの構造は以下に決まる。

$$H-COOH + HO-C_6H_4(CH_3) \xrightarrow{-H_2O} \text{(E) } \underline{H-COO-C_6H_4(CH_3)}$$

ギ酸　　o-クレゾール

[化合物Dについて]

化合物Dの加水分解から生じた芳香族化合物オは，芳香族化合物カと分子量が等しく，かつ，塩化鉄(Ⅲ)$FeCl_3$水溶液で呈色しなかったことから，(フェノール類ではない)ベンジルアルコールであることがわかる。以上より，化合物Dの構造は以下に決まる。

$$H-COOH + HO-CH_2-C_6H_5 \xrightarrow{-H_2O} \text{(D) } \underline{H-COO-CH_2-C_6H_5}$$

ギ酸　　ベンジルアルコール

(2)　フェノールに臭素Br_2水を加えると，2, 4, 6−トリブロモフェノールの白色沈殿が生じる(次式)。この反応はフェノールの検出反応としても用いられる。

$$C_6H_5OH + 3Br_2 \longrightarrow C_6H_2Br_3OH\downarrow(\text{白}) + 3HBr$$

2,4,6-トリブロモフェノール

[Ⅱ]　**問1**　化合物Aの組成式を$C_xH_yO_z$とおくと，組成比$(x:y:z)$＝物質量(モル)比より

$$x:y:z = \frac{12.32\times10^{-3}[\mathrm{g}]\times\frac{12}{44}}{12[\mathrm{g/mol}]} : \frac{2.88\times10^{-3}[\mathrm{g}]\times\frac{2}{18}}{1[\mathrm{g/mol}]} : \frac{4.96\times10^{-3}-\left(12.32\times10^{-3}\times\frac{12}{44}+2.88\times10^{-3}\times\frac{2}{18}\right)}{16[\mathrm{g/mol}]}$$

$$= 0.28 : 0.32 : 0.08$$

$$= 7 : 8 : 2$$

一番小さい値で全体を割る

有機編　第3章　構造推定②(分解あり)

よって，組成式(実験式)は$C_7H_8O_2$(124)となる。

ここで，「分子量＝(組成式量)×n」より，分子量が240から260の間の値であることから，

$$240 \leqq (C_7H_8O_2)_n \leqq 260 \quad \Leftrightarrow \quad 240 \leqq 124n \leqq 260 \qquad \therefore \quad n = 2$$

以上より，分子式は，$(C_7H_8O_2)_2 = \underline{C_{14}H_{16}O_4}$となる。

問2　Ⓐ$C_{14}H_{16}O_4$の不飽和度Iuは，$\mathrm{Iu} = \dfrac{(2\times14+2)-16}{2} = 7$

ここで，Aは加水分解生成物Cが芳香族化合物であることからベンゼン環を含む。そのため，不飽和度4はそのベンゼン環1つにすべて含まれる。また，加水分解生成物が3種類あることから，－COO－を2つ(不飽和度2)持つことがわかり，それ以外の部分構造には不飽和度1が含まれる。

[化合物C，Eについて]

Ⓒ$C_8H_{10}O$の不飽和度Iuは，$\mathrm{Iu} = \dfrac{(2\times8+2)-10}{2} = 4$

化合物Cはベンゼン環を1つ含む。そのため，不飽和度4はそのベンゼン環1つにすべて含まれ，あとはすべて単結合である。よって，側鎖はすべて単結合(飽和)でかつO原子を1個持つため，ヒドロキシ基－OHを1つ持つアルコール，またはフェノール類であることがわかる。

よって，化合物Cには，以下のアルコール(㊜→:「→」は－OHの結合箇所で，○の中の数字は級数を表す)5種，フェノール類(㋫→:「→」は－OHの結合箇所)9種の計14種類の構造異性体が考えられる(H原子を省略，不斉炭素原子をもつときには＊を付記している)。

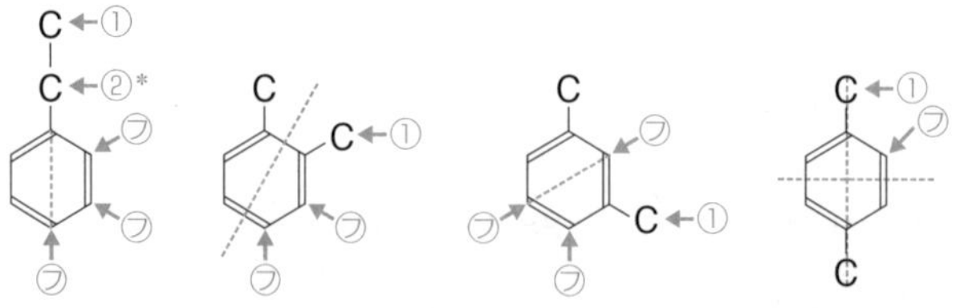

※ $C_8H_{10}O$で表される異性体にはエーテル結合－O－を1つもつエーテルも考えられるが(⇨P.154)，エステルの加水分解でエーテルは生じないため，ここではエーテルの異性体は除いて考える。

ここで，化合物 C は NaOH 水溶液に溶解しなかったことから酸性を示すフェノール類ではない，つまり，アルコールであることがわかる。

また，化合物 C を酸化して得られる化合物 E が *p*−キシレンからも得られることから，化合物 C，E ともに(C 骨格において)*p* 体であることがわかる。以上より，化合物 C，E は以下の構造に決まる。

Ⓒ CH_2-OH / CH_3 —酸化→ Ⓔ COOH / COOH ←酸化— CH_3 / CH_3

テレフタル酸　*p*-キシレン

[化合物 D，F，G，H について]

化合物 D の分子式は C_2H_6O であり，エステルの加水分解によって生じたことからヒドロキシ基−OH をもつエタノール C_2H_5OH と決まる。

また，化合物 D(エタノール C_2H_5OH)を脱水するとエチレン $CH_2=CH_2$ が生じ，さらに酸化して生じるアルコール G はエチレングリコール $HO-(CH_2)_2-OH$ である(次式)。

Ⓓ $CH_3-CH_2(OH)$ $\xrightarrow{-H_2O}$ Ⓕ $CH_2=CH_2$ $\xrightarrow{酸化}$ Ⓖ $CH_2(OH)-CH_2(OH)$

エタノール　エチレン　エチレングリコール

さらに，化合物 E(テレフタル酸)とエチレングリコール $HO-(CH_2)_2-OH$ を縮合重合して得られる高分子化合物 H はポリエチレンテレフタラート(略称：PET)である(次式)。

$$\cdots + HO-\overset{O}{\overset{\|}{C}}-C_6H_4-\overset{O}{\overset{\|}{C}}-OH + H-O-(CH_2)_2-O-H + \cdots$$

Ⓔ　Ⓖ

$$\xrightarrow{縮合重合} \left[\overset{O}{\overset{\|}{C}}-C_6H_4-\overset{O}{\overset{\|}{C}}-O-(CH_2)_2-O\right]_n$$

Ⓗ ポリエチレンテレフタラート (PET)

[化合物Bについて]

化合物Aの加水分解反応は次式で表される。

Ⓐ$C_{14}H_{16}O_4 + 2H_2O \longrightarrow$ 化合物B + Ⓒ$C_8H_{10}O$ + ⒹC_2H_6O

ここで，化合物Bの分子式は，原子保存則より，

(化合物Bの分子式) = (Ⓐ$C_{14}H_{16}O_4 + 2H_2O$) − (Ⓒ$C_8H_{10}O$ + ⒹC_2H_6O) = $C_4H_4O_4$

また，化合物BはジエステルAの加水分解生成物であり，化合物C，Dがそれぞれ−OHを1つずつしか持たないため，化合物Bは−COOHを2つ持つ2価カルボン酸であることがわかる。

ここで，Ⓑ$C_4H_4O_4$の不飽和度Iuは，「$Iu = \frac{(2\times4+2)-4}{2} = 3$」であり，不飽和度2は−COOH 2つに含まれ，残りの不飽和度1はC原子数からC = Cに含まれることがわかる(残り2つのC原子で環状構造はつくれない)。

また，化合物Bは幾何異性体があり，分子内脱水により酸無水物を生じることから，シス形のマレイン酸と決まる(次式)。

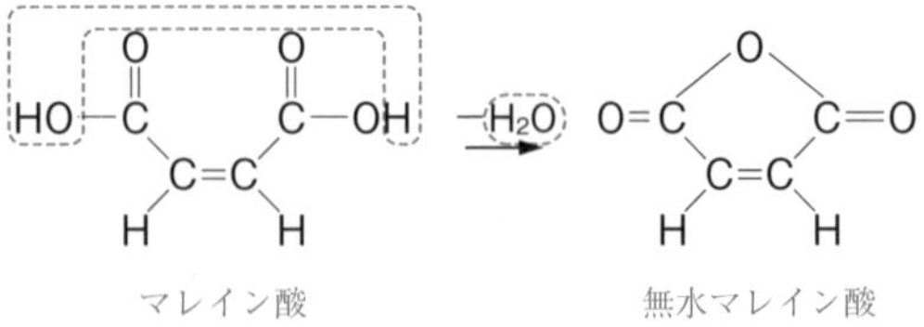

Ⓑ HO−C(=O)−CH=CH−C(=O)−OH $\xrightarrow{-H_2O}$ 無水マレイン酸

マレイン酸　　無水マレイン酸

[化合物Aについて]

以上より，化合物Aの構造は以下のように決まる。

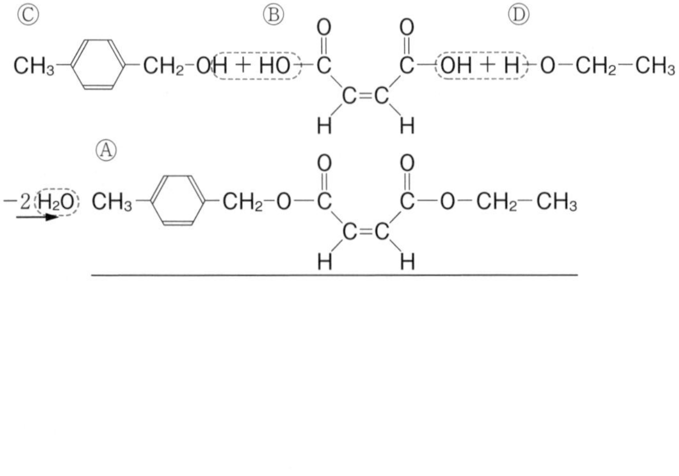

Ⓒ $CH_3-C_6H_4-CH_2-OH$ + Ⓑ HO−C(=O)−CH=CH−C(=O)−OH + Ⓓ H−O−CH_2-CH_3

$\xrightarrow{-2H_2O}$ Ⓐ $CH_3-C_6H_4-CH_2-O-C(=O)-CH=CH-C(=O)-O-CH_2-CH_3$

テーマ 17 エステル③(油脂)

フレーム 17

◎油脂とは

⇨ **油脂は高級脂肪酸 3 つがグリセリンにエステル結合している**(トリエステル)。

⇨ 完全に加水分解すると，3 つの高級脂肪酸(モノカルボン酸)とグリセリンが得られる(次図)。

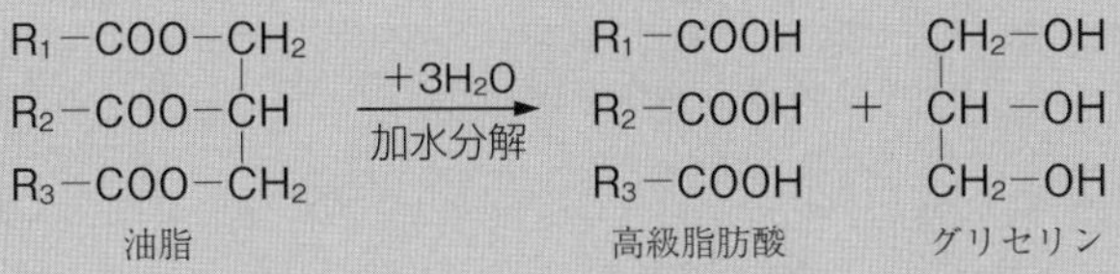

$$\begin{array}{l} R_1-COO-CH_2 \\ \quad\quad\quad\quad\quad\;\; | \\ R_2-COO-CH \\ \quad\quad\quad\quad\quad\;\; | \\ R_3-COO-CH_2 \end{array} \xrightarrow[\text{加水分解}]{+3H_2O} \begin{array}{l} R_1-COOH \\ R_2-COOH \\ R_3-COOH \end{array} + \begin{array}{l} CH_2-OH \\ \;| \\ CH-OH \\ \;| \\ CH_2-OH \end{array}$$

油脂　高級脂肪酸　グリセリン

※ R_1 ～ R_3 = 炭化水素基

⇨ 油脂はおおよその分子構造は決まっているため，構造決定は以下の 2 つの視点で考える。

視点 1　油脂に含まれる高級脂肪酸の構造(種類や C=C の位置)を決定する。

視点 2　高級脂肪酸 3 つが，グリセリンの－OH 部分に結合しているかを決定する。

◎視点 1 について

高級脂肪酸と一言でいっても，いくつもの種類の構造が考えられる。しかし，出題される多くは人体を構成する高級脂肪酸であり，それらはすべて直鎖状のものである(設問に断り書きがあることがほとんど)。

⇨ C 原子数も重要だが，C=C が炭化水素基の「**どの位置**」に「**いくつ**」あるかを決めることが重要となる。特に，C=C が「いくつ」あるかを求める出題は頻出。

［頻出の高級脂肪酸］

飽和・不飽和	示性式	物質名
飽和	$C_{15}H_{31}COOH$	パルミチン酸
飽和	$C_{17}H_{35}COOH$	ステアリン酸
	↓ −2H	
不飽和（C＝C × 1）	$C_{17}H_{33}COOH$	オレイン酸
	↓ −2H	
不飽和（C＝C × 2）	$C_{17}H_{31}COOH$	リノール酸
	↓ −2H	
不飽和（C＝C × 3）	$C_{17}H_{29}COOH$	リノレン酸

① C＝C の数

⇨　水素 H_2 or ヨウ素 I_2 の付加した反応量から求める（分子量算出もリンクする）。

⇨　このとき，脂肪酸の種類が決まることが多い（上表の高級脂肪酸であることがほとんど）。

② C＝C の位置

⇨　アルケンの構造決定と同じように酸化分解（ほとんどオゾン分解）し，**生じたカルボニル化合物（カルボン酸もある）を構造決定することで，C＝C の位置が決まる**。

※ただし，飽和脂肪酸（パルミチン酸 or ステアリン酸）であればオゾン分解されない。また，当たり前ではあるが，含まれる C＝C の個数で酸化生成物の数が変わってくる。

◎視点 2 について

高級脂肪酸 3 つが，グリセリンのどの－OH 部分にエステル結合しているかで構造が異なる。

⇨　ほとんどの問題は，不斉炭素原子 C* の有無で決まる。

※異性体の数を算出する出題もある。

◎出題パターン

パターン 1　酸化開裂なし（C＝C の位置の特定はしない）

Step1　けん化や，H_2 や I_2 などの付加における反応量計算で高級脂肪酸の種類（ほとんどが C 原子 18 個のもの）を決める。

Step2 不斉炭素原子C^*の有無で高級脂肪酸のグリセリン結合部位を決定(次図)。

[例] 構成する高級脂肪酸が2種類の場合

[C^*あり]

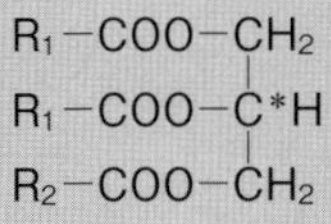

```
R1−COO−CH2
        |
R1−COO−C*H
        |
R2−COO−CH2
```

[C^*なし]

```
R1−COO−CH2
        |
R2−COO−C○H
        |
R1−COO−CH2
```

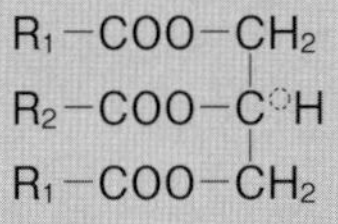

パターン2 酸化開裂あり(C=Cの位置まで特定する)

Step1 酸化開裂後の生成物であるカルボニル化合物(やカルボン酸)の構造を決定することで脂肪酸の構造(種類やC=Cの位置)を決める(⇨P.174)

Step2 不斉炭素原子C^*の有無で脂肪酸のグリセリン結合部位を決定(⇨パターン1参照)

※上記の出題パターン以外にも，構成している高級脂肪酸が1種類のときなどは油脂の分子量算出のみで油脂の構造が決まってしまうこともある。

実践問題

1回目 2回目 3回目

目標：20分 実施日： ／ ／ ／

[Ⅰ] 必要であれば次の原子量を用いなさい。

H = 1.00, C = 12.0, O = 16.0

次の文書を読み，(ア)には分子式，(イ)には整数，(ウ)(エ)には構造式を入れなさい。なお，構造式は問題中の構造式にならって書きなさい。

反応経路1の化合物Aは，3つの異なる脂肪酸から構造される油脂である(油脂AのR，R′，R″は直鎖状の炭化水素基を表す)。この油脂Aに金属触媒を加えて水素H_2を付加したところ，炭素原子間のすべての結合が単結合となり，不斉炭素原子をもたない硬化油Bが得られた。1 molの硬化油Bに3 molの水酸化ナトリウムを加えて加熱するとけん化が起こり，1 molのグリセリン，1 molの化合物C，2 molのステアリン酸ナトリウムが生じた。

〔反応経路 1〕

$$\begin{matrix} RCOOCH_2 \\ | \\ R'COOCH \\ | \\ R''COOCH_2 \\ \text{A} \end{matrix} \xrightarrow[H_2\text{の付加}]{} \boxed{\ \text{B}\ } \xrightarrow[\text{けん化}]{} \begin{matrix} CH_2OH \\ | \\ CHOH \\ | \\ CH_2OH \end{matrix} + \boxed{\ \text{C}\ } + 2C_{17}H_{35}COONa$$

（ i ） 油脂 A 426 mg を完全燃焼させたところ，二酸化炭素 1.21 g と水 432 mg が生成した。この結果から，油脂 A の分子式は ［（ア）］ であることがわかった。

（ii） 1 mol の油脂 A から 1 mol の硬化油 B を得るためには，［（イ）］ mol の H_2 が必要であった。

（iii） 以上の結果から，硬化油 B の構造は ［（ウ）］ である

（iv） 化合物 C にカルシウムイオンを多く含む硬水を加えたところ，水に不溶の脂肪酸塩が生成した。この脂肪酸塩の構造は ［（エ）］ である。

（2012　慶應・理工）

［Ⅱ］ 油脂は，3 分子の脂肪酸と 3 価アルコールのグリセリン 1 分子がエステル結合した化合物である。天然物から抽出し，精製したある油脂 A の構造を明らかにするため，以下の実験を行った。

（実験 1） 油脂 A 44.1g を完全に水酸化ナトリウムで加水分解すると，4.60 g のグリセリンとともに，直鎖不飽和脂肪酸 B と直鎖飽和脂肪酸 C のそれぞれのナトリウム塩が得られた。

（実験 2） 油脂 A 3.00 g に，白金触媒存在下で気体水素を反応させると，305 mL（1 atm，0 ℃）の水素が消費され，油脂 D が得られた。油脂 A は不斉炭素原子を含んでいたが，油脂 D は不斉炭素原子を含んでいなかった。

（実験 3） 二重結合を含む化合物 R－CH = CH－R′ をオゾン分解すると，式 1 のように二重結合が開裂し，2 種類のアルデヒド（R－CHO，R′ －CHO）が生成する。

$$\begin{matrix} R & & R' \\ & C{=}C & \\ H & & H \end{matrix} \xrightarrow{\text{オゾン分解}} \begin{matrix} R & \\ & C{=}O \\ H & \end{matrix} + \begin{matrix} & R' \\ O{=}C & \\ & H \end{matrix} \quad \cdots(\text{式 } 1)$$

脂肪酸Bをメタノールと反応させてエステル化した後に，オゾン分解すると，次の3種類のアルデヒドが1：1：1の物質量の比で得られた。

$$OHC-CH_2-CHO \qquad CH_3-(CH_2)_4-CHO \qquad OHC-(CH_2)_7-COOCH_3$$

問1　油脂Aの分子量を求めよ。

問2　油脂Aの1分子に含まれる二重結合の数を書け。

問3　脂肪酸Bの構造を次の例にならって示せ。ただし，二重結合の立体構造（シスおよびトランス異性体の区別）は問わない。

（例）　$CH_3(CH_2)_3CH=CHCH_2COOH$

問4　脂肪酸BおよびCをそれぞれR^1COOH，R^2COOHと略記する。R^1，R^2を用いて油脂AおよびDの構造式を示せ。

（2006　大阪）

解答

［Ⅰ］（ⅰ）　$C_{55}H_{96}O_6$　（ⅱ）　5　（ⅲ）

$$\begin{array}{l} C_{17}H_{35}COOCH_2 \\ \quad\quad\quad\quad\;\; | \\ C_{15}H_{31}COOCH \\ \quad\quad\quad\quad\;\; | \\ C_{17}H_{35}COOCH_2 \end{array}$$

（ⅳ）　$(C_{15}H_{31}COO)_2Ca$

［Ⅱ］**問1**　882　**問2**　4個

問3　$CH_3(CH_2)_4CH=CHCH_2CH=CH(CH_2)_7COOH$

問4　A

$$\begin{array}{l} H_2C-O-CO-R^1 \\ \;\;\,| \\ HC-O-CO-R^1 \\ \;\;\,| \\ H_2C-O-CO-R^2 \end{array}$$

D

$$\begin{array}{l} H_2C-O-CO-R^2 \\ \;\;\,| \\ HC-O-CO-R^2 \\ \;\;\,| \\ H_2C-O-CO-R^2 \end{array}$$

[解説]

[Ⅰ]（ⅰ） 生じたCO_2とH_2Oの質量から，油脂A 426 mg中の各原子の質量は以下のように求められる。

$$\text{C原子}：1.21 \times \frac{12}{44} = 0.33〔g〕$$

$$\text{H原子}：(432 \times 10^{-3}) \times \frac{2}{18} = 0.048〔g〕$$

$$\text{O原子}：(426 \times 10^{-3}) - (0.33 + 0.048) = 0.048〔g〕$$

ここで，この化合物の組成式を$C_xH_yO_z$とおくと，組成比$(x:y:z)$＝物質量(モル)比より

$$x:y:z = \frac{0.33}{12} : \frac{0.048}{1} : \frac{0.048}{16}$$

$$= 0.0275 : 0.048 : 0.003$$

また，油脂A中にはエステル結合$-COO-$が3つ含まれるため，O原子数は6個となる。よって，

$$x:y:z = 0.0275 : 0.0048 : 0.003$$

$$= 55 : 96 : 6$$

O原子数を6にするために全体を× 2000とする

以上より，分子式は$C_{55}H_{96}O_6$となる。

（ⅱ） 分子式$C_{55}H_{96}O_6$における不飽和度Iuを求めると，

$$Iu = \frac{(2 \times 55 + 2) - 96}{2} = 8$$

この不飽和度8のうち，$-\overset{\overset{\displaystyle O}{\|}}{C}-O-$ 3つに不飽和度3が含まれるため，不飽和度1を含む $>C=C<$ は8－3 ＝ 5〔個〕であることがわかる。

よって，$>C=C<$ 1つにH_2は1分子付加するため，油脂A 1 molにはH_2が5 mol付加する。

（ⅲ） 油脂AにH_2 5分子が付加して硬化油Bが生成する反応は次式で表される。

$$^{Ⓐ}C_{55}H_{96}O_6 + 5H_2 \longrightarrow {}^{Ⓑ}C_{55}H_{106}O_6$$

ここで，硬化油Bの加水分解反応(けん化)は次式のように表される。

$$^{Ⓑ}C_{55}H_{106}O_6 + 3NaOH \longrightarrow \underset{\text{グリセリン}}{C_3H_8O_3} + \underset{\text{ステアリン酸ナトリウム}}{2C_{17}H_{35}COONa} + \boxed{\text{化合物C}}$$

よって，化学反応の前後での原子の種類とその個数は変わらない(原子保存)ため，化合物 C の分子式(示性式)は，次式で求まる。

$(C_{55}H_{106}O_6 + 3NaOH) - (C_3H_8O_3 + 2C_{17}H_{35}COONa)$

$= C_{16}H_{31}O_2Na(C_{15}H_{31}COONa)$

以上より，硬化油 B は不斉炭素原子(C^*)を持たないことから，$C_{17}H_{35}COOH$(ステアリン酸)2 分子がグリセリンの 1, 3 位の C 原子の $-OH$ に，$C_{15}H_{31}COOH$(パルミチン酸)1 分子が 2 位の C 原子の $-OH$ にエステル結合した以下のような構造に決まる(仮に硬化油 B が C^* を持つ場合は(　　)内の構造となる)。

グリセリン

$^1CH_2-OH$
|
^2CH-OH
|
$^3CH_3-OH$

$C_{17}H_{35}COOCH_2$
|
$C_{15}H_{31}COOCH$
|
$\underline{C_{17}H_{35}COOCH_2}$

$\left(\begin{array}{l} C_{17}H_{35}COOCH_2 \\ C_{17}H_{35}COOC^*H \\ C_{15}H_{31}COOCH_2 \end{array}\right)$

(iv) C はパルミチン酸のナトリウム塩なのでセッケンである。そのため，Ca^{2+} や Mg^{2+} を多く含む硬水中では難溶性の金属塩をつくって洗浄力が低下する。

$2C_{15}H_{31}COO^- + Ca^{2+} \longrightarrow \underline{(C_{15}H_{31}COO)_2Ca}\downarrow$

［Ⅱ］ **問 1**　実験 1 より，油脂 A の NaOH 水溶液による加水分解反応(けん化)は次式のように表される(油脂 1 分子中には $-COO-$ が 3 個含まれているため，油脂 1 mol に対して NaOH は 3 mol 必要となる)。

1 油脂 A + 3NaOH $\longrightarrow$ 3 セッケン + $1C_3H_8O_3$(グリセリン)

よって，油脂 A の分子量を M_A とおくと，

油脂 A〔mol〕：$C_3H_8O_3$〔mol〕= 1：1

$$\Leftrightarrow \quad \frac{44.1\,[\text{g}]}{M_A\,[\text{g/mol}]} : \frac{4.60\,[\text{g}]}{92\,[\text{g/mol}]} = 1 : 1 \qquad \therefore M_A = \underline{882}$$

問 2　油脂 A 1 分子に含まれる $>C=C<$ を n 個とおくと，実験 2 における H_2 の付加反応は次式で表される。

1 油脂 A + nH_2 $\longrightarrow$ 油脂 D

よって，実験 2 と**問 1** の結果より，

油脂 A〔mol〕：H_2〔mol〕= 1：n

$$\Leftrightarrow \quad \frac{3.00\,[\text{g}]}{882\,[\text{g/mol}]} : \frac{305 \times 10^{-3}\,[\text{L}]}{22.4\,[\text{L/mol}]} = 1 : n \qquad \therefore \quad n \fallingdotseq \underline{4}\,[個]$$

問 3　実験 3 において，オゾン分解されて生成する本問中のカルボニル化合物 3 つのうち，真ん中に記されたものと，右端に記されたものが(ホルミル基 $-CHO$

が１つのため)脂肪酸Ｂの両端から生成したものとわかる。

よって，生成したカルボニル化合物３つの構造から，以下のようにして脂肪酸Ｂの構造が決まる。

$$CH_3-(CH_2)_4-\overset{H}{\overset{|}{C}}=O + O=\overset{H}{\overset{|}{C}}-CH_2-\overset{H}{\overset{|}{C}}=O + O=\overset{H}{\overset{|}{C}}-(CH_2)_7-\overset{O}{\overset{\|}{C}}-OCH_3$$

（点線で囲んだ）部分を >C=C< へ

エステル化しているところを－COOHへ

Ⓑ $\underline{CH_3-(CH_2)_4-CH=CH-CH_2-CH=CH-(CH_2)_7-COOH}$

問４　問３の結果より，脂肪酸Ｂ１分子中には >C=C< が２個含まれ，また**問２**の結果より，油脂Ａ１分子中には >C=C< が４個含まれていることから，油脂Ａ１分子には脂肪酸Ｂが２分子含まれることがわかる。

以上より，油脂Ａは不斉炭素原子(C^*)を持つことから，脂肪酸Ｂ(R^1COOH) ２分子がグリセリンの１,２位のＣ原子の－OHに，脂肪酸Ｃ(R^2COOH)１分子が３位のＣ原子の－OHにエステル結合した以下のような構造に決まる(仮に油脂ＡがC*をもたない場合は(　　)内の構造となる)。

$$\begin{array}{l} R^1COOCH_2 \\ \quad\quad\;\; | \\ R^1COOC^*H \\ \quad\quad\;\; | \\ {}_A\underline{R^2COOCH_2} \end{array} \qquad \left(\begin{array}{l} R^1COOCH_2 \\ \quad\quad\;\; | \\ R^2COOCH \\ \quad\quad\;\; | \\ R^1COOCH_2 \end{array}\right)$$

よって，油脂Ｄは，

$$\begin{array}{l} R^1COOCH_2 \\ \quad\quad\;\; | \\ R^1COOC^*H \\ \quad\quad\;\; | \\ R^2COOCH_2 \end{array} + 4H_2 \longrightarrow \begin{array}{l} R^2COOCH_2 \\ \quad\quad\;\; | \\ R^2COOCH \\ \quad\quad\;\; | \\ {}_D\underline{R^2COOCH_2} \end{array}$$

C*なし

油脂Ａ　　　　　油脂Ｄ

テーマ

18 エステル④（リン脂質）

フレーム 18

◎リン脂質とは

⇨ **リン脂質は高級脂肪酸 2 つとリン酸化合物 1 つがグリセリンにエステル結合している**（トリエステル，下図）。

⇨ 完全に加水分解すると，2 つの高級脂肪酸（モノカルボン酸）とグリセリンとリン酸と何らかの化合物が得られる。

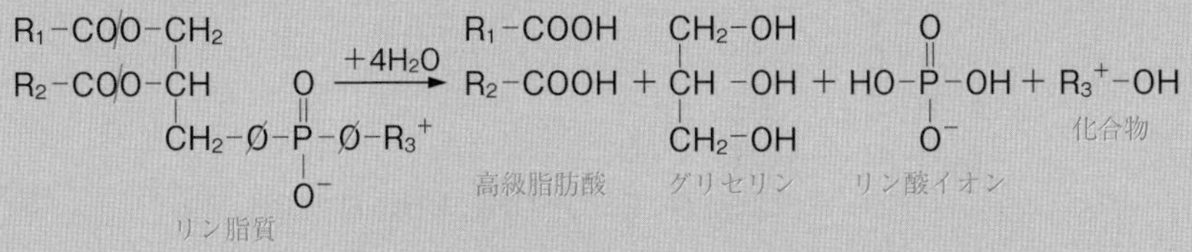

$$\begin{array}{l} R_1-COO-CH_2 \\ R_2-COO-CH \\ \qquad\qquad CH_2-O-\overset{O}{\overset{\|}{P}}(-O^-)-O-R_3^+ \end{array} \xrightarrow{+4H_2O} \begin{array}{l} R_1-COOH \\ R_2-COOH \end{array} + \begin{array}{l} CH_2-OH \\ CH-OH \\ CH_2-OH \end{array} + HO-\overset{O}{\overset{\|}{P}}(-O^-)-OH + R_3^+-OH$$

リン脂質　→　高級脂肪酸　グリセリン　リン酸イオン　化合物

※ $R_1 \sim R_3$ ＝炭化水素基

⇨ リン脂質のおおよその分子構造は決まっているため，構造決定はそのほとんどが「**高級脂肪酸の決定**」である。

⇨ 出題される多くは人体を構成する高級脂肪酸であり，それらはすべて直鎖状のものである（油脂と同じ決め方となる）。

実践問題　　1 回目　2 回目　3 回目

目標：15 分　実施日：　/　　/　　/

［Ⅰ］ 次の文章を読み，**問 1 ～問 3** の答えを記せ。計算問題の解答の場合には，有効数字に注意して必要ならば四捨五入すること。計算に必要な場合には，次の値を用いよ。

原子量：H = 1.00　C = 12.0　N = 14.0　O = 16.0　P = 31.0

気体定数：$R = 8.3 \times 10^3$ Pa·L/(K·mol)

脂質は水に溶けにくく有機溶媒に溶けやすい生物学的に重要な有機分子である。脂質は細胞の中でエネルギーの貯蔵物質であるとともに，細胞膜などの生体膜の構成成分でもある。生体膜を構成する主な分子であるリン脂質は［ア］の部分と[イ]の部分とからできており，生体膜ではリン脂質は[ア]の部分どうしが向かい合った二重層構造をしている。生体膜はリン脂質以外にコレステロールなどその他の脂質やタンパク質などから構成されており，(a)酸素分子を用いた酸化反応など重要な生体反応の場でもある。

レシチンと呼ばれるリン脂質は次図に示すような構造をしている。ここでRは炭化水素鎖を表している。いま，Rの長さや形がそろった，あるレシチンについて考えることにする。このレシチンをリパーゼにより40℃で加水分解した。この反応溶液を酸性にした後，エーテルで抽出すると化合物Aが得られた。この化合物Aは，植物中に存在する油脂をリパーゼで完全に加水分解して得られる化合物の一つと一致した。化合物Aの分子量を測定すると282であった。

```
      O
      ‖
R－C－O－CH2
          |
R－C－O－CH        O                      CH3
      ‖    |        ‖                       |
      O    CH2－O－P－O－CH2－CH2－N⁺－CH3
                    |                       |
レシチン            O⁻                      CH3
```

問１　文章中の[ア]および[イ]に最も適する語句を以下の①～⑦から選び，番号で答えよ。

①　酸　性　　②　親水性　　③　陽　性　　④　陰　性　　⑤　放射性

⑥　アルカリ性　　⑦　疎水性

問２　下線部(a)は，生体膜に酸素分子が溶け込みやすいことを示している。この理由を「極性」という言葉を用いて40字以内で説明せよ。

問３　化合物Aの分子式を記せ。

(2007　広島)

［Ⅱ］　次の文を読んで，**問１～問２**に答えよ。

細胞の成分として，グリセリンに2分子の脂肪酸R－COOH(Rは炭化水素基を表す)とリン酸，糖，アミンなどが結合した複合脂質が多種類存在している。図1は複合脂質の一種であるグリセロリン脂質に共通の構造Aである。グリセロリン脂質のリン酸基には，いろいろな化合物Xが脱水縮合して結合している。動物の細胞には，図2に示した化合物Bがそのヒドロキシ基を介してAのリン酸基に脱水縮合した化合物Cが普遍的に存在している。グリセロリン脂質を構成している脂肪酸のうち，二重結合を2個以上もつ脂肪酸の多くをヒトは食品から摂取している。Cでは，Aの(1)の位置に炭素数が14の飽和脂肪酸がエステル結合しており，(2)の位置には食品から摂取した脂肪酸Dがエステル結合しているとする。(2)の位置のエステル結合だけを加水分解する酵素を15.5gのCに作用させると，6.04gのDが得られた。Dを，触媒の存在下で水素付加すると，分子量312の飽和脂肪酸が得られた。これらの実験における反応はすべて完全に進行し，操作での損失はないものとする。

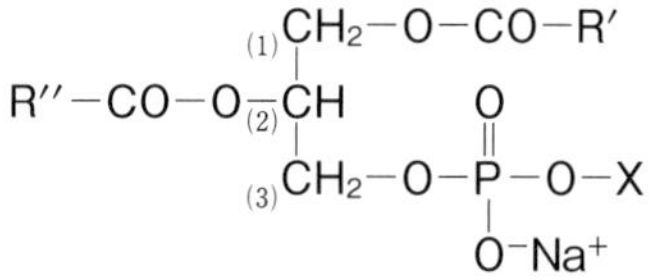

(1) $CH_2-O-CO-R'$
$R''-CO-O-$ (2) CH
(3) $CH_2-O-P(=O)(-O^-Na^+)-O-X$

図1　グリセロリン脂質の共通構造A
(R′とR″は炭化水素基を表す)

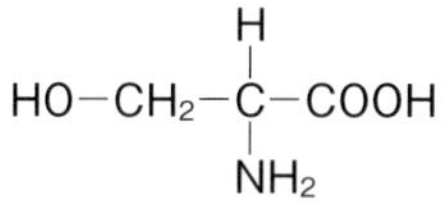

$HO-CH_2-C(H)(NH_2)-COOH$

図2　化合物Bの構造

問1　以下の記述(あ)～(お)のうち正しいものをすべて選び，記号で答えよ。

(あ)　化合物Cは油脂である。

(い)　化合物Cには不斉炭素原子が1個だけ存在する。

(う)　化合物Cに水酸化ナトリウム水溶液を加えて加熱すると，1分子のCから2分子のセッケンが生成する。

(え)　同じ炭素数の脂肪酸を比較したとき，飽和脂肪酸の方が不飽和脂肪酸よりも空気中の酸素により酸化されやすい。

(お)　飽和脂肪酸の融点は炭素原子の数が多いものほど高く，同じ炭素数の脂肪酸の融点を比較したときは二重結合の数が多いものほど低い。

問2　脂肪酸Dについて，次の(1)，(2)の問に答えよ。

(ⅰ)　Dの分子量を記せ。なお，化合物Bの分子量は105，炭素数14の飽和脂肪酸の分子量は228である。原子量は，H = 1.00，C = 12.0，O = 16.0，Na = 23.0，P = 31.0とする。

(ⅱ)　Dの分子式を記せ。

(2010　京都)

解答

［Ⅰ］**問1** ア ⑦　イ ②

問2 生体膜の内部の極性が小さく，無極性分子である酸素は溶け込みやすいため。（35字）

問3 $C_{18}H_{34}O_2$

［Ⅱ］**問1** （う），（お）

問2（ⅰ） 302　（ⅱ） $C_{20}H_{30}O_2$

［解説］

［Ⅰ］ **問1** 生体膜ではリン脂質は極性の小さな$_ア$疎水性の部分と，イオン化していたり極性が大きな$_イ$親水性の部分とからできており（左下図），この$_ア$疎水性の部分どうしが向かい合った二重層構造をしている（右下図）。これを，脂質二重層という。

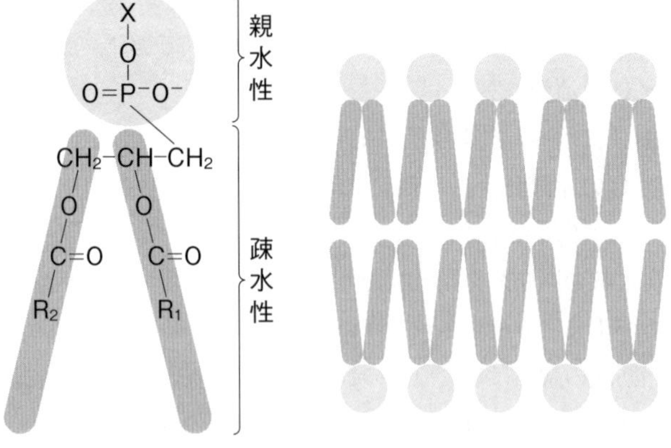

R₁, R₂：脂肪酸

問3 化合物Aは油脂を加水分解して得られる化合物でもあることから，$-COOH$を1つもつ高級脂肪酸（モノカルボン酸）であり，$C_mH_nO_2$とおくことができる（グリセリン$C_3H_8O_3$は分子量92であるため化合物Aには該当しない）。

よって，化合物Aの分子量（＝282）から，次式が成り立つ。

$$C_mH_nO_2 = 282$$

$$\Leftrightarrow \quad 12m + n + 16 \times 2 = 282$$

$$\Leftrightarrow \quad n = 250 - 12m$$

ここで，油脂を構成する高級脂肪酸のC原子数は偶数で16または18であることが多いため，mに16，18を代入していく。

$m = 16$のとき，$n = 58$　($> 2m + 2$：H 原子数の最大数)　⇨　不適

$m = 18$のとき，$n = 34$　($< 2m + 2$：H 原子数の最大数)　⇨　適当

以上より，化合物Aの分子式は，$\underline{C_{18}H_{34}O_2}$となる(本問からはC=Cの位置は判断できないが，おそらくオレイン酸$C_{17}H_{33}COOH$であろう)。

※$m = 20$のとき，$n = 10$となり，「$n < 2m + 2$」を満たすが，油脂を構成する$C_{20}H_{10}O_2$で表される高級脂肪酸は天然には存在しない。

［Ⅱ］**問1**　(あ)　(誤)　油脂とは，高級脂肪酸とグリセリンからなる単純脂質であり，化合物Cは題意より構成成分としてリン酸を含むため複合脂質である。

(い)　(誤)　不斉炭素原子は，化合物Aのグリセリン部分に1個(図1(2)のC原子)と，AのX部分に1個(化合物B(セリン))あるため，AとBから構成される化合物C中の不斉炭素原子は2個である。

(う)　(正)　化合物C中には2分子の高級脂肪酸(C数14の飽和脂肪酸と脂肪酸D)が含まれているため，けん化により1分子のCからセッケンは2分子生成する。

(え)　(誤)　不飽和脂肪酸はC=Cを持ち，この構造は反応性が高く酸化されやすい。

(お)　(正)　飽和脂肪酸はC原子の数が多いほど分子量が大きくなり，(分子間力が強くなることで)融点は高くなる。また，C原子の数が同じ脂肪酸では，C=Cの数が多いほど(天然に存在するものはシス形となる)分子が折れ曲がって分子どうしの接触面積が小さくなる。よって，分子間力が働きにくくなるため，C=Cの数が多い脂肪酸ほど融点は低くなる。

問2　(ⅰ)　題意より，化合物Cは図1の化合物AのX部分に化合物B(セリン)がエステル結合した構造であり，次式のように加水分解される。

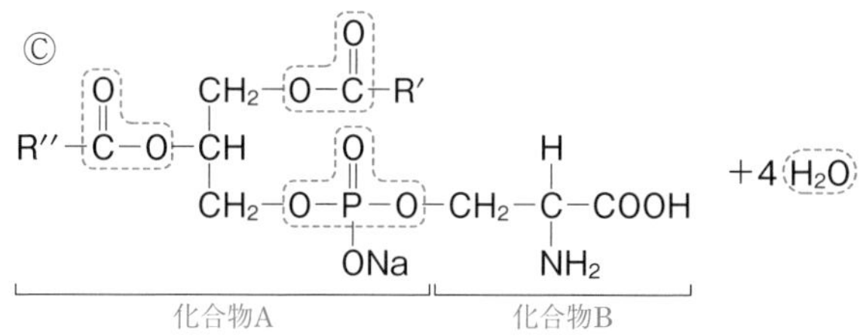

$\longrightarrow$ 化合物B＋脂肪酸D＋$C_{14}H_{28}O_2$＋$C_3H_8O_3$＋NaH_2PO_4
　　　　　　　　　　　　飽和脂肪酸　グリセリン

ここで，化合物Cと脂肪酸Dの分子量をそれぞれM_C，M_Dとおくと，質量保存の法則より，次式が成り立つ。

$$M_C + 4 \times 18(H_2O) = 105(\text{化合物B}) + M_D + 228(C_{14}H_{28}O_2) + 92(C_3H_8O_3) + 120(NaH_2PO_4)$$

$$\therefore \quad M_C = M_D + 473$$

また，上式の化合物Cと脂肪酸Dの物質量〔mol〕の関係より，

化合物C〔mol〕：脂肪酸D〔mol〕＝1：1

$$\frac{15.5\,[\text{g}]}{M_D + 473\,[\text{g/mol}]} : \frac{6.04\,[\text{g}]}{M_D\,[\text{g/mol}]} = 1 : 1$$

$$\therefore \quad M_D = \underline{302}$$

（ⅱ） 脂肪酸DにH_2を付加して得られた飽和脂肪酸D′の分子式を$C_nH_{2n}O_2$とおくと，この飽和脂肪酸の分子量について，

$$C_nH_{2n}O_2 = 312$$

$$\Leftrightarrow \quad 14n + 32 = 312 \qquad \therefore \quad n = 20$$

また，脂肪酸D(＝302)と飽和脂肪酸D′(＝312)の分子量の差「312－302＝10」より，H_2(＝2)は5分子付加したことがわかる(次式)。

$$\boxed{\text{化合物D}} + 5H_2 \longrightarrow {}^{Ⓓ'}C_{20}H_{40}O_2$$

よって，原子保存則より，脂肪酸Dの分子式は，

$$(\text{脂肪酸Dの分子式}) = {}^{Ⓓ'}C_{20}H_{40}O_2 - 5 \times H_2 = \underline{C_{20}H_{30}O_2}$$

テーマ 19 エステル⑤（核酸）

フレーム 19

◎核酸とは

⇨　細胞の核から取り出した酸性物質という意味で，遺伝において中心的な役割を果たしている高分子化合物の総称。

⇨　核酸は，五炭糖（次図はデオキシリボース）の 1 位の C 原子に（核酸）塩基が，5 位の C 原子にリン酸がエステル結合したヌクレオチドが単量体となる。

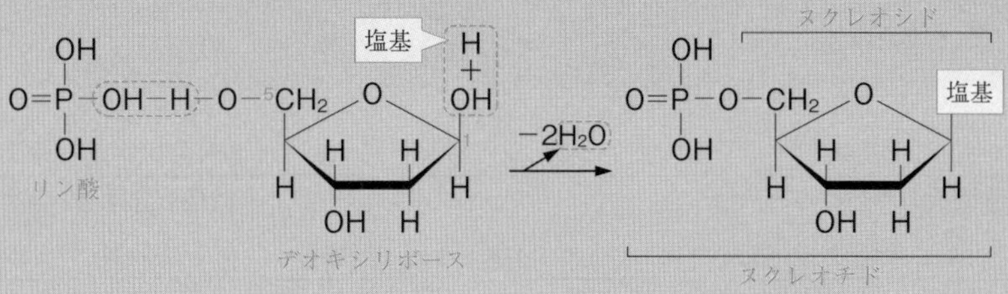

⇨　単量体であるヌクレオチドのリン酸のヒドロキシ基－OH 部分と，別のヌクレオチドの五炭糖部分の 3 位の C 原子のヒドロキシ基－OH が縮合重合したポリヌクレオチドが核酸である。

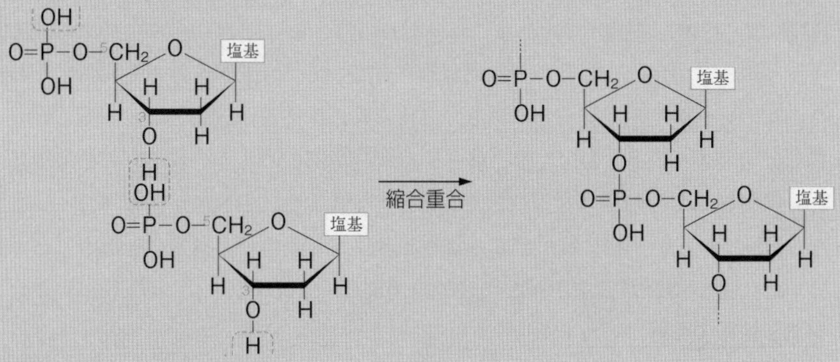

◎一次構造とは

⇨　ポリヌクレオチド鎖のヌクレオチド単位中の核酸塩基の並んでいる配列順序のこと。

◎核酸の一次構造の決定

⇨ 核酸の一次構造(塩基配列)は，以下の2ステップで決定する。

Step1 DNAの二重らせん構造を解離し，一本鎖にする。

Step2 水素結合のペアとなる核酸を配置・配列する。

※1 DNAの複製の場合，DNAの水素結合のペアは「A−T」・「G−C」である。

［例］ 親鎖 −T A T G G A C G T A C A−

娘鎖 −A T A C C T G C A T G T−

※2 転写(タンパク質合成)の場合，mRNAの水素結合のペアは「A−U」・「G−C」である。

［例］ DNA −T A T G G A C G T A C A−

mRNA −A U A C C U G C A U G U−

実践問題　　1回目　2回目　3回目

目標：8分　実施日：　／　　／　　／

次の文章を読み，**問1～問5**の設問に答えよ。全問を通して，必要ならば次の数値を用いよ。原子量：H = 1.0，C = 12.0，N = 14.0，O = 16.0

遺伝情報を持つDNAは，分子内にアデニン(A)，グアニン(G)，シトシン(C)およびチミン(T)の4種類の核酸塩基(有機塩基または単に塩基と呼ぶこともある)と，1種類の糖デオキシリボースをもつポリヌクレオチドである。一方，RNAは，核酸塩基(T)の代わりにウラシル(U)となっており，また，糖もデオキシリボースではなく，リボースに置換されている。(ア)DNAはらせん状になった二本の分子間で水素結合をつくり，二重らせん構造を形成している。細胞が分裂して増殖するとき，DNAの二重らせん構造がほどけて，それぞれの核酸塩基部分に相補した核酸塩基をもつヌクレオチドが結合し，DNAが複製される。また，DNAからタンパク質が合成されるときは，二重らせん構造の一部がほどけて，その遺伝情報が伝令RNAに核酸塩基配列のかたちで伝えられる。(イ)これを遺伝情報の転写という。

さて，DNAの二重らせん構造を明らかにした研究者がノーベル生理学・医学賞を受賞したのは1962年である。そして2015年には，(ウ)外的要因により損傷を受けたDNAが修復される過程を明らかにした研究者にノーベル化学賞が授与され，今やDNAは化学物質(生体高分子)として扱われることになったとも言える。たとえば，DNA を機能性材料として利用する研究も進められている。

問 1　下線(ア)の水素結合により対を形成する核酸塩基の組み合わせをすべて記号で記せ。

問 2　図 1 は，リボースが水中で形成することのできる鎖状構造である。これが環状構造を形成したときにリン酸や核酸塩基が脱水縮合により結合して RNA を構成するが，このとき，リン酸および核酸塩基はどの炭素に結合しているか。それぞれ炭素に記した記号ですべて答えよ。

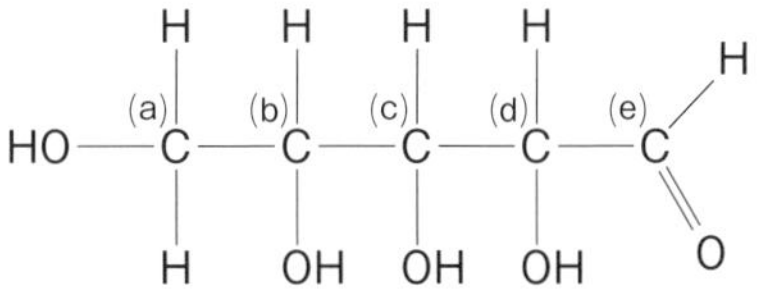

図 1　リボースの鎖状構造

問 3　下線(イ)に関連して，DNA の二重らせん構造の一部がほどけた塩基配列 −TACAGACAT− があった場合，この配列から転写される RNA の塩基配列を，記号を並べて記せ。

問 4　ある核酸塩基について，元素分析を行ったところ，重量百分率は炭素 47.6 %，水素 4.8 %，窒素 22.2 %，酸素 25.4 %であった。この核酸塩基の組成式を記せ。ただし，核酸塩基は脱水縮合する前の状態とする。

問 5　下線(ウ)に関連して，DNA 損傷の一つとして，核酸塩基からアミノ基が脱離する反応が知られている。アミノ基を有する核酸塩基はどれか。A, G, C, T から選んですべて記号で答えよ。

（2017　奈良県立医科）

解答

問 1　C−G，A−T

問 2　リン酸…(a)，(c)　　核酸塩基…(e)

問 3　−AUGUCUGUA−

問 4　$C_5H_6N_2O_2$

問 5　A，G，C

[解説]

問 1　核酸(次図はDNA)を構成する塩基部分では,「アデニンAとチミンT(RNAではウラシルU)」,「グアニンGとシトシンC」の間で水素結合を形成して塩基対となりやすい。

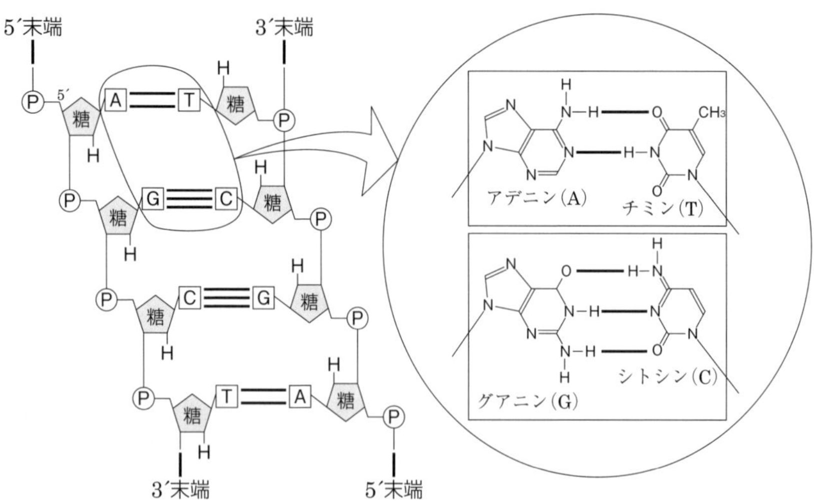

問 2　RNAを構成している五炭糖はリボースであり,このヌクレオチドを加水分解すると,以下のようになる。

塩基
+2H_2O
リン酸
+塩基
リボース

また,加水分解により生じた環状構造の(β－)リボースは,水溶液中では,次式のように開環して鎖状構造との平衡状態となっている。よって,鎖状構造のリボースにおいてリン酸H_3PO_4とエステル結合していた5位のC原子は(a),塩基と結合していた1位のC原子は(e)である。

開環

※実際には，平衡状態となる環状構造にはβ－リボースだけでなく，α－リボースもある。

なお，このヌクレオチドが縮合重合してRNAとなる際は，3位のC原子(c)に結合している－OHがリン酸H_3PO_4由来の－OHと縮合する。

問3 DNAからmRNAに転写される塩基は，DNAの塩基に対する水素結合のペアの塩基(A－U，G－C)となる(次図)。

DNA　－T A C A G A C A T－
mRNA　－A U G U C U G U A－

問4 この核酸塩基の組成比は，各元素の質量％から物質量〔mol〕比を求めればよいので(⇨P.119)，

C原子〔mol〕：H原子〔mol〕：N原子〔mol〕：O原子〔mol〕

$$= \frac{47.6}{12} : \frac{4.8}{1} : \frac{22.2}{14} : \frac{25.4}{16}$$

$$\fallingdotseq 3.96 : 4.8 : 1.58 : 1.58$$

（一番小さい値である1.58で全体を割る）

$$\fallingdotseq 2.5 : 3 : 1 : 1$$

（最も簡単な整数比にするべく全体に2を掛ける）

$$= 5 : 6 : 2 : 2$$

よって，組成式は，$\underline{C_5H_6N_2O_2}$となる。

問5 アミノ基$-NH_2$を有する塩基は，アデニン(A)，グアニン(G)，シトシン(C)の3つである。

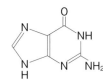

アデニン(A)　グアニン(G)

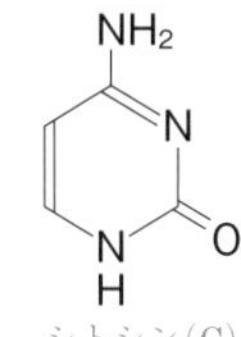

シトシン(C)

チミン(T)
(DNAのみに存在)

ウラシル(U)
(RNAのみに存在)

テーマ

20 アミド①(芳香族)

フレーム 20

◎アミドとは

⇨ アミド結合－NHCO－を持つ化合物。

◎異性体の書き出しステップ

Step1 R_1－NHCO－R_2 における R_1 と R_2 に C 原子を割り振る。

※N 原子側の R には, C 原子は最低 1 つ割り振る(⇨H 原子のみだと加水分解後, NH_3 になってしまう)。

Step2 R_1 と R_2 のそれぞれの C 骨格を書き出す(連鎖異性体)。

※ C 原子が 6 以上の場合は, ベンゼン環を作る。

※ H 原子は省略し, 不斉炭素原子をもつときには＊を付記しておくと推定の際に便利である。

［例］ C_8H_9NO で表される芳香族のアミド

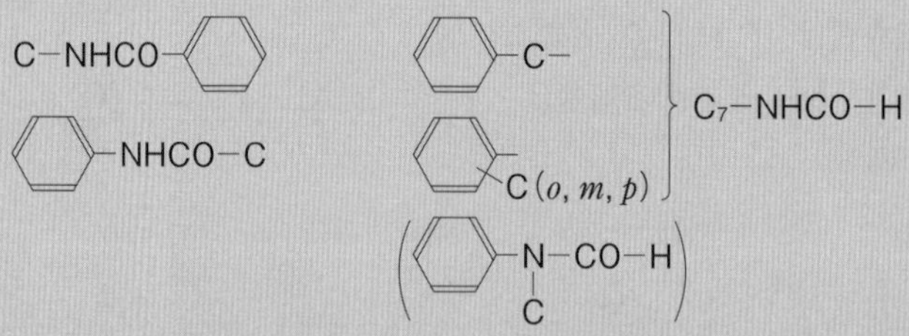

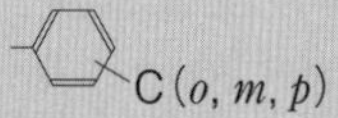

C－NHCO－(ベンゼン環)

(ベンゼン環)－NHCO－C

(ベンゼン環)－C－ ／ (ベンゼン環)－C (o, m, p) } C_7－NHCO－H

((ベンゼン環)－N(－C)－CO－H)

※ (ベンゼン環)－C (o, m, p) の表記は, －(ベンゼン環) の o, m, p 位のいずれかの C 原子に CH_3－が結合することを表している。

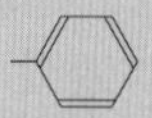

※ C 原子数が 9 以上の場合にはアミドの異性体は書き出さず, 加水分解生成物であるカルボン酸とアミンの特定を優先する。これは, 異性体を書き出すことで逆に時間的ロスが生じる場合がほとんどだからである。

◎異性体の絞り込みに用いる反応(加水分解反応)

⇨ 塩酸あるいは水酸化ナトリウム水溶液を加えて加熱する。

⇨ 生成する R－COOH(カルボン酸ナトリウム R－COONa)とアミン R－NH_2(あるいは R_1－NH－R_2)の反応や性質で構造決定する。

※異性体の数が少ない場合，加水分解生成物であるカルボン酸やアミンも書いておくと問題を解く上では便利。

［例］ C_8H_9NO で表される芳香族のアミドとその加水分解生成物

C−N(H)−C(=O)−(ベンゼン環) $\xrightarrow{+H_2O}$ C−N(H)−H ＋ (ベンゼン環)−C(=O)−OH

(ベンゼン環)−N(H)−C(=O)−C $\xrightarrow{+H_2O}$ (ベンゼン環)−N(H)−H ＋ C−C(=O)−OH

(ベンゼン環)−C−, (ベンゼン環)−C (o, m, p) ＝ C_7 として C_7−N(H)−C(=O)−H $\xrightarrow{+H_2O}$ (ベンゼン環)−C−N(H)−H ＋ H−C(=O)−OH ／ (ベンゼン環)(−C (o, m, p))−N(H)−H ＋ H−C(=O)−OH

((ベンゼン環)−N(C)−C(=O)−H $\xrightarrow{+H_2O}$ (ベンゼン環)−N(C)−H ＋ H−C(=O)−OH)

第二級アミン

実践問題　　1回目　2回目　3回目

目標：15分　実施日：　／　　／　　／

次の文章を読み，以下の問いに答えよ。

不斉炭素を1つもつ化合物Aがある。その分子式は $C_{11}H_{12}N_2O_5$ で，(a)炭酸水素ナトリウムの水溶液に気体を発生しながら溶けた。化合物Aを水酸化ナトリウム水溶液と加熱したところ，パラ二置換ベンゼンの化合物Bが黄色の固体として沈殿した。この化合物Bは分子量138で，希塩酸によく溶けた。化合物Bをろ過で分離した後，ろ液に希塩酸を加えて酸性とし，エーテルで抽出したところ，エーテル層から白色の固体の化合物Cが得られた。定性分析の結果，化合物Cには窒素は含まれていなかった。また，化合物B, Cともに不斉炭素はもっていなかった。(b)化合物Aを触媒(パラジウム)の存在下で水素を用いて還元し，化合物Dを得た。化合物Dは加熱すると高分子化合物Eになった。

問1　化合物Aで，炭素，水素，窒素のそれぞれの含有率を，質量パーセント表示で小数第1位まで求めよ。

問2　下線部(a)の反応について，化学反応式を書け。なお，化合物Aは，例にならって，反応に関わる官能基のみを示した化学式で書くこと。

［例］　$2ROH + 2Na \longrightarrow 2RONa + H_2$

問3　化合物A～Eの構造式を示せ。

問4　下線部(b)の還元は，通常，鉄あるいはスズと塩酸を作用させる。しかし，化合物Aを鉄と塩酸で反応させたが，化合物Dは得られなかった。その理由および生成物を記せ。

（2007　横浜市立・医）

解答

問1　C原子…52.4％　　H原子…4.8％　　N原子…11.1％

問2　$RCOOH + NaHCO_3 \longrightarrow RCOONa + CO_2 + H_2O$

問3

A　$O_2N-C_6H_4-NH-C(=O)-CH(CH_2-CH_3)-COOH$

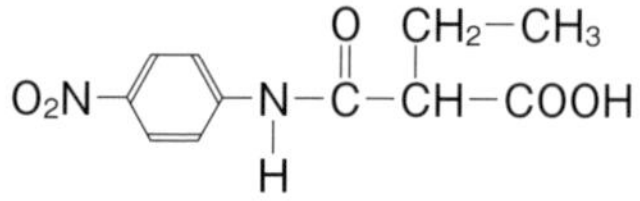

B　$O_2N-C_6H_4-NH_2$

C　$CH_3-CH_2-CH(COOH)-COOH$

D　$H_2N-C_6H_4-NH-C(=O)-CH(CH_2-CH_3)-COOH$

E　$\left[NH-C_6H_4-NH-C(=O)-CH(CH_2-CH_3)-C(=O) \right]_n$

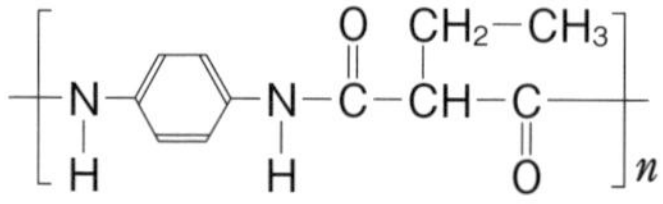

問4　塩酸を用いることで化合物Aのアミド結合が加水分解されてしまうため。

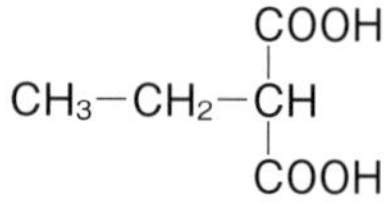

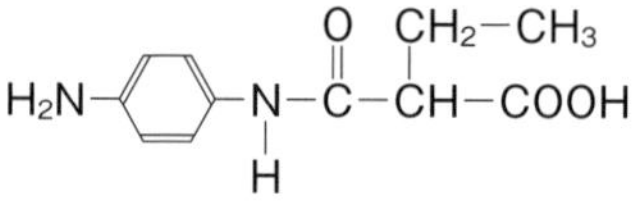

生成物　$O_2N-C_6H_4-NH_3Cl$, $CH_3-CH_2-CH(COOH)-COOH$

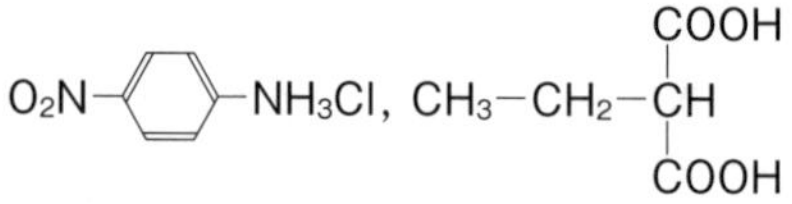

[解説]

問 1 Ⓐ$C_{11}H_{12}N_2O_5$(= 252)の各元素の含有率(質量 %)は以下のように求められる。

C 原子 $\dfrac{12\times 11}{252}\times 100 \fallingdotseq 52.38\cdots \fallingdotseq \underline{52.4}$〔%〕

H 原子 $\dfrac{1\times 12}{252}\times 100 \fallingdotseq 4.76\cdots \fallingdotseq \underline{4.8}$〔%〕

N 原子 $\dfrac{14\times 2}{252}\times 100 \fallingdotseq 11.11\cdots \fallingdotseq \underline{11.1}$〔%〕

問 2 化合物 A は炭酸水素ナトリウム $NaHCO_3$ 水溶液に気体を発生しながら溶けたことから，化合物 A はカルボキシ基 $-COOH$ をもつことがわかる。次式で表されるこの反応は，カルボン酸より弱い炭酸 H_2CO_3 を遊離させる弱酸遊離反応を利用している。

$$\underline{R-COOH + NaHCO_3 \longrightarrow R-COONa + \underbrace{CO_2\uparrow + H_2O}_{(H_2CO_3)}}$$

問 3 [化合物 A について]

不斉炭素原子を 1 つもつⒶ$C_{11}H_{12}N_2O_5$ の不飽和度 Iu は,

$$Iu = \frac{(2\times 11+2+2)-12}{2} = 7$$

ここで，(加水分解生成物の化合物 B が芳香族化合物のため)化合物 A は芳香族化合物であり，不飽和度 4 はそのベンゼン環 1 つに含まれる。また，**問 2** にもあるように，$NaHCO_3$ 水溶液と反応したことから，カルボキシ基 $-COOH$(不飽和度 1)を最低 1 つ持つことがわかる。さらに，NaOH 水溶液で加水分解されることから，(O 原子が 5 個なので)アミド結合 $-NHCO-$ 1 つ(不飽和度 1)やエステル結合 $-COO-$(不飽和度 1)などを最低 1 つ持つこともわかる。

[化合物 B について]

パラ二置換体で，黄色の固体だったことから，ベンゼン環に直接ニトロ基 $-NO_2$ が結合している次図のような構造を持つことがわかる。

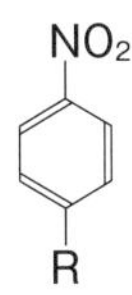

さらに，$-R$ に該当する構造の式量は「$138-122=16$」であり，希塩酸に溶けたことから，$-R$ は塩基性の官能基であるアミノ基 $-NH_2(=16)$ であることがわかる（化合物 C に N 原子が含まれていないという記述からも化合物 B に N 原子 2 個が含まれることがわかる）。以上より，化合物 B は以下の構造に決まる。

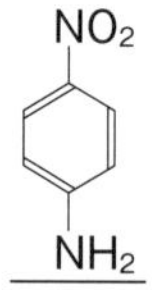

Ⓑ（ベンゼン環の対位に NO_2 と NH_2）

[化合物 C について]

化合物 A を加水分解して，化合物 B と化合物 C が得られる反応は次式で表される。

$$^{Ⓐ}C_{11}H_{12}N_2O_5 + H_2O \longrightarrow {}^{Ⓑ}C_6H_6N_2O_2 + \boxed{\text{化合物 C}}$$

ここで，化合物 C の分子式は，原子保存則より，

（化合物 C の分子式）$= ({}^{Ⓐ}C_{11}H_{12}N_2O_5 + H_2O) - {}^{Ⓑ}C_6H_6N_2O_2 = C_5H_8O_4$

$^{Ⓒ}C_5H_8O_4$ の不飽和度 Iu は，$Iu = \dfrac{(2\times5+2)-8}{2} = 2$

アミド結合 $-NHCO-$ 由来のカルボキシ基 $-COOH$（化合物 B は $-COOH$ を持たないため）と，化合物 A 由来（$NaHCO_3$ と反応した）のカルボキシ基 $-COOH$ の計 2 つの $-COOH$（不飽和度 1）を持つ。よって，化合物 C の構造異性体は以下の 4 つ存在する。

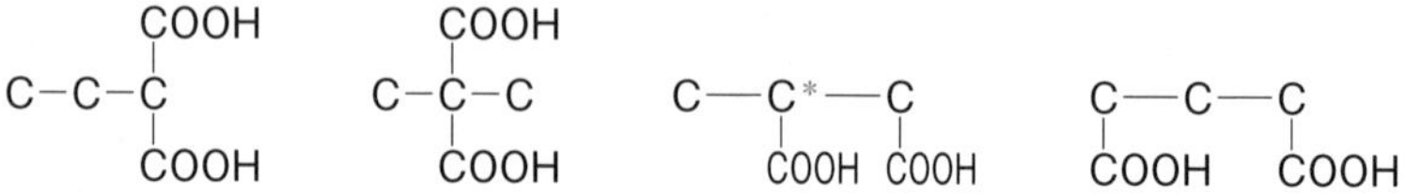

```
     COOH          COOH
      |             |
C－C－C        C－C－C       C—C*—C        C—C—C
      |             |           |    |      |       |
     COOH          COOH       COOH COOH   COOH    COOH
```

ここで，化合物 C は不斉炭素原子（C^*）を持たないが，アミド結合 $-CONH-$ を 1 個つくることで不斉炭素原子（C^*）を持つため（左下図），右下図の構造に決まる。

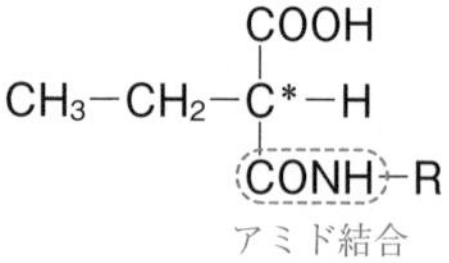

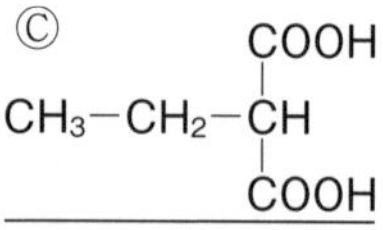

```
                 COOH                     Ⓒ         COOH
                  |                                  |
CH3－CH2－C*－H                   CH3－CH2－CH
                  |                                  |
                 (CONH)－R                          COOH
                 アミド結合
```

［化合物 A，D，E について］

以上より，不斉炭素原子を 1 つ持つ Ⓐ $C_{11}H_{12}N_2O_5$ の構造は次式に決まる。

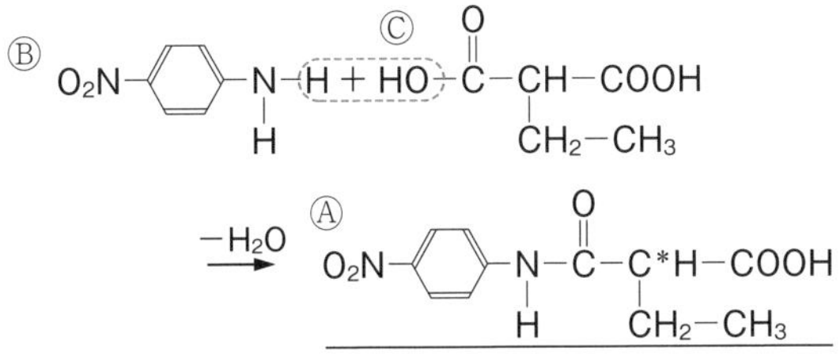

Ⓑ O_2N–C_6H_4–N(H)–H ＋ Ⓒ HO–C(=O)–CH(CH_2-CH_3)–COOH

$\xrightarrow{-H_2O}$ Ⓐ O_2N–C_6H_4–N(H)–C(=O)–C*H(CH_2-CH_3)–COOH

また，化合物 A を H_2 で還元すると，ニトロ基 $-NO_2$ がアミノ基 $-NH_2$ となった化合物 D が生じる。

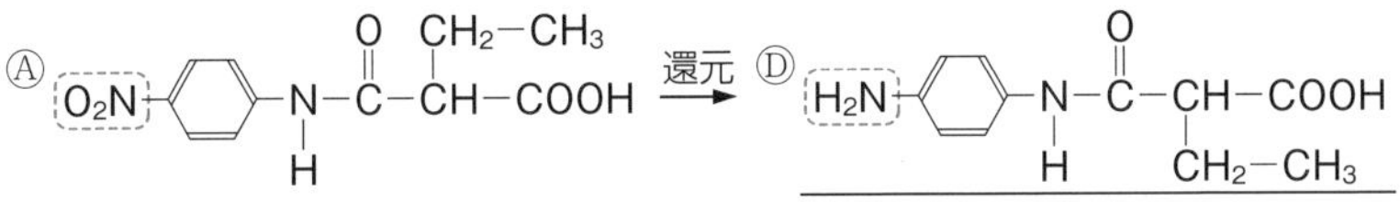

Ⓐ O_2N–C_6H_4–N(H)–C(=O)–CH(CH_2-CH_3)–COOH $\xrightarrow{還元}$ Ⓓ H_2N–C_6H_4–N(H)–C(=O)–CH(CH_2-CH_3)–COOH

さらに，化合物 D はアミノ基 $-NH_2$ とカルボキシ基 $-COOH$ の 2 つの官能基をもつため，分子間で縮合重合し，ポリアミドである化合物 E となる。

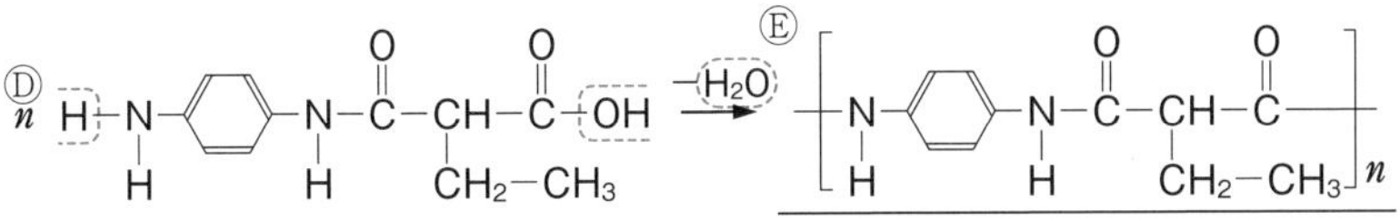

Ⓓ n H–N(H)–C_6H_4–N(H)–C(=O)–CH(CH_2-CH_3)–C(=O)–OH $\xrightarrow{-H_2O}$ Ⓔ $[$–N(H)–C_6H_4–N(H)–C(=O)–CH(CH_2-CH_3)–C(=O)–$]_n$

問 4　塩酸を用いることで化合物 A のアミド結合 $-NHCO-$ が加水分解され，化合物 B の塩酸塩と化合物 C が生じる（次式）。

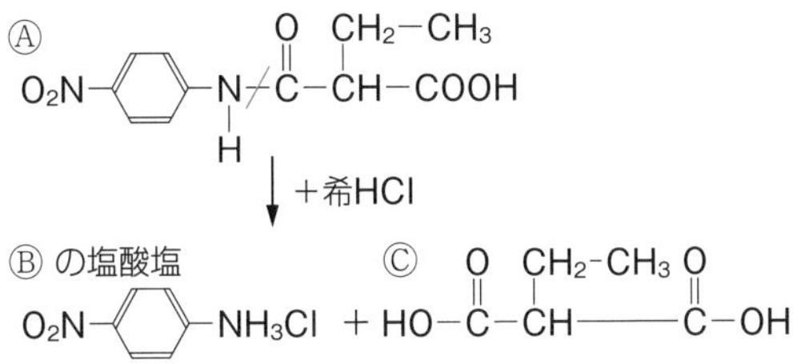

Ⓐ O_2N–C_6H_4–N(H)–C(=O)–CH(CH_2-CH_3)–COOH

↓ ＋希 HCl

Ⓑ の塩酸塩 O_2N–C_6H_4–NH_3Cl ＋ Ⓒ HO–C(=O)–CH(CH_2-CH_3)–C(=O)–OH

テーマ 21

アミド②(ペプチド)

フレーム 21

◎タンパク質の一次構造の決定

⇨ ある特定のアミノ酸に作用する(特異性のある)分解酵素を用い，ペプチドを部分的に切断する。

⇨ 用いる酵素を変えながら，切断した断片を呈色反応や分子量測定を用いて各断片のアミノ酸を検出したり配列を決定していくことで，元のペプチドの配列(一次構造)が決定できる。

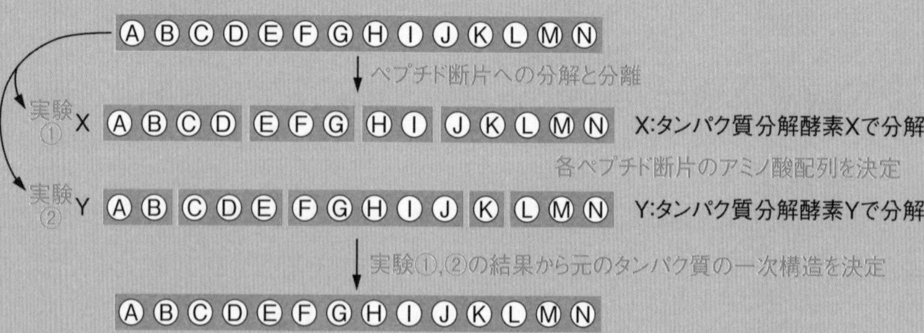

◎呈色反応(ビウレット反応)

⇨ あるペプチドに水酸化ナトリウム NaOH 水溶液を加えたのち，硫酸銅(Ⅱ) $CuSO_4$ 水溶液を加えることで赤紫色を呈することがある。

呈色の有無	わかること
呈色○	アミノ酸３個(トリペプチド)以上のペプチド
呈色×	アミノ酸２個(ジペプチド)以下のペプチド

実践問題　　1回目　2回目　3回目

目標：25分　実施日：　／　　／　　／

［Ⅰ］ タンパク質を部分的に加水分解して，分子量219のトリペプチドAを得た。このトリペプチドAを完全に加水分解したところ，グリシンとα－アミノ酸Bが2：1のモル比で得られた。ただし，構造式を答える場合は，次の列に従って記せ。

$$
\begin{array}{ccccccccc}
 & & \mathrm{H} & & \mathrm{H} & & \mathrm{H} & & \\
 & & | & & | & & | & & \\
\mathrm{H_2N} & — & \mathrm{C} & — & \mathrm{C} & — & \mathrm{C} & — & \mathrm{C} — \mathrm{OH} \\
 & & | & & | & & | & & \| \\
 & & \mathrm{H} & & \mathrm{H} & & \mathrm{H} & & \mathrm{O}
\end{array}
$$

設問(1)：グリシンの等電点は，pH6 である。pH2，pH6，pH10 の水溶液中において，主として存在するグリシンの構造式を記せ。

設問(2)：元素分析の結果から，α－アミノ酸 B は，C 34.3%，H 6.67%，N 13.3%，O 45.7%の組成をもつことが判明した。B の分子式を記せ。

設問(3)：α－アミノ酸 B の構造式を記せ。ただし，立体異性体については無視してよい。

設問(4)：トリペプチド A として，可能性がある異性体の構造式をすべて記せ。ただし，立体異性体については無視してよい。

（2006　名古屋）

［Ⅱ］ 次図のように，7 個のアミノ酸からなるペプチド P がある。

Gly － [a] － [b] － [c] － [d] － [e] － Lys
(N 末端)　　　　　　　　　　　　　　　　　　　(C 末端)

このペプチド P のアミノ酸配列を決定するために実験を行い，以下のような結果が得られた。

① 構成するアミノ酸は，表の 6 種類であった。

② ペプチド P の N 末端は Gly，C 末端は Lys であった。

③ 酵素 A は，ベンゼン環を有するアミノ酸のカルボキシ基側を加水分解により切断する酵素である。ペプチド P を酵素 A で切断したところ，A1 と A2 という 2 種類のペプチドが得られた。ペプチド A2 の N 末端は Ser であった。

④ 酵素 B は，Lys のカルボキシ基側を加水分解により切断する酵素である。ペプチド P を酵素 B で切断したところ，B1 と B2 という 2 種類のペプチドが得られた。

⑤ 実験③と④でできたペプチド A1，A2，B1，B2 に水酸化ナトリウム溶液を加えてアルカリ性にしたのち，少量の硫酸銅(Ⅱ)水溶液を加えると，A2 と B1 のみが赤紫色を呈した。

⑥ ペプチド A1，A2，B1，B2 に濃硝酸を加えて加熱すると，A1 と B1 のみが黄色になった。さらに黄色を呈した A1 と B1 にアンモニア水を加え，アルカリ性にすると橙色を呈した。

⑦　ペプチドA1，A2，B1，B2に水酸化ナトリウムを加えて加熱したのち冷却し，酢酸鉛(Ⅱ)水溶液を加えると，A2とB2のみが黒色沈殿を生じた。

表　ペプチドPを構成するアミノ酸

	アミノ酸	3文字表記	分子量
1	アラニン	Ala	89
2	グリシン	Gly	75
3	システイン	Cys	121
4	セリン	Ser	105
5	チロシン	Tyr	181
6	リシン	Lys	146

問1　実験⑤，⑥の反応の名称を次の選択肢からそれぞれ選びなさい。

〈選択肢〉

1　硫黄反応　　　　2　キサントプロテイン反応

3　ジアゾ化反応　　4　ニンヒドリン反応

5　ビウレット反応　6　フェーリング反応

問2　ペプチドPの配列［ a ］～［ e ］に入るアミノ酸を表中より選びなさい。

問3　一般的なアミノ酸の定量法に亜硝酸との反応がある。これはアミノ基1個につき亜硝酸1分子が反応した結果，1分子の窒素ガス(N_2)と水(H_2O)を産生することを利用している。

$$R-NH_2 + HNO_2 \longrightarrow R-OH + N_2 + H_2O$$

ここで，Rは任意の構造式をあらわす。

15.1gのペプチドPと十分な量の亜硝酸を反応させたとき，窒素ガス［ ア ］.［ イ ］［ ウ ］gを生成する。ただし，リシンは分子内にアミノ基を2つもつアミノ酸である。また，前の反応は酸性条件下でペプチド結合の切断はないものとする。

（2008　慶應・薬）

解答

［Ⅰ］**設問 1**　pH2　　pH6　　pH10

```
          H  O              H  O             H  O
          |  ||             |  ||            |  ||
H3N+ — C — C — OH   H3N+ — C — C — O−   H2N — C — C — O−
          |                 |                |
          H                 H                H
```

設問 2　$C_3H_7NO_3$　　**設問 3**

```
        H
        |
    H — C — OH
        |
H2N — C — C — OH
        |   ||
        H   O
```

設問 4

```
                                  H
                                  |
       H  O        H  O       H — C — OH      O
       |  ||       |  ||          |           ||
H2N — C — C — NH — C — C — NH — C ——————————— C — OH
       |           |              |
       H           H              H
```

```
                   H
                   |
       H  O    H — C — OH     O         H  O
       |  ||       |          ||        |  ||
H2N — C — C — NH — C ———————— C — NH — C — C — OH
       |           |                    |
       H           H                    H
```

```
       H
       |
   H — C — OH     O         H  O         H  O
       |          ||        |  ||        |  ||
H2N — C ————————— C — NH — C — C — NH — C — C — OH
       |                    |            |
       H                    H            H
```

［Ⅱ］**問 1** 実験⑤　5　　実験⑥　2

問 2 a　5　　b　4　　c　1　　d　6　　e　3

問 3 ア　1　　イ　6　　ウ　8

［解説］

［Ⅰ］　**設問(2)**　グリシンを Gly と表し，α－アミノ酸 B の分子量を M_B とおくと，トリペプチド A の加水分解反応において，分子量について以下のような関係がある。

$$A + 2H_2O \longrightarrow 2Gly + B$$

分子量　$219 + 2 \times 18 = 2 \times 75 + M_B$　　$\therefore$　$M_B = 105$

よって，B の分子式中の各原子の個数は以下のように求めることができる。

$$\text{C 原子数：}\frac{105\times\frac{34.3}{100}}{12}\fallingdotseq 3\text{〔個〕}\qquad \text{H 原子数：}\frac{105\times\frac{6.67}{100}}{1}\fallingdotseq 7\text{〔個〕}$$

$$\text{N 原子数：}\frac{105\times\frac{13.3}{100}}{14}\fallingdotseq 1\text{〔個〕}\qquad \text{O 原子数：}\frac{105\times\frac{45.7}{100}}{16}\fallingdotseq 3\text{〔個〕}$$

以上より，Bの分子式は$C_3H_7NO_3$となる。

設問(3)　Bはα－アミノ酸の一種なので，α－アミノ酸の共通部分の原子($C_2H_4NO_2$)を分子式($C_3H_7NO_3$)から引くと，側鎖部分の原子数は，

$$C_3H_7NO_3 - C_2H_4NO_2 = CH_3O$$

よって，α－アミノ酸Bは，その側鎖が$-CH_2OH$のセリンである。

設問(4)　グリシンをGly，セリンをSerと表すと，トリペプチドAとして右の3種の構造が可能である。

N末端 ｛Ser－Gly－Gly／Gly－Ser－Gly／Gly－Gly－Ser｝ C末端

［Ⅱ］ **問1，2**　各実験からわかることを，実験ごとに以下にまとめる。

実験①　題意より，ペプチドPは7個のアミノ酸からなることから，重複するアミノ酸が1つ存在する。

実験②　(N末端) Gly－[a]－[b]－[c]－[d]－[e]－Lys (C末端)

実験③　A2のN末端はSer(セリン)のため，A1のC末端はベンゼン環を含むTyr(チロシン)であることがわかる。

［A1］(N末端) Gly－？？？－Tyr (C末端)

［A2］(N末端) Ser－？？？－Lys (C末端)

つまり，ペプチドPは以下のようなアミノ酸配列だと考えられる。

［ペプチドP］(N末端) Gly－？？？－Tyr－Ser－？？？－Lys (C末端)

実験④　ペプチドPはLysのカルボキシ基側で切断されることから，a～eのいずれかはLysである(C末端にあるLysのカルボキシ基側にはアミノ酸が結合していないため)。つまり，重複する1つのアミノ酸はLysで，B1のN末端である。ただし，この時点でB1とB2の各末端すべては決まらない。

実験⑤　A2とB1が問2<u>ビウレット反応</u>を示したことからトリペプチド(アミノ酸3個)以上で，A1とB2はビウレット反応を示さなかったことからジペプチ

ド(アミノ酸2個)以下であることがわかる。よって，実験③の結果より，A1とA2が以下のような配列であることがわかる。

［A1］（N末端）Gly－Tyr（C末端）

［A2］（N末端）Ser－ c － d － e －Lys（C末端）

実験⑥　A1とB1が問1 キサントプロテイン反応を示したことから，A1とB1にはそれぞれベンゼン環を含むTyr(チロシン)が含まれていることがわかる。この時点でペプチドPは以下のいずれかのパターンである。

［パターン1］　eがLysの場合(B2がペプチドにはならない)

A1 ｜酵素A｜ A2

（N末端）Gly－Tyr ＋ Ser－ c － d －Lys ＋ Lys（C末端）

B1 ｜酵素B｜ B2

［パターン2］　dがLysの場合

A1 ｜酵素A｜ A2

（N末端）Gly－Tyr ＋ Ser－ c －Lys ＋ e －Lys（C末端）

B1 ｜酵素B｜ B2

実験⑦　酢酸鉛(Ⅱ)$Pb(CH_3COO)_2$水溶液を加えて黒色沈殿(PbS)が生じたA2とB2にはS原子をもつCysが含まれていることがわかる。よって，B2はジペプチドで，dがLysでeがCysとなるパターン2であることがわかる。また，表中のペプチドPを構成する6つのアミノ酸のうち，まだ確定していないAlaがcに位置することがわかる。

酵素B

（N末端）Gly－ⓐ<u>Tyr</u>－ⓑ<u>Ser</u>－ⓒ<u>Ala</u>－ⓓ<u>Lys</u> ＋ ⓔ<u>Cys</u>－Lys（C末端）

B1　　B2

問3　ペプチドPの分子量は，

$$\underset{Gly}{(75} + \underset{Tyr}{181} + \underset{Ser}{105} + \underset{Ala}{89} + \underset{Lys}{146} + \underset{Cys}{121} + \underset{Lys}{146)} - 6 \times \underset{H_2O}{18} = 755$$

ここで，ペプチドP1分子中にアミノ基$-NH_2$は計3つ(N末端のGlyと2つのLysの側鎖)含まれ，また与式「$1R-NH_2 + HNO_2 \longrightarrow R-OH + 1N_2 + H_2O$」より，$-NH_2$〔mol〕＝$N_2$〔mol〕である。よって，発生する窒素ガス$N_2$の質量〔g〕は，

$$\underbrace{\frac{15.1\text{〔g〕}}{755\text{〔g/mol〕}}}_{\text{ペプチドP〔mol〕}} \times \underbrace{3}_{-NH_2\text{〔mol〕}=N_2\text{〔mol〕}} \times 28\text{〔g/mol〕} = \underline{1.68}\text{〔g〕}$$

立体異性体

フレーム 22

◎立体異性体の分類

- 異性体
  - 構造異性体(⇨第 2，3 章)
  - 立体異性体
    - 立体配置異性体
      - エナンチオマー(⇨ P.252)
      - ジアステレオマー(⇨ P.261)
    - 立体配座異性体(⇨ P.267)

◎立体異性体とは

⇨ **原子の立体的な位置関係が異なる。**

◎立体配置異性体とは

⇨ 共有結合の切断と再結合によってのみ相互変換できるもの。立体異性体といわれた場合，この立体配置異性体を指すことがほとんど。

◎立体異性体の個数算出

パターン 1　ひたすら書き出して数え上げる。

パターン 2　公式を利用する。

⇨ 不斉炭素原子(C^*)を n 個とすると，立体異性体は数学上，2^n 個存在する。

※$_1$ 不斉炭素原子(C^*)とは

⇨ 4 種類の異なる原子または原子が結合した炭素原子。

※$_2$ メソ体(⇨ P.261)が m 個あった場合，**メソ体の数の分だけ異性体の数は少なくなる。**

⇨ 立体異性体の総数は，$2^n - m$ 個となる。

実践問題　　　1回目　2回目　3回目

目標：18分　実施日：　／　　／　　／

［Ⅰ］ グルコースの開環構造における立体異性体はいくつ存在するか。次の中から選びなさい。

1. 2　　2. 4　　3. 8　　4. 12　　5. 16　　6. 20

7. 28　　8. 32　　9. 64

（2009　慶應・薬）

［Ⅱ］ 1, 2, 3, 4, 5, 6－ヘキサクロロシクロヘキサンは環状構造をしており，各炭素の置換基は環平面に対して上下で，立体異性体の関係となる（下記参照）。この化合物における立体異性体はいくつ存在するか，その個数を下から選びなさい。ただし，光学異性体は含めないとする。

（例）　環状化合物の立体異性体の関係

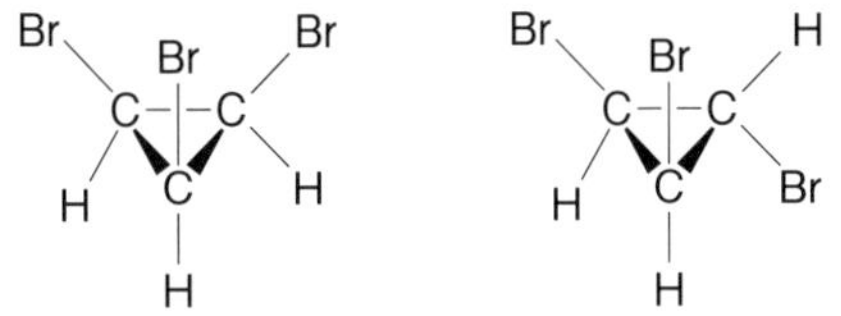

（1）　6個　　（2）　7個　　（3）　8個　　（4）　9個　　（5）　10個

（6）　11個　　（7）　12個　　（8）　13個

（2013　名城）

［Ⅲ］ 下記の文章を読み，（　ア　）～（　オ　）に入る適切な語句，数字を答えよ。

メチオニン（側鎖：$-CH_2-CH_2-S-CH_3$）とシステイン（側鎖：$-CH_2-SH$）はともに硫黄を含むアミノ酸である。（　ア　）の側鎖は酸化されやすく，2つの（　ア　）の間に作られる（　イ　）と呼ばれる共有結合はタンパク質の立体構造の形成と安定化に非常に重要な役割を果たす。2つの（　ア　）がペプチド結合したジペプチドには（　ウ　）個の光学異性体が存在する。また，メチオニン2分子とシステイン1分子からなるトリペプチドには（　エ　）個の異性体（光学異性体を含む）が存在する。

（2011　慶應・医）

［Ⅳ］ 不斉炭素原子に関する次の文章を読み，**問1**～**問2**に答えよ。

環状のアルカン（シクロアルカン）では，環のサイズが大きくなると全ての炭素原子が同じ面上に位置することができなくなる。6員環であるシクロヘキサンの安定な構造の１つに，下に示すような「いす形」構造がある。シクロヘキサンの水素原子の１つを臭素原子で置き換えたブロモシクロヘキサン($C_6H_{11}Br$)のいす形構造を図に示した。また，ブロモシクロヘキサンの11個の水素原子を$H_{ア}$～$H_{サ}$で示した。

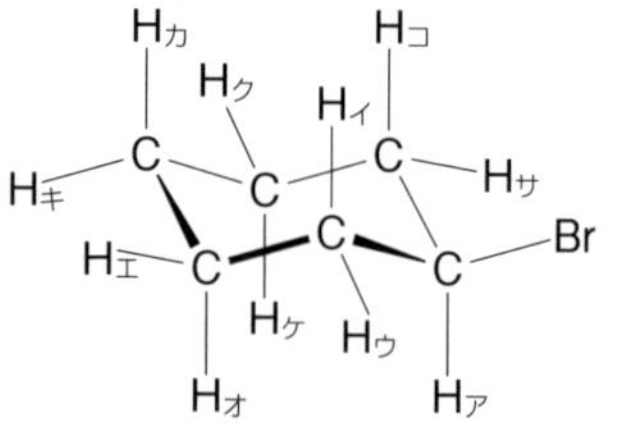

Hカ　Hコ　Hク　Hイ　C　C　Hキ　C　Hサ　C　Br　Hエ　C　C　Hケ　Hウ　Hオ　Hア

問１　ブロモシクロヘキサンの水素原子のうち，$H_{ア}$，$H_{イ}$，もしくは$H_{ウ}$を臭素原子で置換した３つの化合物($C_6H_{10}Br_2$)には，不斉炭素原子はそれぞれいくつあるか。ある場合にはその数を，ない場合には「なし」と記せ。

問２　ブロモシクロヘキサンの水素原子$H_{ア}$～$H_{サ}$の１つを塩素原子で置換した化合物($C_6H_{10}BrCl$)が不斉炭素原子を持たないためには，どの水素原子を置換すると良いか。可能な全ての水素原子を記号で記せ。

(2012　大阪)

解答

［Ⅰ］ 5

［Ⅱ］ (3)

［Ⅲ］ア　システイン　　イ　ジスルフィド結合　　ウ　4　　エ　24

［Ⅳ］**問１** $H_{ア}$　なし　　$H_{イ}$　2　　$H_{ウ}$　2

問２ $H_{ア}$，$H_{カ}$，$H_{キ}$

[解説]

［Ⅰ］　グルコースの開環構造を以下に記す。不斉炭素原子は＊を付記する。

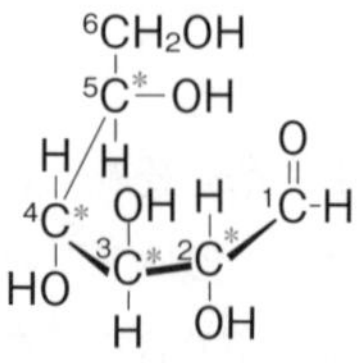

$^6CH_2OH$　$^5C^*$－OH　H　H　O　$^4C^*$　OH　H　^1C-H　$^3C^*$　$^2C^*$　HO　H　OH

上記より，鎖状のグルコースで不斉炭素原子となるのは，2, 3, 4, 5 位のC原子で，計 4 つ存在する。よって，立体異性体の数は次式により求まる。

$2^4 = \underline{16}$ [種類]

[Ⅱ]　C原子による環平面に対し，置換基が各C原子の上向きに結合していることを前提として，置換基が下向きに結合するC原子の組合せを数え上げれば，それが立体異性体の個数となる。次図は，シクロヘキサン環を上から見たときの図である。

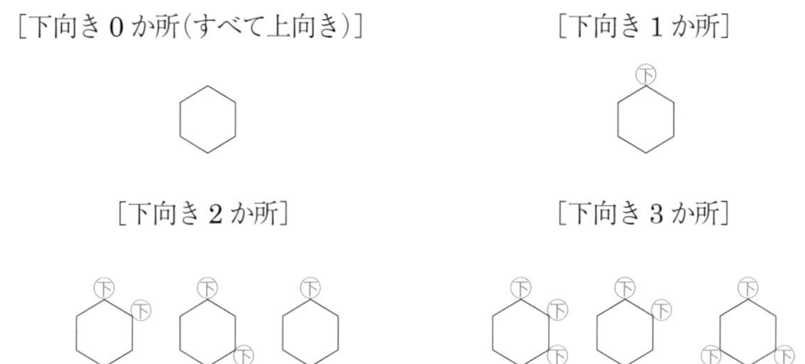

※下向きの結合が 4 か所以上になった場合，環平面に対して 180° 回転させると置換基の上下がちょうど逆となり，上記の 4 パターンと同じ構造となることに注意する(環状の化合物の場合，重複して数え上げないよう気をつける)。

[Ⅲ]　ウ　Cys2 分子からなるジペプチドは 1 通りの配列しかないため(次図)，構造異性体は存在しない。

(N 末端)　Cys－Cys　(C 末端)

よって，各 Cys 分子は不斉炭素原子を 1 つずつ持つため，このジペプチドには計 2 つの不斉炭素原子が存在する。

以上より，このジペプチドの光学異性体の数は次式により求まる。

$2^2 = \underline{4}$ [個]

※本問における「光学異性体」とは「立体異性体」の意味であることに注意する。

エ　Met2 分子と Cys1 分子からなるトリペプチドは，$\dfrac{3!}{2!} = 3$ 通りの配列，つまり，3 個の構造異性体がある。また，各アミノ酸分子は不斉炭素原子を 1 つずつ持つため，このトリペプチドには計 3 つの不斉炭素原子が存在する。

以上より，このトリペプチドの異性体の総数は次式により求まる。

$$\underset{\text{構造異性体}}{\underline{3}} \times \underset{\text{立体異性体}}{\underline{2^3}} = \underline{24}\ [\text{個}]$$

［Ⅳ］ **問1** 各H原子をBr原子で置換した化合物の構造を，それぞれ以下に記す。

［$H_ア$を置換した場合］

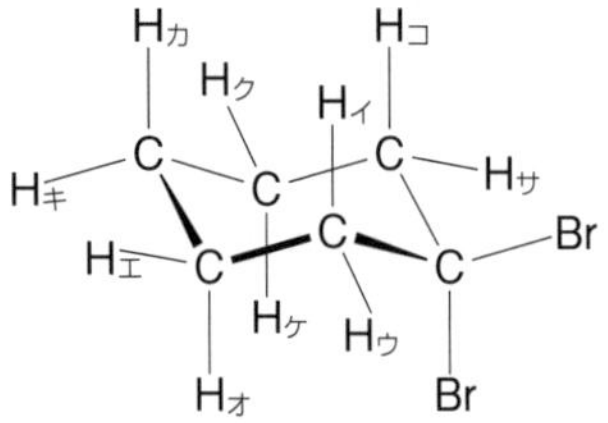

真上から見た図

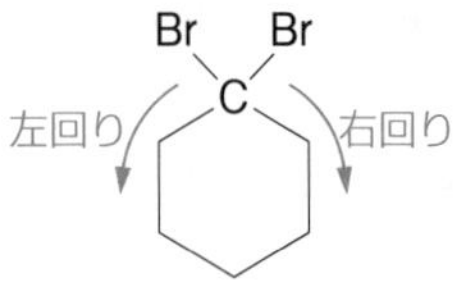

上図より，Br原子が2つ結合しているC原子において，Br原子が結合している結合以外の2本の結合には，右回りと左回りの原子の配列が同じ，つまり，同じ原子(Br)や同じ構造の原子団が結合しているため，不斉炭素原子は存在しない。

［$H_イ$を置換した場合］

真上から見た図

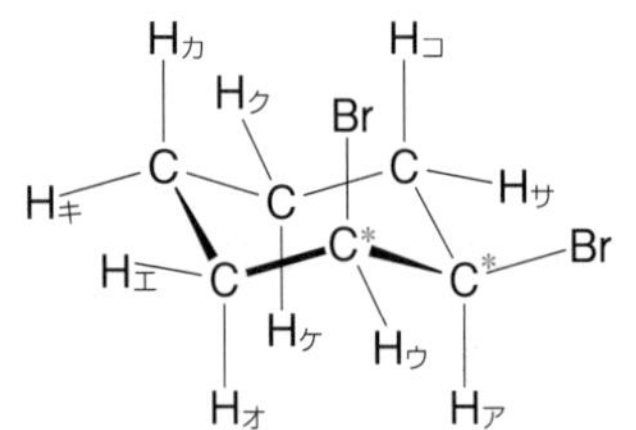

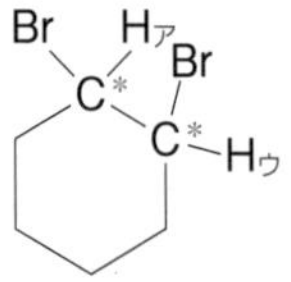

上図より，$H_ア$と$H_ウ$が結合しているC原子がそれぞれ異なる4つの原子または原子団が結合しているため，ともに不斉炭素原子(C^*)となる。よって，不斉炭素原子は<u>2</u>つ存在する。

［$H_ウ$を置換した場合］

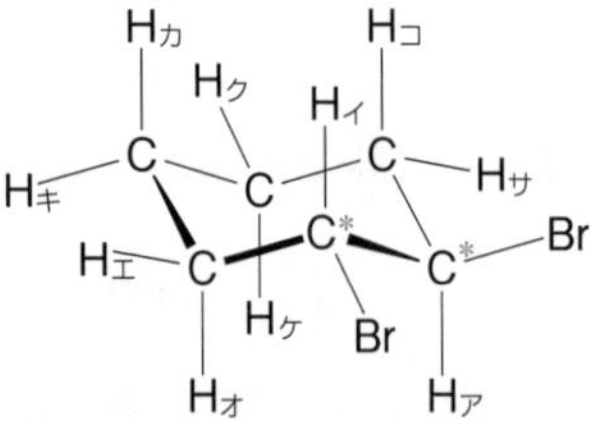

真上から見た図

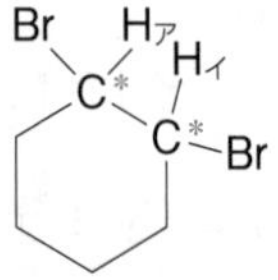

上図より，$H_ア$と$H_イ$が結合しているC原子がそれぞれ異なる4つの原子または原子団が結合しているため，ともに不斉炭素原子(C^*)となる。よって，不斉

炭素原子は2つ存在する。

問2 環状化合物で不斉炭素原子を持たないようにするためには，**問1**より，右回りと左回りの原子配列，つまりC原子に結合する原子団を同じものにすればよい。

よって，$\mathrm{H}_{ア}$をCl原子で置換する場合と，Br原子が結合しているC原子と対称的な位置のC原子に結合したH原子($\mathrm{H}_{カ}$または$\mathrm{H}_{キ}$)をCl原子で置換する場合の2通りで考えればよい。

［$\mathrm{H}_{ア}$を置換した場合］

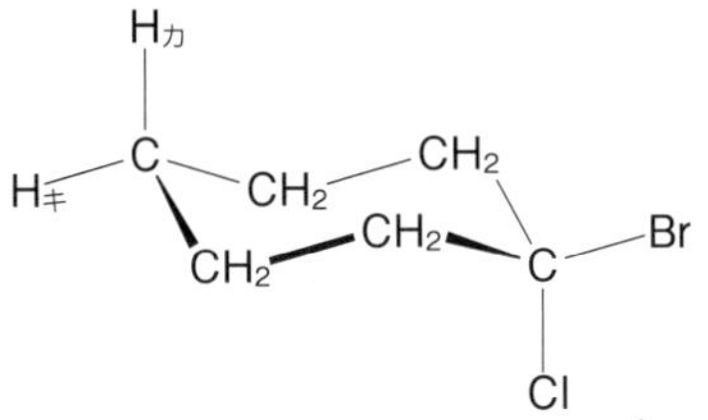

真上から見た図

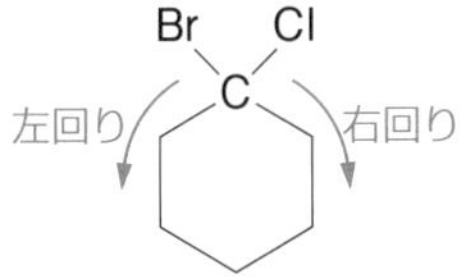

［$\mathrm{H}_{カ}$または$\mathrm{H}_{キ}$を置換した場合］

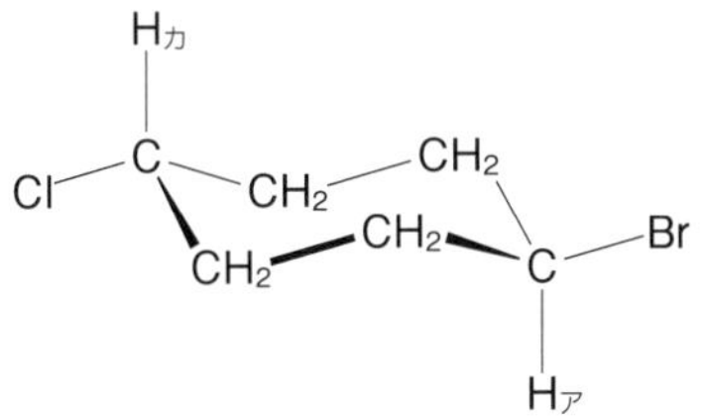

真上から見た図

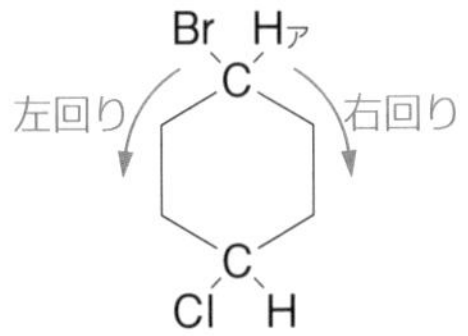

テーマ 23

立体配置異性体①（エナンチオマー）

フレーム 23

◎くさび形表記とは

⇨　通常の実線でつながれた原子は紙面上の 2 次元空間にあるものとし，その紙面の手前に出ている原子をくさび形で，紙面の奥に出ている原子を破線で記した表記。

［例］　乳酸

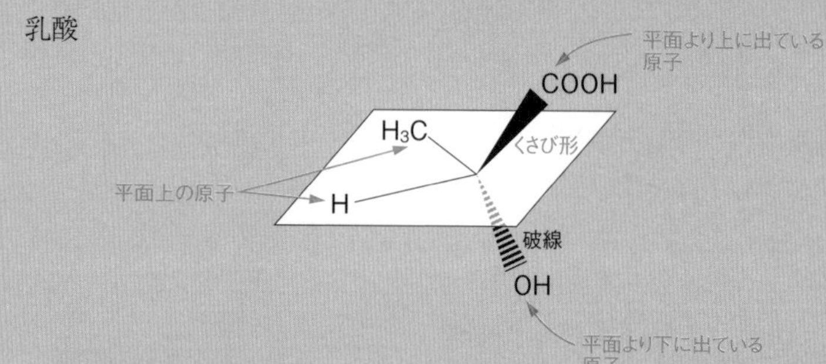

◎エナンチオマー（鏡像異性体）

⇨　互いに重ね合わせることができない**鏡像の関係**にある異性体。

［例］　乳酸

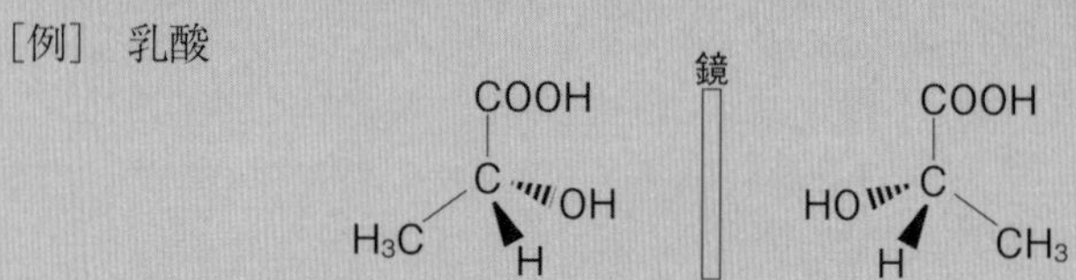

◎くさび形表記によるエナンチオマー（鏡像異性体）の作り方

⇨　不斉炭素原子（C^*）に対して 2 か所の原子または原子団を入れ替えることで，重なり合わないようになる。

［例］　乳酸

COOH　C　OH　H_3C　H　入れ替える

エナンチオマー
の関係

COOH　C　H　H_3C　OH

（≡　COOH　HO　C　CH_3　H）

※不斉炭素原子（C^*）が複数ある場合には，すべての C^* に対して上記の操作を行う。

◎フィッシャー投影式とは

⇨　十字で表された構造式の中心に不斉炭素原子(C*)が位置するものとして，その左右に位置する原子は紙面の手前に出ており，上下に位置する原子は紙面の奥に伸びているものとして表現するもの。

※フィッシャー投影式とくさび型表記の関係

［例］　乳酸

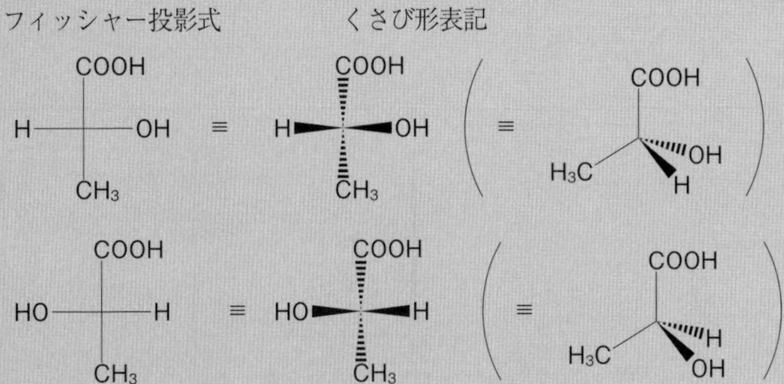

◎フィッシャー投影式によるエナンチオマー(鏡像異性体)の作り方

パターン1　上下で原子または原子団を入れ替える。

COOH / H—OH / CH3 ⟷ CH3 / H—OH / COOH

エナンチオマーの関係

入れ替える

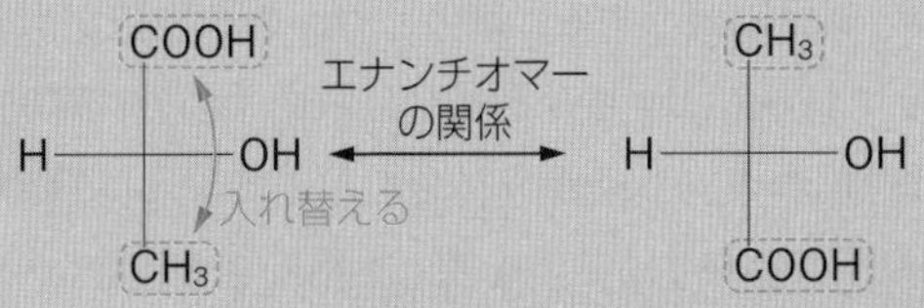

パターン2　左右で原子または原子団を入れ替える。

COOH / H—OH / CH3 ⟷ COOH / HO—H / CH3

エナンチオマーの関係

入れ替える

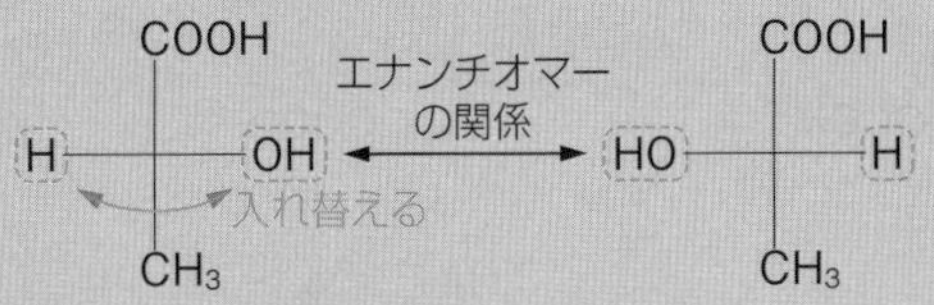

◎エナンチオマーの見極め

⇨　不斉炭素原子C*を1つだけもつ化合物において，原子または原子団を入れ替えた回数が奇数であれば鏡像異性体の関係になる(偶数回の場合は同一物質になる)。

実践問題　　　　　　　　　　　　　　　　1回目　2回目　3回目

目標：20分　実施日：　／　　／　　／

［Ⅰ］ 分子量が89であるα－アミノ酸の2つの光学異性体の構造式を鏡像の関係がわかるように書け。ただし，一方の構造式は次の記入例(実線のくさび型は紙面の手前，破線のくさび型は紙面の向う側を示す)のように表すこと。

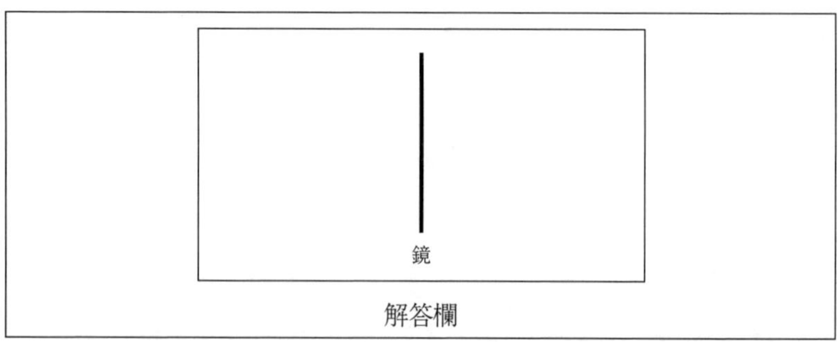

(2007　大阪)

［Ⅱ］ アミノ酸の立体的な構造を紙面に表示するにはいくつかの表現法がある。図1に示すグリシンの表現Aにおいて，くさび形結合は紙面手前方向に向かう結合であり，破線形結合は紙面奥方向へ向かう結合を示している。Bの表現では十字線の交点には炭素原子が存在することを表し，横向きの結合はいずれも交点より紙面手前方向に向かう結合を示す。一方，縦向きの結合はいずれも交点より紙面奥方向へ向かう結合を示している。L－アラニンを表現Aで表示すると図2のようになる。

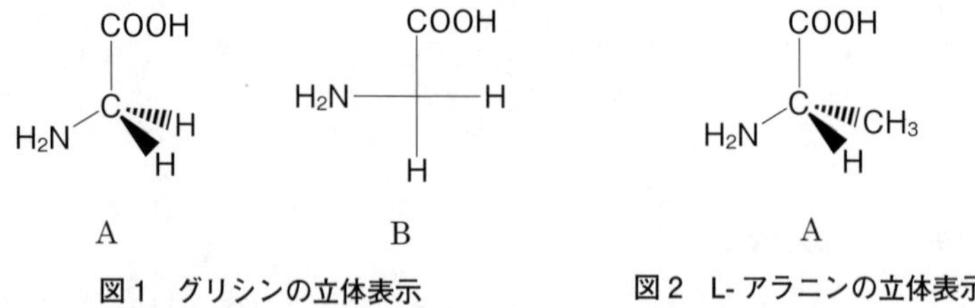

図1　グリシンの立体表示　　　図2　L- アラニンの立体表示

問1　L－アラニンを表現Bで表した場合，図3中の［ 1 ］，［ 2 ］にあてはまる原子または原子団をかきなさい。

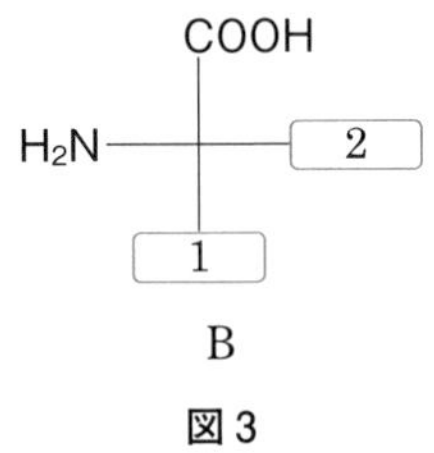

図3

問2　L－アラニンの光学異性体 D－アラニンの構造を A および B の表現方法を用いて表しなさい。

(2007　千葉)

［Ⅲ］　(－)－メントールのすべての不斉炭素原子が鏡像となる光学異性体は，(＋)－メントールと呼ばれる。

問　下線部について，(＋)－メントールの構造式を，次に示す(－)－メントールの構造式を参照して記せ。ただし，◀ は紙面の手前に，⋯ は紙面の裏側に向かって出ていることを示す。

CH_3
H
C
H_2C　　CH_2
H
H_2C　　C
C　　OH
H
C
H_3C　H　CH_3

(－)- メントール

(2013　熊本 改)

［Ⅳ］　β－フルクトース(五員環構造)の鏡像異性体を，図に示す(A)～(E)から1つ選び，記号で答えよ。

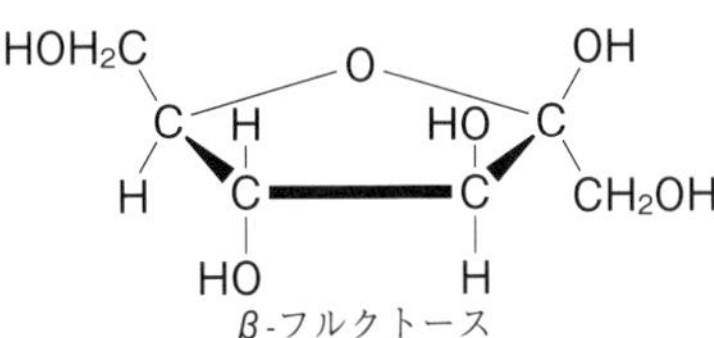

β-フルクトース

(A)

(B)

(C)

(D)

(E)

図

（2012　北海道）

［V］　タンパク質を構成するα－アミノ酸は，(A)を除いてすべて不斉炭素原子を持っており，L型とD型に区別される。図1で，矢印の方向から中心炭素原子を見て，炭素原子から手前に出る結合を横の線，炭素原子から奥に伸びる結合を縦の線で表すとL－セリンは図2のように表すことができる。図3の(a)～(d)で，L－セリンを表すものは(B)個ある。

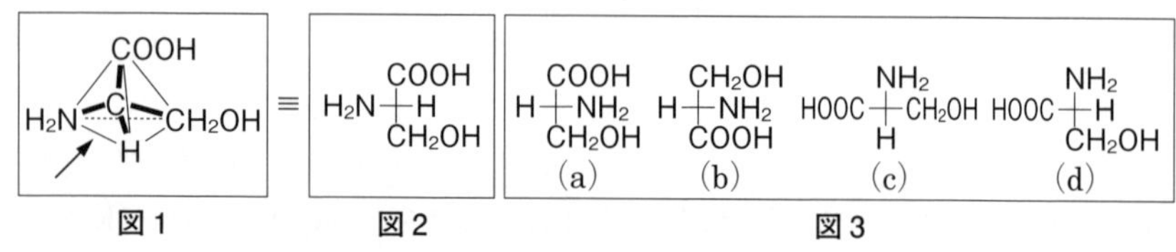

図1　図2　図3

A：（イ）　アラニン　　（ロ）　グリシン　　（ハ）　グルタミン酸

（ニ）　チロシン　　（ホ）　リシン

B：（い）　0　　（ろ）　1　　（は）　2　　（に）　3　　（ほ）　4

（2005　早稲田）

解答

［Ⅰ］

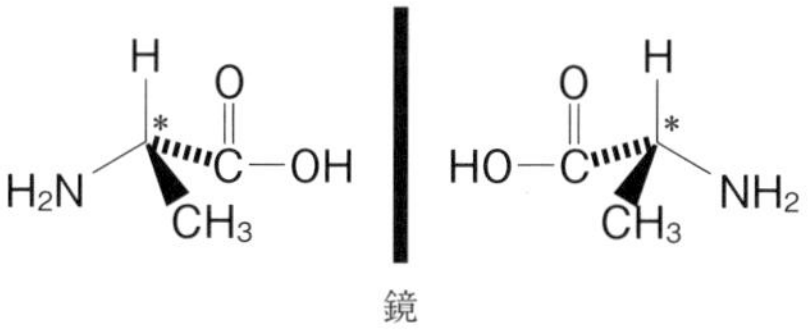

H_2N, H, CH_3, C, O, OH ＊ ｜ 鏡 ｜ HO, C, O, H, CH_3, NH_2 ＊

［Ⅱ］**問1**　1　CH_3　　2　H

問2 A

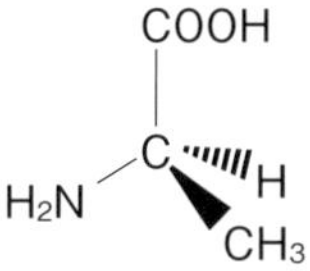

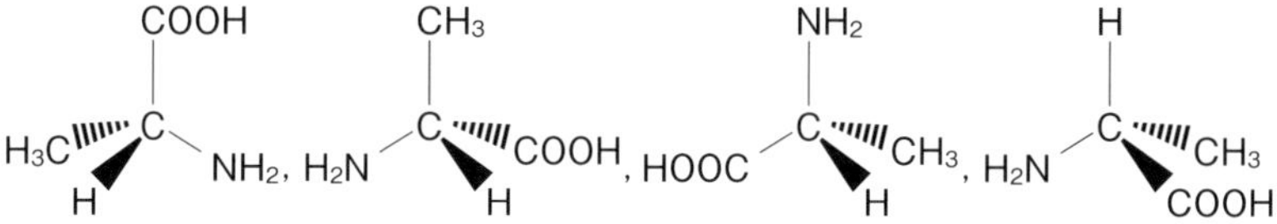

COOH, H_2N, C, H, CH_3

（COOH, H_3C, C, H, NH_2, CH_3, H_2N, C, COOH, H, NH_2, HOOC, C, CH_3, H, H, H_2N, C, CH_3, COOH などをも正解）

B

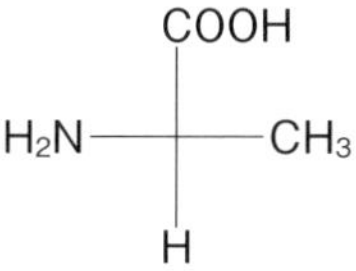

COOH, H_2N, CH_3, H

（または COOH, H, NH_2, CH_3 も正解）

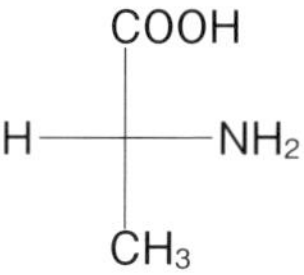

［Ⅲ］

H, CH_3, C, H_2C, CH_2, OH, H_2C, C, C, H, H, C, H, H_3C, CH_3

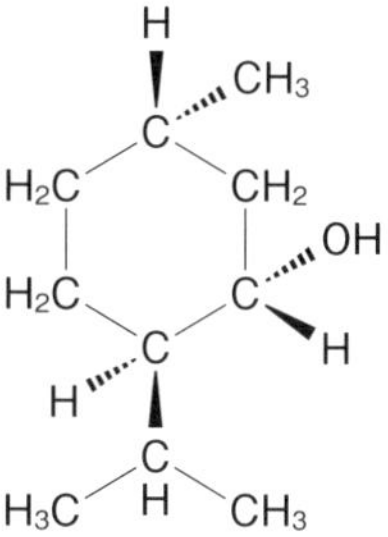

または

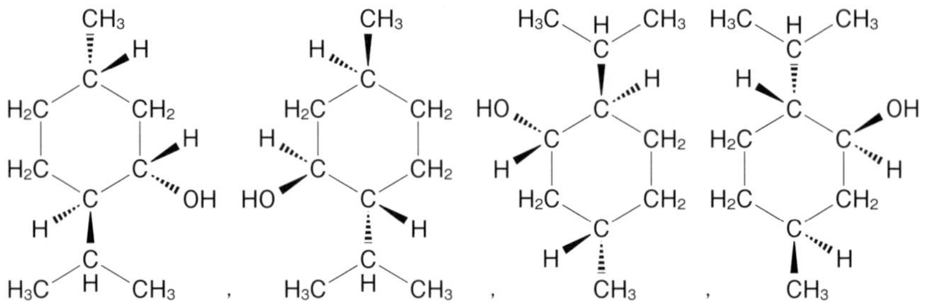

[Ⅳ]（C）

[Ⅴ]A（ロ）　B（ろ）

[解説]

[Ⅰ]　分子量が89のα－アミノ酸は，側鎖がメチル基$-CH_3$のアラニンである。

[Ⅱ]　**問1**　図1のグリシンの立体表示におけるくさび形とフィッシャー投影式の関係は以下のようになる。立体表示B(フィッシャー投影式)において，$-NH_2$と$H_ア$が紙面の手前に出てくるため横線上に，$-COOH$と$H_イ$は紙面の奥に伸びるため縦線上に位置することに注意する。

A　B

よって，L－アラニンの立体表示Bでの構造式は，$-NH_2$とHが紙面の手前に出てくるため横線上に，$-COOH$と$-CH_3$は紙面の奥に伸びるため縦線上に位置する(右下図)。

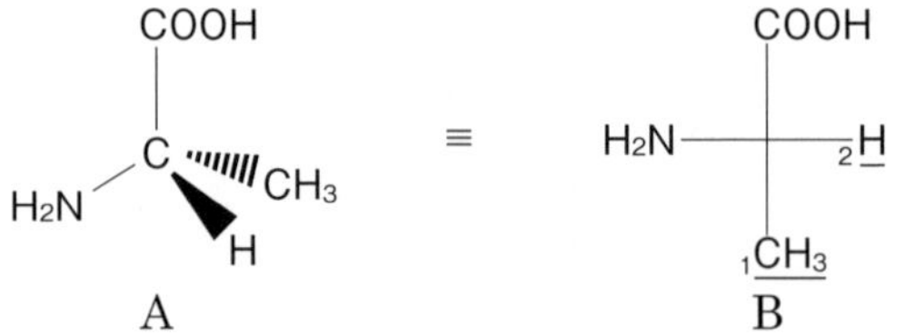

A　B

問 2　L 体の光学異性体(鏡像異性体)である D 体は，L 体の原子または原子団を 2 か所入れ替えることでつくることができる。

［立体表示 A］

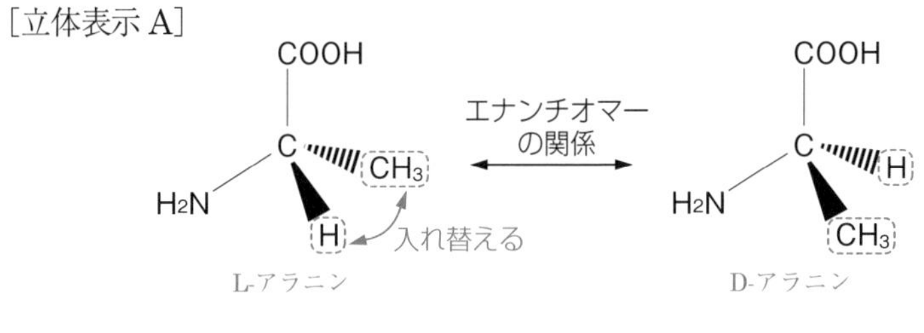

［立体表示 B］

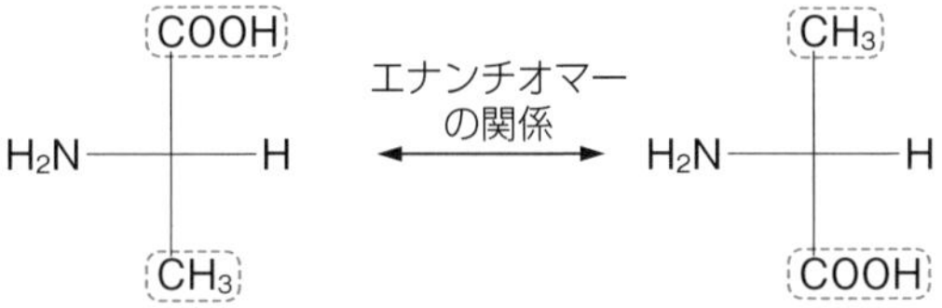

［Ⅲ］　(−)−メントールの各不斉炭素原子(C*)に対して 2 か所の原子または原子団をすべて入れ替えると，右下図の構造となる。これが，(+)−メントールである。

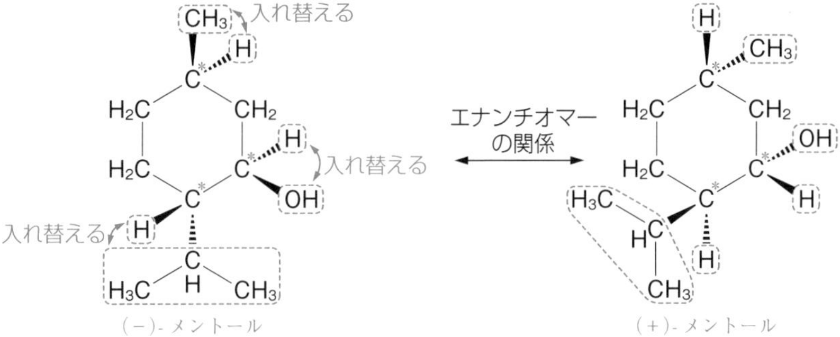

［Ⅳ］　各不斉炭素原子(C*)に対して 2 か所の原子または原子団をすべて入れ替える，もしくは，鏡に映すことで，エナンチオマー(鏡像異性体)の構造式を書き，それと同じ構造をしたものを選択肢(A)〜(E)から選ぶ。

［原子または原子団の入れ替え］

エナンチオマーの関係

［鏡に映す］

鏡

(C)

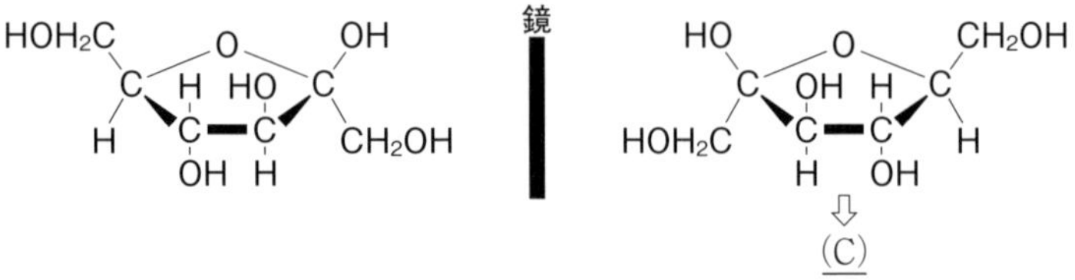

よって，鏡に写した構造が(C)に該当する。

［V］ B セリンのように，不斉炭素原子 C^* を１つだけもつ化合物において，原子または原子団を入れ替えた回数が奇数であれば鏡像異性体の関係になる。一方，原子または原子団を偶数回入れ替えた場合は同一化合物となる。

本問では，図２の構造の原子または原子団を偶数回入れ替えられた構造を見つければ，それが図２で表されるL－セリンと同一化合物である。

以下の(a)～(d)の構造式において，図２と比較して入れ替わっている原子または原子団を○で囲う。

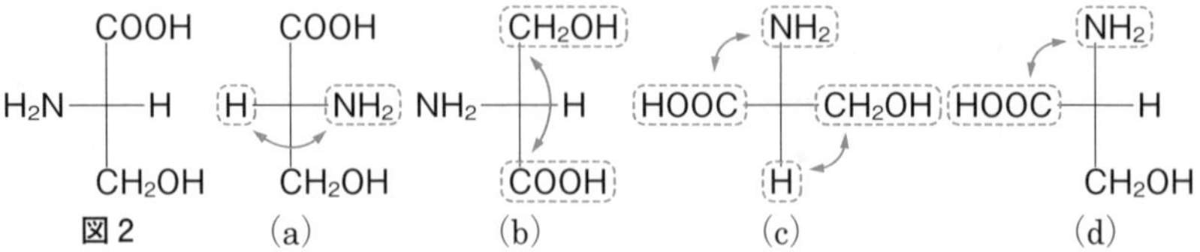

図２　(a)　(b)　(c)　(d)

上図より，図２の構造の原子または原子団を２回入れ替えた(c)が同一化合物である。

テーマ
24 立体配置異性体②(ジアステレオマー)

フレーム 24

◎ジアステレオマーとは

⇨ 鏡像の関係にない立体異性体(シス－トランス異性体もこれに含まれる)のこと。不斉炭素原子(C^*)を２つ以上持つ場合に存在する。

［例］ グルコース(α型とβ型)

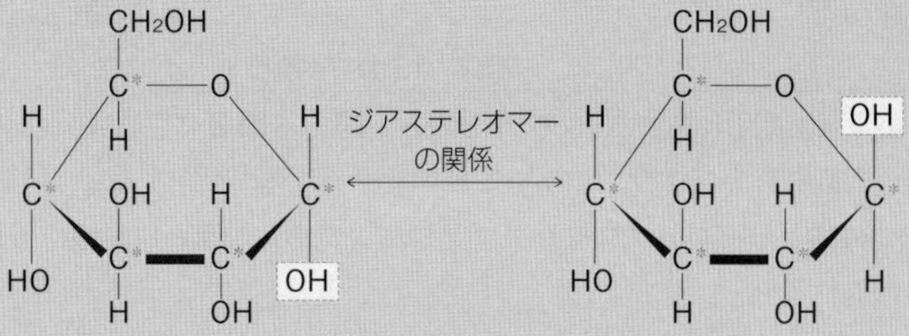

CH₂OH
ジアステレオマーの関係
OH
α-グルコース
β-グルコース

◎ジアステレオマーの見極め

⇨ 不斉炭素原子(C^*)を２つ以上持つ化合物の中で，エナンチオマー(鏡像異性体)の関係にはない立体(配置)異性体すべてがジアステレオマーとなる。

［例］ α－グルコースとα－ガラクトース

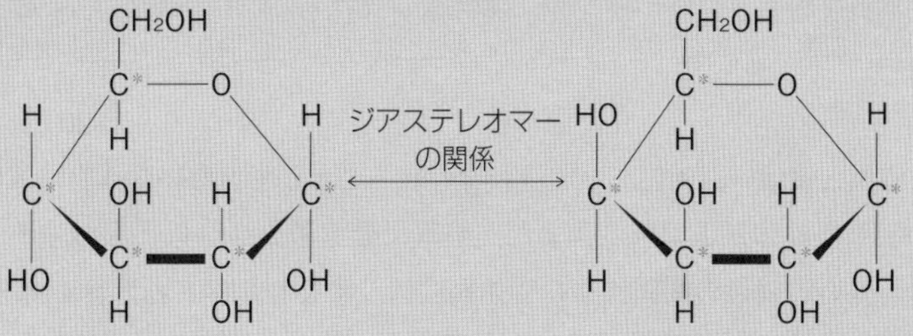

ジアステレオマーの関係
α-グルコース
α-ガラクトース

◎メソ体(メソ化合物)とは

⇨ ２つ以上の不斉炭素原子(C^*)を分子内に持つ化合物において，その分子内に対称面をもち旋光性を失ったもの。

⇨ エナンチオマー(鏡像異性体)は存在しない。

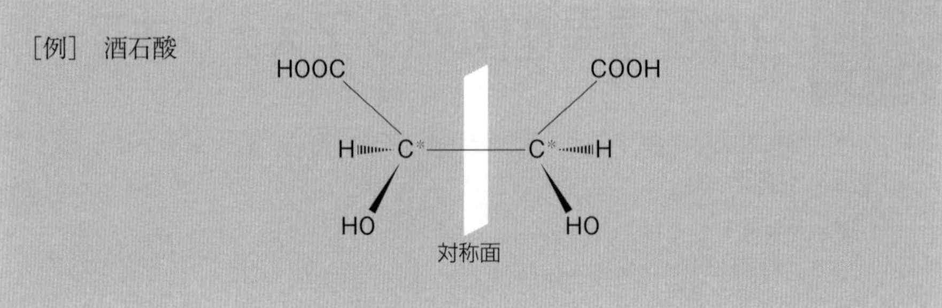

実践問題　　1回目　2回目　3回目

目標：12分　実施日：　／　　／　　／

［Ⅰ］　不斉炭素原子に関する次の文章を読み，**問1**～**問2**に答えよ。

不斉炭素原子を持つ全ての化合物に，その光学異性体が存在するとは限らない。その1つの例として，ジブロモシクロプロパンがある。互いに鏡像の関係にない3つの異性体を下に示す。

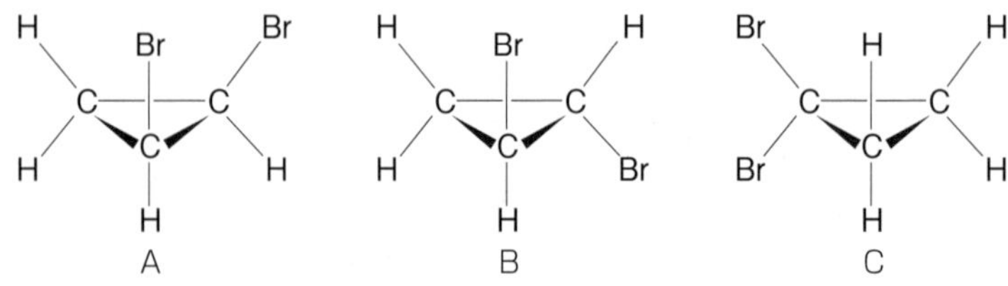

問1　光学異性体が存在する化合物をA～Cの中から選べ。

問2　不斉炭素原子を持つが，光学異性体が存在しない化合物をA～Cの中から選べ。

(2012　大阪)

［Ⅱ］　実像と鏡像の関係にあって重ね合わせることができない立体異性体は，鏡像(光学)異性体とよばれる。また，不斉炭素原子を2つ以上もつ分子の場合には，互いに鏡像の関係にない立体異性体，すなわちジアステレオマー(ジアステレオ異性体)が存在することがある。

生体を構成する天然の(a)アミノ酸(グリシンを除く)の鏡像(光学)異性体は，図1に示すようなL型であることが知られている。なお，実線で表した結合では，結合する2つの原子が紙面上にあり，くさび型の実線で表した結合は，くさびが広い方が紙面より手前に伸びており，くさび型の破線で表した結合は，くさびが広い方が紙面より奥に伸びているものとする。

鏡

L-アミノ酸　　D-アミノ酸

図1

L－イソロイシン 1 は，2 つの不斉炭素原子をもつアミノ酸として知られており，(b)L －イソロイシンを含めて 4 種類の立体異性体が存在する(図 2)。ただし，矢印で示した炭素－炭素結合は自由に回転できるものとする。

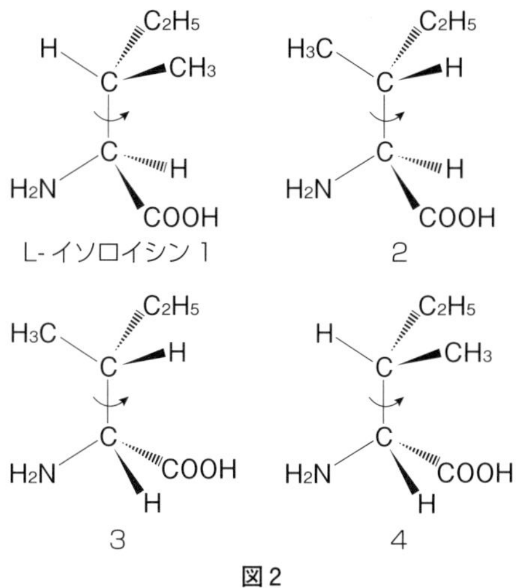

図 2

また，(c)不斉炭素原子をもっていても，実像と鏡像を重ね合わせることができて同一化合物となり，鏡像(光学)異性体ではない化合物が存在することがある。

これらに関して，以下の**問 1** ～**問 4** の問いに答えなさい。

問 1　下線部(a)に関して，L－セリンの構造式として正しいものを解答群から選びなさい。

(1)の解答群

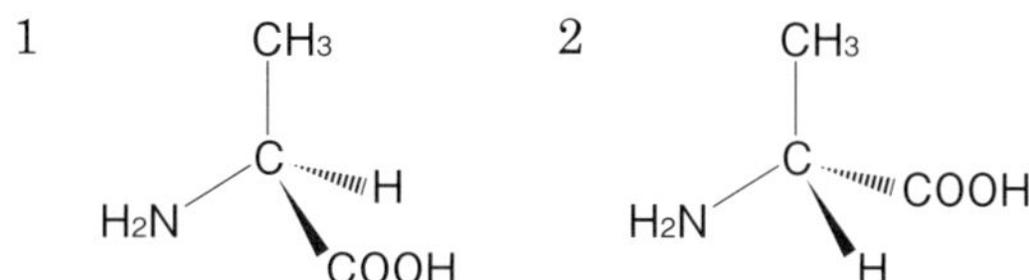

3
CH₂OH
C
H
H₂N
COOH

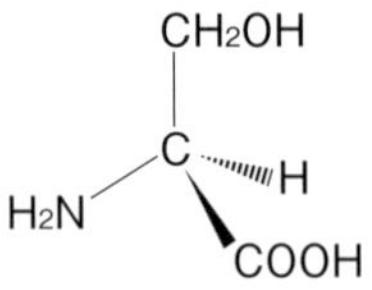

4
CH₂OH
C
COOH
H₂N
H

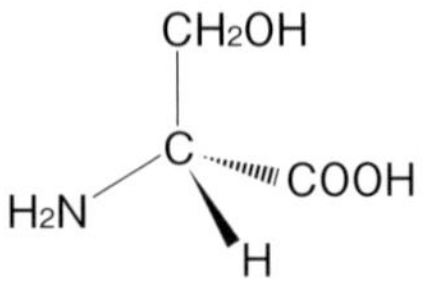

問2　下線部(b)に関して，L−イソロイシンと鏡像(光学)異性体の関係にあるものは，図2のうちどれか。その番号を記しなさい。

問3　下線部(b)に関して，L−イソロイシンとジアステレオマーの関係にあるものは，図2の中でいくつあるか。その個数を記しなさい。個数がゼロの場合は0を記しなさい。

問4　下線部(c)に関して，これに該当する化合物を解答群から選びなさい。

(4)の解答群

1　HO　H　H　OH　HOOC　COOH

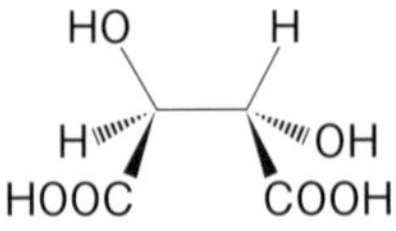

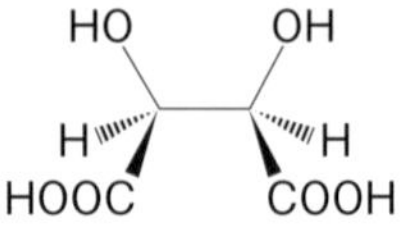

2　HO　OH　H　H　HOOC　COOH

3　H　OH　HO　H　HOOC　COOH

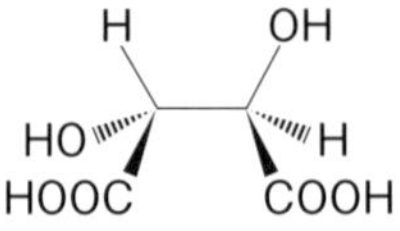

（2010　東京理科）

解答

［Ⅰ］**問1**　B　　**問2**　A

［Ⅱ］**問1**　3　　**問2**　3　　**問3**　2　　**問4**　2

[解説]

［Ⅰ］　**問1，2**　化合物A，Bはそれぞれジアステレオマーの関係にある。また，CはA，Bの構造異性体である。これらを書き換えて考える。なお，本問でいう「光学異性体」とは「エナンチオマー(鏡像異性体)」である。

[Aについて]

Aは不斉炭素原子(C^*)が2つあるにも関わらず，分子内に対称面が存在する。つまり，Aはメソ体であり，不斉炭素原子は持つが，光学異性体(鏡像異性体)は存在しない。

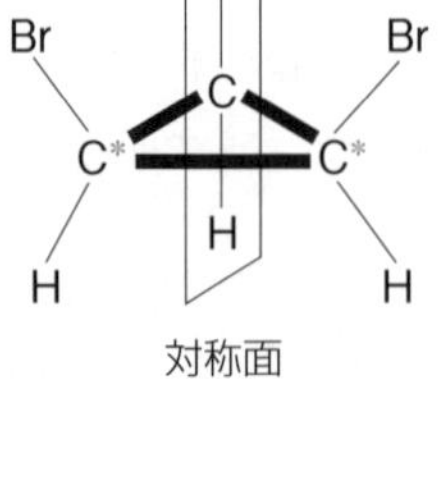

H
Br　Br
C
C*　C*
H
H　H
対称面

[Bについて]

Bは不斉炭素原子(C^*)が2つあり，右下図で表される光学異性体(鏡像異性体)が存在する。

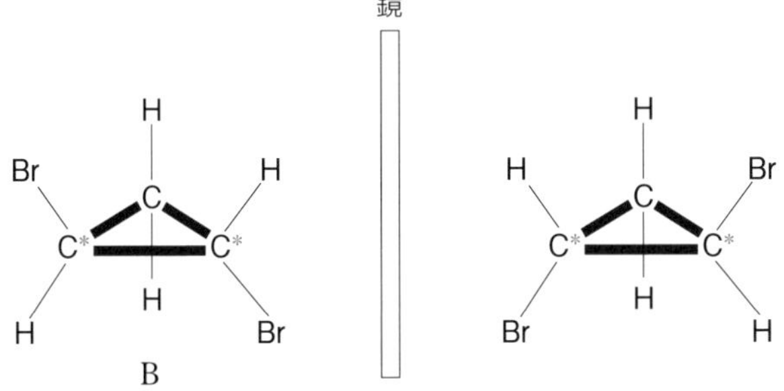

[Cについて]

Cは，右下図にあるように，同じC原子にBr原子が2つ結合しているので，不斉炭素原子は存在しない。

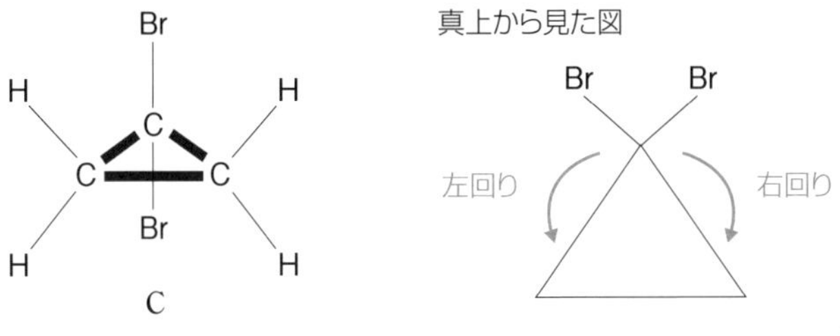

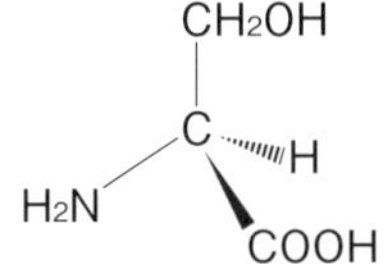

[Ⅱ] **問1** セリンの側鎖Rは「$-CH_2OH$」であり，図1のL－アミノ酸のRが「$-CH_2OH$」に置き換わった選択肢3の構造がL－セリンである。

問2 その化合物の各不斉炭素原子(C^*)に対して2か所の原子または原子団をそれぞれ入れ替えるとエナンチオマー(鏡像異性体)の関係になる(⇨ P.252)。L－イソロイシン1の各C^*に対して2か所の原子または原子団をそれぞれ入れ替えた化合物は選択肢3であり，これがエナンチオマー(鏡像異性体)である。

問3　**問2**より，選択肢3以外の2と4の2つはL－イソロイシン1の2つの不斉炭素原子(C^*)に対してどちらか一方しか2か所の原子または原子団を入れ替えていない。つまり，選択肢2と4の化合物はL－イソロイシン1とは鏡像異性体の関係になく，かつ重ね合わせることのできないジアステレオマーの関係となる。

［選択肢2について］

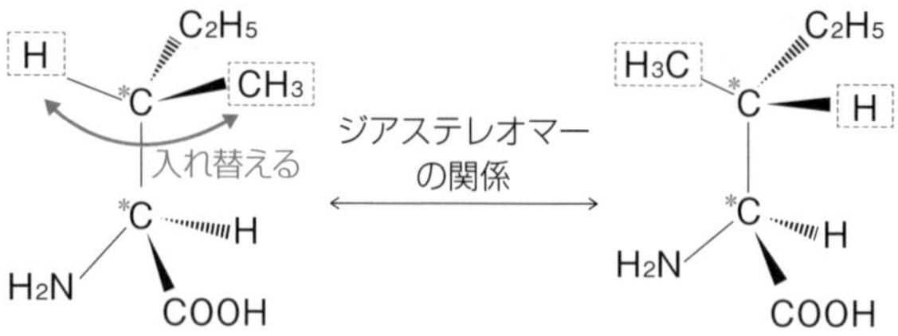

H　C2H5　CH3　入れ替える　H　H2N　COOH
L-イソロイシン 1

ジアステレオマーの関係

H3C　C2H5　H　H　H2N　COOH
2

［選択肢4について］

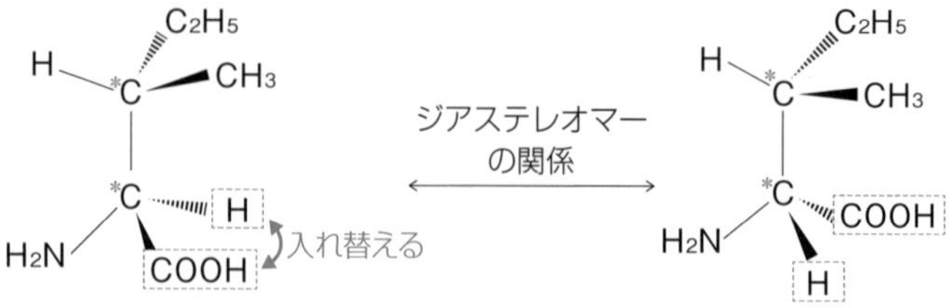

H　C2H5　CH3　H　入れ替える　H2N　COOH
L-イソロイシン 1

ジアステレオマーの関係

H　C2H5　CH3　COOH　H2N　H
4

問4　下線部(c)はメソ体のことである。メソ体は分子内に対称面が存在する選択肢2である(次図)。

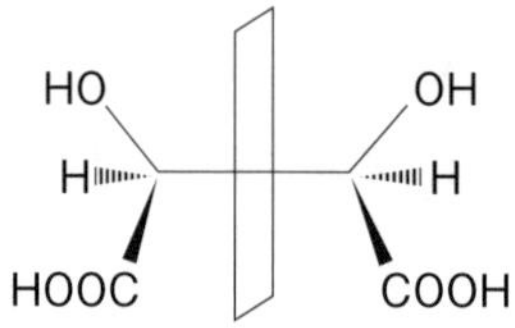

HO　OH　H　H　HOOC　COOH
対称面

テーマ

25 立体配座異性体

フレーム 25

◎立体配座異性体とは

⇨ 単結合まわりの回転により相互変換できるもの。

[例] シクロヘキサン(いす形と舟形)

[いす形] [舟形]

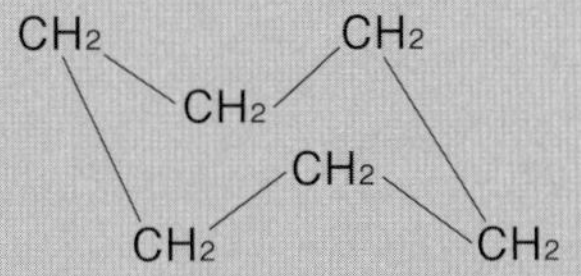

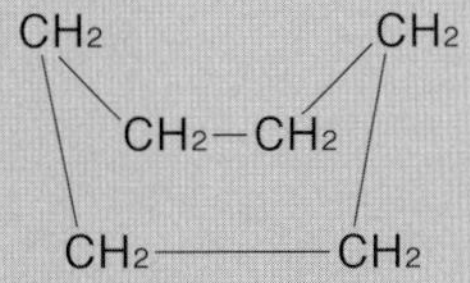

◎環状化合物の置換基の位置の特定

⇨ 安定性がより保てる(立体反発が小さくなる)よう，環状平面に対し，

- 垂直な方向にある置換基の数ができる限り少なくなるように配置される。
- 垂直な方向になる置換基が同じ側にこないように配置される。

実践問題 1回目 2回目 3回目

目標：18分 実施日： ／ ／ ／

[Ⅰ] 次の文章を読み，**問 1 ～問 2** に答えなさい。構造式は，下図の例にならって記入しなさい。

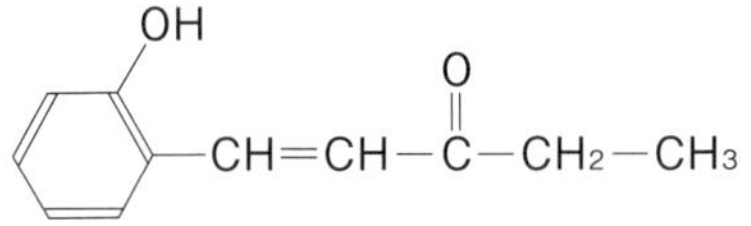

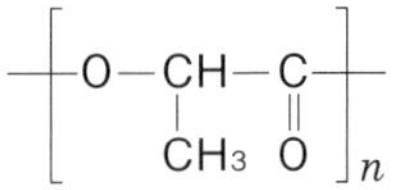

炭素を骨格とする化合物を有機化合物という。有機化合物の主な成分元素は炭素，水素，酸素であるが，窒素，(a)<u>硫黄</u>，塩素などが含まれることもある。有機化合物のうち，炭素と水素のみで構成される化合物を［ア］という。［ア］は，分子構造により鎖状および環状，多重結合の有無により飽和および不飽和に分けられる。環状，飽和の［ア］である<u>シクロヘキサンには，いす形，舟形，ねじれ舟形とよばれる立体異性体がある</u>。

問 1 [ア] にあてはまる適切な語句を答えなさい。

問 2 下線部について，次の(1)～(3)に答えなさい。

(1) このような立体異性体を互いに何というか，答えなさい。

(2) これらの立体異性体のうち，最も安定なものはどれか，答えなさい。

(3) シクロヘキサンのねじれ舟形の構造を次に示す。これにならい，シクロヘキサンのいす形と舟形の構造を書きなさい。

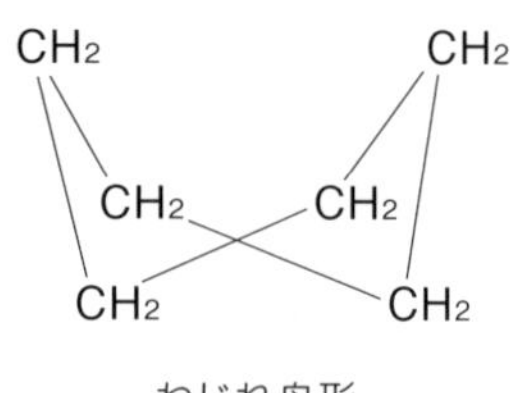

ねじれ舟形

(2019　金沢)

［Ⅱ］ 分子模型を使って環状有機化合物の構造を考えよう。

メタン CH_4 は，炭素原子を中心とした正四面体構造をとっており，その 4 つの水素原子は各頂点に配置されている。シクロヘキサン C_6H_{12} においても，各炭素原子は直接結合する水素原子と隣接する炭素原子から構成される正四面体構造の中心に位置する。そのため，炭素が形成する環は上方からは正六角形に見えるが，側方から見ると図 1 のⓅ，Ⓠのような「いす形」と呼ばれる構造をとっていることが分子模型を用いると容易に理解できる。シクロヘキサン環をほぼ平面に見立てたとき，各炭素原子には，その平面に対して垂直な方向とほぼ平行な方向に 1 つずつ水素原子が結合している。図 1 のⓅ，Ⓠは，原子間の結合を切断することなく相互変換可能であり，両者は平衡状態にある。Ⓟの C^1 を下に押し下げ，C^4 を上に持ち上げると，炭素－炭素間の結合が回転し，水素原子の配置が変わりⓆへと変換される。

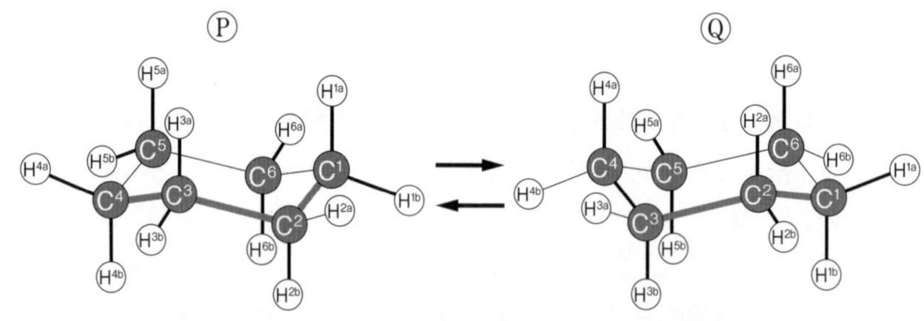

図 1　シクロヘキサンの相互変換可能な 2 種類のいす形環状構造
（炭素－炭素間結合のうち，手前に位置するものを太線で表す）

問1　シクロヘキサンの水素原子 H^{2a}，H^{4b}，H^{6a} をすべてメチル基（$-CH_3$）へと置換する。このとき，各置換基間の反発（立体反発）が小さくなるのは，２種の環状構造Ⓟ，Ⓠのどちらか，記号で答えよ。

次に，シクロヘキサンとよく似たいす形環状構造をとる六炭糖（ヘキソース）の立体構造について考えよう。

問2　図２に記すハース投影式は糖の構造表記法の１つであり，ヘキソースの各炭素原子に結合する水素原子や置換基を上下に記すことで，それらの位置関係を表している。α－ガラクトースがとる２種類のいす形環状構造のうち，立体反発が小さい構造における炭素原子 C^1，C^2 および C^5 の各置換基は，六員環をほぼ平面に見立てたとき，その平面に対していずれの方向に位置するか。最も適切なものを，次の選択肢 あ～く から選び，記号で答えよ。

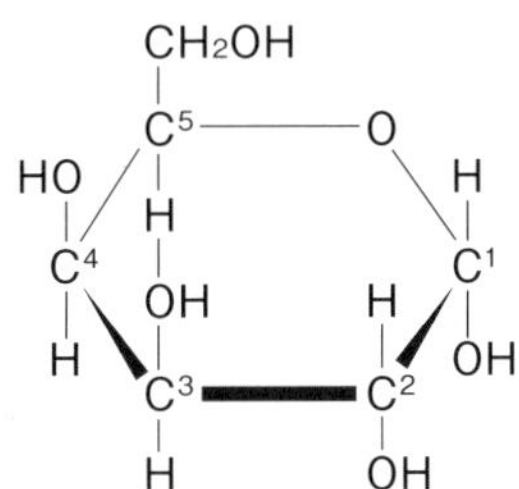

図２　α－ガラクトースのハース投影式

選択肢	C^1 の OH	C^2 の OH	C^5 の CH_2OH
あ	垂　直	垂　直	垂　直
い	垂　直	垂　直	ほぼ平行
う	垂　直	ほぼ平行	垂　直
え	垂　直	ほぼ平行	ほぼ平行
お	ほぼ平行	垂　直	垂　直
か	ほぼ平行	垂　直	ほぼ平行
き	ほぼ平行	ほぼ平行	垂　直
く	ほぼ平行	ほぼ平行	ほぼ平行

問3　次の文章を読み，以下の(1)，(2)に答えよ。

水溶液中において，ガラクトースおよびグルコースは，いずれも C^1 の置換基の向きが異なる α 形および β 形として存在する。α－グルコースがとる２種類のいす形環状構造のうち，立体反発が小さい構造では，六員環をほぼ平面に見立てたとき，その平面に対して垂直に位置する置換基の数は [ア] であり，ほぼ平行に位置する置換基の数は [イ] である。β－グルコースの立体反発が小さいいす形環状構造では，六員環に対して垂直に位置する置換基の数は [ウ] であり，ほぼ平行に位置する置換基の数は [エ] である。

(1) [ア]～[エ] に適切な数字を記入せよ。

(2) α－ガラクトース，β－ガラクトース，α－グルコース，β－グルコースのうち，立体反発が最も小さいいす形環状構造をとる糖の名称を答えよ。

(2017　京都)

解答

［Ⅰ］**問１** ア　炭化水素

問２(1)　立体配座異性体(もしくは，配座異性体)　(2)　いす形

(3)　いす形　　舟形

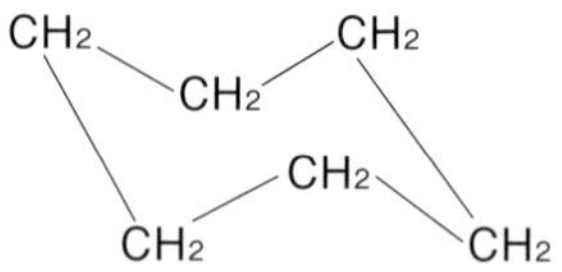

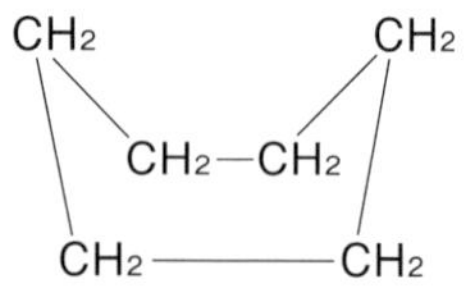

CH_2 CH_2 CH_2 CH_2 CH_2 CH_2　　CH_2 CH_2 CH_2－CH_2 CH_2－CH_2

［Ⅱ］**問１**　Ⓟ　**問２**　え

問３(1)ア　1　イ　4　ウ　0　エ　5

(2)　β－グルコース

［解説］

［Ⅰ］**問２**　(2)　いす形が分子内で立体反発が最も少なく，安定な構造である。

［Ⅱ］ Point 環状構造の平面に対して垂直な方向にある置換基が多く，かつ同じ側にくる構造のほうが立体反発は大きく不安定となる。

問１　Ⓟは H^{2a}，H^{4b}，H^{6a} のうち H^{4b} だけが環状構造の平面に対して垂直方向にある。一方，Ⓠは H^{2a} と H^{6a} の２つが同じ側の垂直方向にきている。よって，H^{2a}，H^{4b}，H^{6a} がメチル基－CH_3 になったとき，Ⓠのほうが立体反発は大きくなり，不安定となる。

問２　環状構造の平面に対して垂直な方向にある置換基が少なくなるのは，左下図の α－ガラクトースの置換基を右下図のように配置した場合である(**問１**のⓆの構造を参考)。

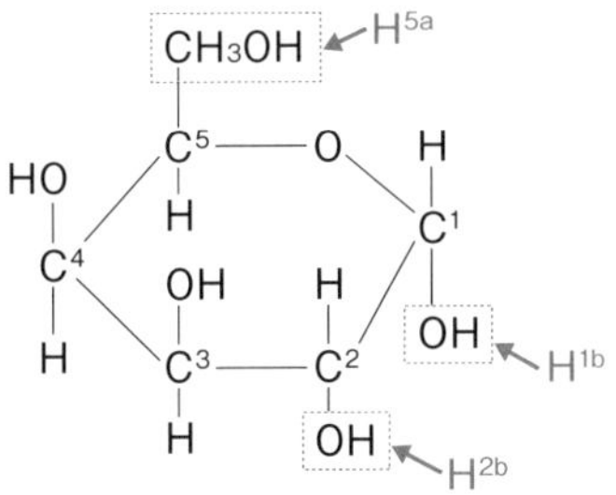

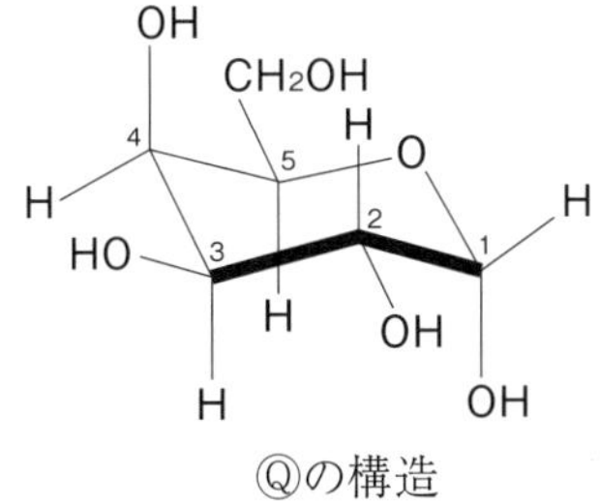

Ⓠの構造

※Ⓟの構造を参考にしてα－ガラクトースの置換基を配置すると右図のようになる。これは，Ⓟの構造における H^{3a} と H^{5a} に位置する－OH と－CH_2OH が垂直方向にきて反発するため，不安定となる。

Ⓟの構造

問 3　(1)　[α－グルコース]

立体反発が小さいα－グルコースは右図のようになる(**問 1** のⓆの構造を参考)。環状構造の平面に対して垂直に位置する置換基は 1 位の C 原子に結合した－OH の$_{ア}$<u>1</u> つであり，ほぼ平行に位置する置換基は 2, 3, 4 位の C 原子に結合した－OH 3 つと 5 位の C 原子に結合した－CH_2OH 1 つの計$_{イ}$<u>4</u> つである

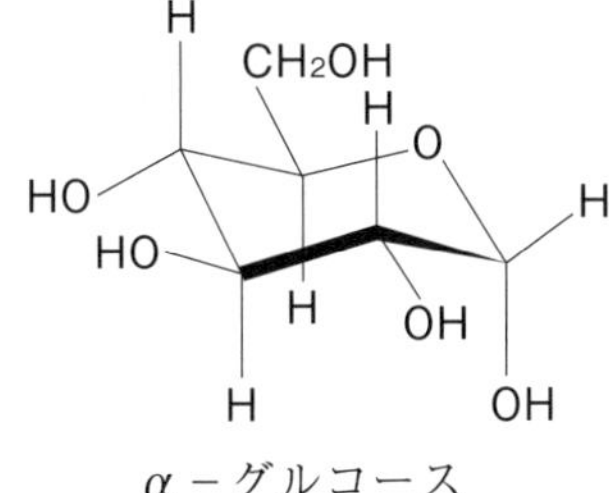

α－グルコース

[β－グルコース]

立体反発が小さいβ－グルコースは右図のようになる(**問 1** のⓆの構造を参考)。環状構造の平面に対して垂直に位置する置換基は$_{ウ}$<u>0</u> 個であり，ほぼ平行に位置する置換基は 1, 2, 3, 4 位の C 原子に結合した－OH 4 つと 5 位の C 原子に結合した－CH_2OH 1 つの計$_{エ}$<u>5</u> つである。

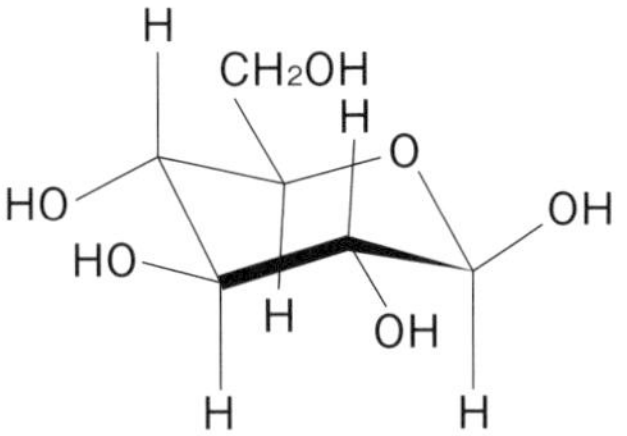

β－グルコース

(2)　(1) より<u>β－グルコース</u>は他の単糖類に比べ，垂直にくる置換基の数が少ない(0 個)ため，立体反発が小さく安定である。

速度論①(分解反応)

フレーム 26

◎原理(エステルの加水分解)

H_2O_2 水の分解反応は触媒(MnO_2 やカタラーゼなど)を用いて分解し，O_2 の発生量からその分解速度を求める。一方，エステルの加水分解は気体の発生などはない。そのため，酸触媒を用いて加水分解後に生じるカルボン酸を NaOH 水溶液で中和滴定することでその分解速度を求めることができる。

Step1　エステル R－COO－R′ に，酸触媒として希塩酸を加える。

Step2　一定時間ごとにその混合溶液を量り取り，NaOH 水溶液で中和滴定する。このとき，酸触媒である HCl と加水分解で生じたカルボン酸 R－COOH の両方が中和される。

Step3　NaOH 水溶液の滴下量から，エステルの加水分解速度を求める。

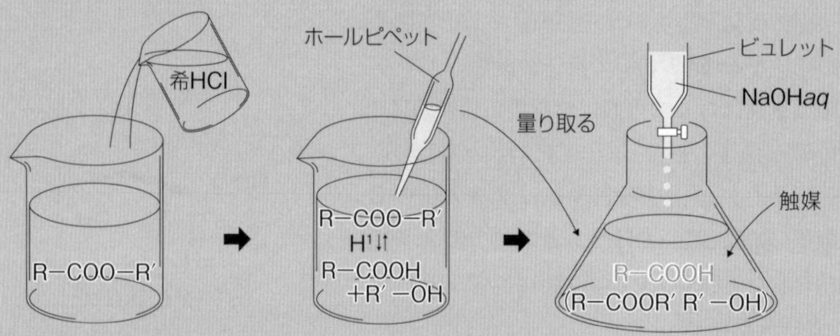

◎加水分解速度の算出

Step1　反応時間 0 のときの NaOH 水溶液の滴下量(V_0 mL)は，酸触媒として加えた HCl の中和に相当。

Step2　各時刻(t)ごとの NaOH 水溶液の滴下量(V_t)から V_0 を差し引くことで，R－COOH の中和に用いた NaOH 水溶液の量を求める。

Step3　中和滴定の計算式(酸が放出する H^+〔mol〕＝塩基が放出する OH^-〔mol〕から，生じた R－COOH の物質量〔mol〕が求まる。

Step4　加水分解の反応式「1R－COO－R′ ＋H_2O ⟶ 1R－COOH＋R′－OH」の係数から，生じた R－COOH の物質量〔mol〕から加水分解されたエステル R－COO－R′ の物質量〔mol〕が求まる。

Step5 定義式または速度式を用いて，エステル R－COO－R′ の加水分解速度を求める。

◎加水分解率〔%〕の算出式

ある時刻(t)までに加水分解されたエステル R－COO－R′ の割合〔%〕を算出する場合，加水分解されたエステルの量を求める必要はない。

⇨ HCl の中和に用いた NaOH 水溶液の滴下量を V_0 mL，ある時刻(t)の混合溶液の中和に用いた NaOH 水溶液の滴下量を V_t mL，加水分解終了時の混合溶液の中和に用いた NaOH 水溶液の滴下量を $V_{全}$ mL とすると，エステルの加水分解反応と中和反応の係数がすべて「1」のため，

「生じた R－COOH の中和に用いた NaOH〔mol〕＝反応した R－COO－R′〔mol〕」

よって，

$$\text{加水分解率〔\%〕} = \frac{\text{反応したエステル〔mol〕}}{\text{初めのエステル〔mol〕}} \times 100 = \frac{V_t - V_0\text{〔mL〕}}{V_{全} - V_0\text{〔mL〕}} \times 100$$

有機編 第5章 計算

実践問題　　1回目　2回目　3回目

目標：25分　実施日：　／　　／　　／

［Ⅰ］ 酢酸メチルは塩酸を含む水中で酢酸とメタノールに加水分解される。

$$CH_3COOCH_3 + H_2O \longrightarrow CH_3COOH + CH_3OH$$

酢酸メチル 5 mL と 0.5 mol/L 塩酸 95 mL をガラス容器内で混ぜて反応液とし，ゴム栓をして，35 ℃に保った。一定時間ごとに反応液 5 mL を取り出し，0.2 mol/L 水酸化ナトリウム水溶液で中和滴定を行い，下表の結果を得た。3 日後に酢酸メチルはほぼ完全に消失し，反応液 5 mL を取って中和滴定すると，0.2 mol/L 水酸化ナトリウム水溶液 27.6 mL を要した。次の問いに答えよ。計算は有効数字 2 桁で答えよ。

時間〔分〕	0	10	20	40	60	80	200	……	3 日
水酸化ナトリウム水溶液の滴下量〔mL〕	11.9	13.4	14.7	17.1	19.0	20.5	25.5	……	27.6

(1) 反応時間 0 分およびその一定時間後に水酸化ナトリウム水溶液で中和滴定する目的をそれぞれ次の中から選べ。

(ア)　酢酸の中和　　　　(イ)　塩酸の中和　　　　(ウ)　酢酸メチルの中和
(エ)　塩酸と酢酸の中和　　(オ)　メタノールと酢酸の中和

(2)　反応時間 0 分において，反応液中の酢酸メチルの濃度〔mol/L〕を計算せよ。

(3)　反応開始後 40 分および 80 分における酢酸メチルの加水分解率(加水分解された割合)は，それぞれ何%かを求めよ。

(4)　反応開始後 40 分から 80 分までの酢酸メチルの加水分解率の変化量が時間に比例するとして，酢酸メチルが 50%加水分解される時間〔分〕を求めよ。

(1995　京都薬科)

［Ⅱ］　酢酸エチルの加水分解反応の反応速度の測定を行った実験について，以下の問に答えよ。数値で解答する場合，有効数字 3 桁で解答せよ。ただし，1 m mol = 10^{-3} mol である。数値の解答は，各問において指定されている桁数に従い解答すること。[解答欄 [ア] ～ [ナ]]

記入例：解答欄が指数形式の場合，240，2.4，0.0024 は，それぞれ，[2].[4] × $10^{[2]}$，[2].[4] × $10^{[0]}$，[2].[4] × $10^{-[3]}$と記す。

酢酸エチルの加水分解反応の反応式は以下の通りである。

$$CH_3COOC_2H_5 + H_2O \longrightarrow CH_3COOH + C_2H_5OH$$

酢酸エチルの加水分解反応を 100 mL の 0.5 mol/L 塩酸中で行い，水酸化ナトリウムを用いた中和滴定により，反応の進行に伴って生成した酢酸を定量した。反応時間と生成した酢酸の濃度および平均反応速度を以下の表に示す。最後の欄は反応を完全に終結させたときの酢酸濃度である。この実験条件において逆反応は無視できる。

反応時間〔min〕	酢酸濃度〔m mol/L〕	平均反応速度〔m mol/(L·min)〕
0	0.00	
		0.740
10	7.40	
		(　　)
20	14.1	
		0.575
40	25.6	
		0.470
60	35.0	
		⋮
⋮	⋮	
∞	76.8	

問 1　塩酸中で反応を行った理由は何か。以下の①～④から一つ選べ。 [ア]

①　観察可能な程度に反応速度を速めるため。

②　加水分解以外の反応(副反応)を防止するため。

③　反応の生成物を逆滴定するため。

④　滴定を妨害しないようにするため。

問2　この実験において，滴定を行う時の指示薬として最も適切なものを，以下の①～⑤から一つ選べ。［イ］

①　フェノールフタレイン　②　メチルオレンジ　③　メチルイエロー

④　メチレンブルー　⑤　過マンガン酸カリウム

問3　反応時間0分の酢酸エチルの濃度はいくらか。［ウ］～［オ］

［ウ］［エ］.［オ］m mol/L

問4　反応開始後20分における酢酸エチルの濃度はいくらか。［カ］～［ク］

［カ］［キ］.［ク］m mol/L

問5　反応開始10分後から20分後までの平均反応速度を求めよ。

［ケ］～［シ］

［ケ］.［コ］［サ］× $10^{-シ}$ m mol/(L･min)

問6　この実験条件下では，酢酸エチルの加水分解反応は，反応速度が酢酸エチル濃度のみに比例する一次反応とみなすことができる。酢酸エチルの加水分解反応の反応速度定数を求めよ。［ス］～［タ］

［ス］.［セ］［ソ］× $10^{-タ}$/min

問7　一次反応では，反応時間 t とそのときの反応物の濃度[A]との関係は，反応物の初濃度を$[A]_0$，反応速度定数を k とすると，以下の式で表される。

$$\log_e[A] = -kt + \log_e[A]_0$$

酢酸エチルの加水分解反応において，酢酸エチルの濃度が反応時間0分の値の2分の1になるのに要する時間を求めよ。必要であれば，$\log_e 2 = 0.693$，$\log_e 3 = 1.10$，$\log_e 5 = 1.61$ を用いよ。［チ］～［ト］

［チ］.［ツ］［テ］× $10^{ト}$ min

問8　酢酸エチル濃度が2分の1になってから，更に4分の1になるまでに要する時間は，**問7**で求めた時間の何倍か。以下の①～⑨から選べ。必要であれば，$\log_e 2 = 0.693$，$\log_e 3 = 1.10$，$\log_e 5 = 1.61$ を用いよ。［ナ］

①　0.250　②　0.500　③　0.693　④　1.00　⑤　1.10

⑥　1.41　⑦　1.61　⑧　2.00　⑨　4.00

（2011　杏林・医）

解答

[Ⅰ] **(1)** 0分：(イ)　　一定時間後：(エ)　　**(2)** 6.3×10^{-1} mol/L

(3) 40分：33％　　80分：55％　　**(4)** 72分(または71分)

[Ⅱ] **問1** ア　①　　**問2** イ　①　　**問3** ウ　7　　エ　6　　オ　8

問4 カ　6　　キ　2　　ク　7

問5 ケ　6　　コ　7　　サ　0　　シ　1

問6 ス　1　　セ　0　　ソ　1　　タ　2

問7 チ　6　　ツ　8　　テ　5　　ト　1　　**問8** ナ　④

[解説]

[Ⅰ] **(1)** 反応時間0分の溶液の中和に要したNaOH水溶液は，触媒として加えた塩酸の中和のみに消費されたものである。また，エステルの加水分解反応が進むにつれてCH_3COOHが生じるため，一定時間後の溶液の中和に要したNaOH水溶液は塩酸とCH_3COOHの両方の中和に消費されたものである。

(2) この加水分解反応は次式のように表される。

$$1CH_3COOCH_3 + H_2O \longrightarrow 1CH_3COOH + CH_3OH$$

上式の係数比より，(加水分解が進んでも溶液の体積は変わらないものとして)塩酸混合直後の$[CH_3COOCH_3]$＝3日後に生成した$[CH_3COOH]$＝x mol/Lとおくと，3日後の溶液の中和において，

$$\underbrace{x〔\text{mol/L}〕\times \frac{5}{1000}〔\text{L}〕\times 1}_{CH_3COOH\text{が放出する}H^+〔\text{mol}〕} = \underbrace{0.2〔\text{mol/L}〕\times \frac{27.6-11.9}{1000}〔\text{L}〕\times 1}_{NaOH\text{が放出する}OH^-〔\text{mol}〕}$$

$$\therefore\quad x = 6.28\cdots\times 10^{-1} \fallingdotseq \underline{6.3\times 10^{-1}}〔\text{mol/L}〕$$

(3) Point 加水分解率〔%〕＝加水分解されたCH_3COOCH_3〔%〕＝CH_3COOHと反応したNaOH〔%〕

塩酸の中和に要したNaOH水溶液の量を差し引くことに注意すること，各時間における加水分解率〔%〕は次式のように算出される。

$$40\text{分}：\frac{17.1-11.9〔\text{mL}〕}{27.6-11.9〔\text{mL}〕}\times 100 = 33.1\cdots \fallingdotseq \underline{33}〔\%〕$$

$$80\text{分}：\frac{20.5-11.9〔\text{mL}〕}{27.6-11.9〔\text{mL}〕}\times 100 = 54.7\cdots \fallingdotseq \underline{55}〔\%〕$$

(4) 題意より，加水分解率の変化量が時間に比例することから，求める反応時

間〔分〕を t とおくと，(反応時間，加水分解率)＝(40，33.1)，(80，54.7)の 2 点を通る直線上に存在する(t，50)を求めればよい。

よって，変化の割合(直線の傾き)について次式が成り立つ。

$$\frac{54.7-33.1}{80-40} = \frac{54.7-50}{80-t} \qquad \therefore \quad t = 72.2\cdots \fallingdotseq 72〔分〕\ (71 分でも可)$$

［Ⅱ］ **問 1**　エステルの加水分解反応において，塩酸中の H^+ が触媒として働き，反応速度を大きくしている。

問 2　この中和反応で生成する CH_3COONa から電離した CH_3COO^- が次式のように加水分解し，OH^- が生成するため，中和点の pH が塩基性に偏る。よって，塩基性に変色域をもつフェノールフタレイン(①)を用いる。

$$CH_3COO^- + H_2O \rightleftarrows CH_3COOH + OH^-$$

問 3　$1CH_3COOC_2H_5 + H_2O \longrightarrow 1CH_3COOH + C_2H_5OH$ より，

「初めの $CH_3COOC_2H_5$〔mmol/L〕」

＝「(∞ min までに)生成した CH_3COOH〔mmol/L〕」

よって，本問の表より，$[CH_3COOC_2H_5]$ = 76.8〔mmol/L〕

問 4　残っている $[CH_3COOC_2H_5]$

＝初めの $[CH_3COOC_2H_5]$ − 反応した $[CH_3COOC_2H_5]$

＝初めの $[CH_3COOC_2H_5]$ − 生成した $[CH_3COOH]$

= 76.8 − 14.1 = 62.7〔mmol/L〕

問 5　反応開始 10 分から 20 分までの $CH_3COOC_2H_5$ の平均分解速度を $\bar{v}$〔mol/(L・min)〕とおくと，定義式より，

$$\bar{v} = -\frac{\Delta[CH_3COOC_2H_5]}{\Delta t} = \frac{14.1-7.40〔mmol/L〕}{20-10〔min〕}$$

$$= 6.70 \times 10^{-1}〔mmol/(L\cdot min)〕$$

問 6　題意より，この反応は一次反応(反応速度式における $CH_3COOC_2H_5$ の濃度の累乗が 1)なので，速度式は次式のように表すことができる。

$$\bar{v} = k\,\overline{[CH_3COOC_2H_5]}_{0-10}$$

$$\Leftrightarrow \quad 0.740 = k \times \frac{76.8+(76.8-7.40)}{2}$$

$$\therefore \quad k = 1.012\cdots \times 10^{-2} \fallingdotseq 1.01 \times 10^{-2}〔/min〕$$

(試験時間が許せば本問の表で与えられている 10 〜 20 min，20 〜 40 min，40 〜 60 min での k を上式と同様に求め，その平均値を取ることが理想。)

問7　$[CH_3COOC_2H_5]$が $\frac{1}{2}$ になるときの反応時間を $t_{\frac{1}{2}}$ とおくと，本問の与式より，

$$\log_e[A] = -kt + \log_e[A]_0$$

$$\Leftrightarrow \quad t = \frac{1}{k}\log_e\frac{[A]_0}{[A]}$$

$[A] = \frac{1}{2}[A]_0$

$$\Leftrightarrow \quad t_{\frac{1}{2}} = \frac{1}{k}\log_e 2 \qquad \cdots(*)$$

$$= \frac{1}{1.012\times10^{-2}} \times 0.693 = 6.847\cdots\times 10 \fallingdotseq \underline{6.85\times10}〔\mathrm{min}〕$$

問8　$[CH_3COOC_2H_5]$が $\frac{1}{4}$ になるときの反応時間を $t_{\frac{1}{4}}$ とおくと，(＊)式より，

$$\frac{t_{\frac{1}{4}} - t_{\frac{1}{2}}}{t_{\frac{1}{2}}} = \frac{\frac{1}{k}\log_e 4 - \frac{1}{k}\log_e 2}{\frac{1}{k}\log_e 2} = \frac{2\log_e 2 - \log_e 2}{\log_e 2} = \underline{1.00}〔倍〕$$

酢酸エチルの加水分解反応におけるグラフ

今回の実験において，$t_{\frac{1}{2}} = 6.85 \times 10$〔min〕が半減期となり，横軸に時間 t〔min〕，縦軸に $CH_3COOC_2H_5$ のモル濃度〔mol/L〕を[A]とすると，次のようなグラフになる。

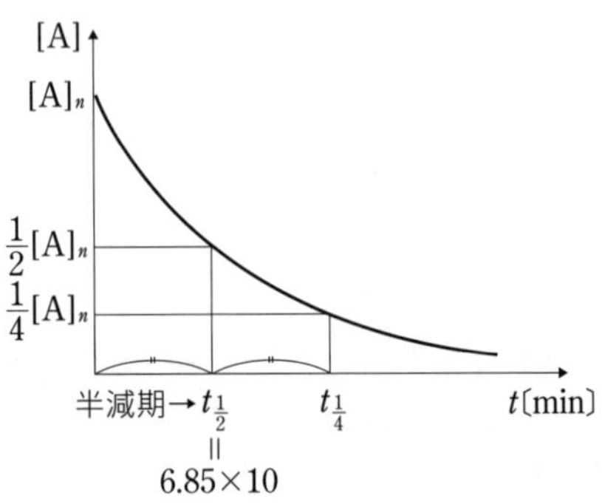

テーマ 27

速度論②(酵素反応)

フレーム 27

◎酵素とは

⇨ 主にタンパク質からなり，**触媒機能(反応速度は変えるが，それ自身は反応の前後で変化しない)を持つ**もの。

◎酵素反応の特徴

⇨ 酵素 E が基質 S と結合することで反応が開始する(この複合体を酵素－基質複合体という)。

⇨ このときの生成物 P が生じる反応速度は，酵素のモル濃度[E]や基質のモル濃度[S]，さらには酵素－基質複合体のモル濃度[E·S]による。

$$\mathrm{E + S} \underset{k_{-1}}{\overset{k_1}{\rightleftarrows}} \mathrm{E{\cdot}S} \xrightarrow{k_2} \mathrm{E + P}$$

典型パターン

⇨ 上記の内容を導入説明として入れ，酵素の反応速度を，**速度式を用いて算出させる**。また，これら**酵素反応に関わる複数の関係式を導かせる問題**も頻出。

◎ 3 つの計算式

⇨ 以下のいずれかの式に代入しながら，各種の値を求めていく。

◎速度式(各物質のモル濃度の累乗はすべて「1」として出題される)

$v_1 = k_1[\mathrm{E}][\mathrm{S}]$　　$v_{-1} = k_{-1}[\mathrm{E{\cdot}S}]$　　$v_2 = k_2[\mathrm{E{\cdot}S}]$

(生成物 P が生じる正味の速度 v_2 は，$v_2 = v_1 - v_{-1}$ で表されることになる。)

◎物質収支の条件式(⇨ P.285)

$[\mathrm{E}]_{全} = [\mathrm{E}] + [\mathrm{E{\cdot}S}]$

◎化学平衡の法則(質量作用の法則)

⇨ E と S から E·S が生じる反応($\mathrm{E{\cdot}S} \rightleftarrows \mathrm{E + S}$)は可逆的なため，平衡定数 K は次式のように表すことができる。

$$K = \frac{[\mathrm{E}][\mathrm{S}]}{[\mathrm{E{\cdot}S}]}$$

有機編 第5章 計算

実践問題　　1回目　2回目　3回目

目標：30分　実施日：　／　　／　　／

［Ⅰ］ 次の文章を読み，以下の**問1**〜**問3**に答えよ。

酵素反応では，酵素がないときの反応と比べ，活性化エネルギー(E_a)が低くなるので，室温や体温など比較的低温でも反応は速やかに進む。酵素E，基質Sおよび生成物Pの関係は次のようになる。

$$\mathrm{E + S} \underset{k_{-1}}{\overset{k_1}{\rightleftarrows}} (\quad ア \quad) \xrightarrow{k_2} \mathrm{E + P} \quad (k_1,\ k_{-1},\ k_2：速度定数)$$

酵素反応では，k_1，k_{-1}(　イ　)k_2という大小関係なので，(　ア　)は速やかに生じ，生成物Pの生成速度＝(反応速度v)は，v＝(　ウ　)である。従って，酵素濃度が一定で，基質の濃度が大きくなると，反応速度vは(　エ　)になる。

問1　文章中の空欄(　ア　)〜(　エ　)にあてはまる記号，不等号，式および語を，それぞれ記せ。

問2　下図に酵素反応のエネルギー状態図を，酵素がないときのエネルギー状態図にならって，実線で記せ。

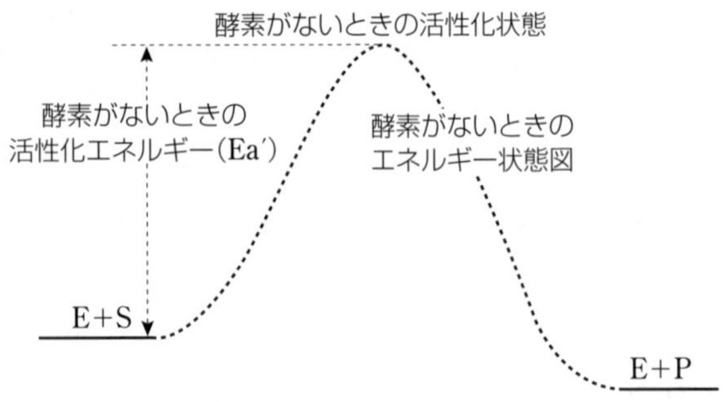

問3　下線部で，反応速度vが(　エ　)になる理由を，説明せよ。

(2013　福井・医)

［Ⅱ］ 次の文章(1)〜(3)を読み，**問1**〜**問5**に答えよ。

(1)　一般に触媒が存在すると化学反応は速くなる。この理由は，触媒が作用すると反応の仕組みが変わって〔 (ア) 〕のより小さい経路で反応が進むためである。触媒を用いた場合，反応熱は〔 (イ) 〕。触媒はその作用の仕方で〔 (ウ) 〕と〔 (エ) 〕に大別できる。例えば，過酸化水素の水溶液中における分解反応の触媒として $FeCl_3$ 水溶液や MnO_2 粉末を利用できるが，$FeCl_3$ は〔 (ウ) 〕，MnO_2 は〔 (エ) 〕として働いている。

細胞内の化学反応の多くは触媒として酵素(E と表記する)が関わっている。酵素が触媒として作用する物質を〔 (オ) 〕(S と表記する)という。S は酵素と結合して「酵素－〔 (オ) 〕複合体」(E·S と表記する)をつくる。

問 1. 〔 (ア) 〕～〔 (オ) 〕に最も適切な語句を記せ。

(2) S の加水分解により生成物 P を生じる反応を，酵素 E が触媒として進める場合を考えてみよう。

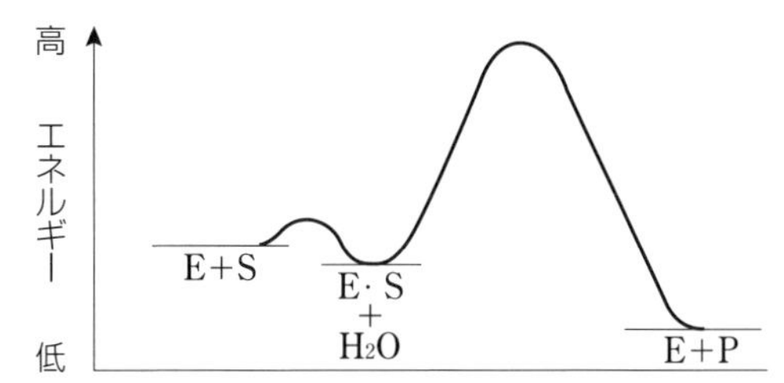

図 1　酵素 E による S の加水分解反応に伴うエネルギー変化

図 1 のように，酵素 E の作用する反応では E·S がつくられるため，反応は式①，式②で表される 2 つの段階に分けることができる。

$$E + S \rightleftarrows E{\cdot}S \quad \cdots\cdots ①$$

$$E{\cdot}S + H_2O \longrightarrow E + P \quad \cdots\cdots ②$$

E·S に対して水が作用し P が生じるので，P の生成する速度 v は速度定数を k として式③で与えられる。

$$v = k\,[H_2O]\,[E{\cdot}S] \quad \cdots\cdots ③$$

最初に加えた酵素 E の濃度(初期濃度)を c〔mmol/L〕とすると，反応の進行中，酵素 E の濃度[E]〔mmol/L〕，E·S の濃度[E·S]〔mmol/L〕の間には，式④の関係が常に成立する。ただし，mmol/L = 10^{-3} mol/L とする。

$$[E] + [E{\cdot}S] = c \quad \cdots\cdots ④$$

多くの酵素反応では，式①の正反応およびその逆反応はいずれも式②の反応と比べはるかに速い。したがって，式②の反応が進行中でも式①の平衡関係が成立しているとみなすことができる。

問 2. 式①の平衡定数を K〔$(\text{mmol/L})^{-1}$〕とする。K を[E·S]，c，S の濃度[S]〔mmol/L〕を用いて表せ。

問 3. [E·S]を K，c，[S]を用いて表せ。

(3)　酵素による反応を水溶液中で行う場合，大過剰に存在する水の濃度$[H_2O]$〔mmol/L〕は定数とみなしてよい。文章(2)で説明した酵素反応において，式③の速度定数k〔$(\mathrm{mmol/L})^{-1}(秒)^{-1}$〕と$[H_2O]$の積は5.0$(秒)^{-1}$であり，式①の平衡定数$K$は0.10〔$(\mathrm{mmol/L})^{-1}$〕であった。

問4．反応溶液内のSの濃度を高めると式①の平衡が移動するため，式②の反応速度vは増大する。しかしSの濃度をいくら高めても，最大速度v_{max}とよばれる値を超えることはない。酵素Eの初期濃度cが0.30 mmol/Lである水溶液中で，酵素EによるSの加水分解反応を行う場合のv_{max}を有効数字2桁で答えよ。

問5．酵素の触媒能力の目安として，vがv_{max}の半分となるSの濃度が用いられる。酵素Eの初期濃度cが0.10 mmol/Lである水溶液では，酵素EによるSの加水分解反応のv_{max}は0.50〔$(\mathrm{mmol/L})(秒)^{-1}$〕である。$v$が$v_{max}$の半分となるSの濃度を有効数字2桁で答えよ。

(2010　九州)

解答

［Ⅰ］**問1** ア　E·S(またはES)　　イ　≫(または>)

ウ　k_2[E·S]　　エ　一定

問2

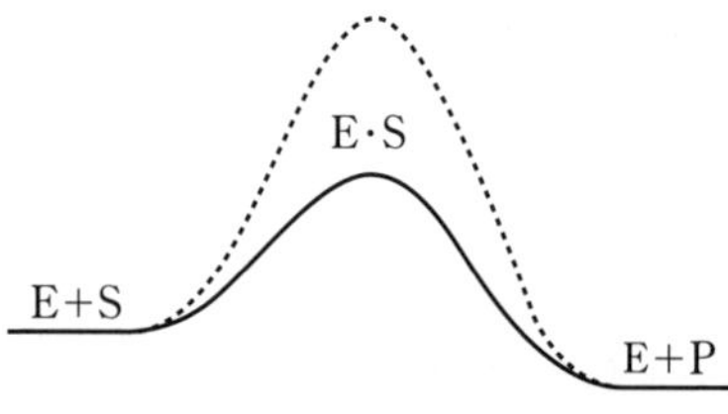

問3　基質Sの濃度が大きいとき，酵素EはほとんどE·Sとなっているため，生成物Pが生成する速度vは酵素濃度で決まってしまうから。

［Ⅱ］**問1** (ア)　活性化エネルギー　　(イ)　変化しない

(ウ)　均一触媒(均一系触媒)　　(エ)　不均一触媒(不均一系触媒)

(オ)　基質

問2　$\dfrac{[\mathrm{E \cdot S}]}{(c-[\mathrm{E \cdot S}])[\mathrm{S}]}$　　**問3**　$\dfrac{Kc[\mathrm{S}]}{1+K[\mathrm{S}]}$

問4　1.5〔mmol/(L・秒)〕　　**問5**　1.0 × 10 mmol/L

[解説]

[Ⅰ] **問1** ア　E·Sを酵素－基質複合体という。

イ 「E + S ⇄ E·S」の反応よりも「E·S ⟶ E + P」の反応のほうが起こりにくいということは覚えておいたほうがよい。

ウ　イの解説より，Pの生成速度は次式で近似できる。

$v \fallingdotseq \underline{k_2[\mathrm{E \cdot S}]}$

エ　[E]≪[S]のとき，EはほとんどE·Sになっているので，[E]が一定のとき[E·S]も一定となる。よってウより，vも<u>一定</u>になる。

問2　酵素を用いると，用いない場合に比べて活性化エネルギーの低い経路で反応が進む(解答参照)。実際は右のような図になる(覚える必要はない)。

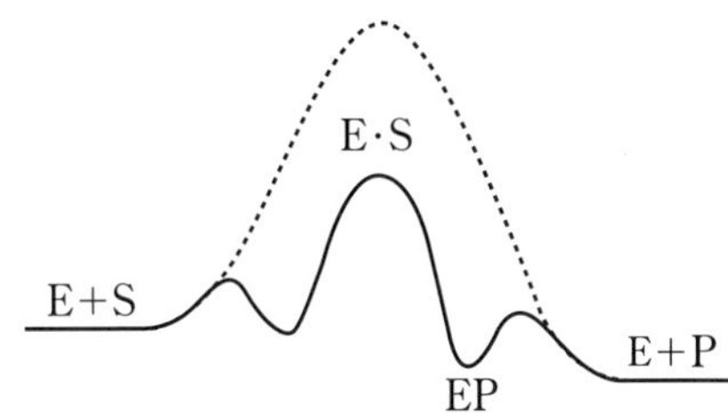

問3　酵素Eは基質Sの特定部位(これを活性部位という)に結合し，酵素－基質複合体E·Sをつくる。その後，基質は生成物Pに変化し酵素Eから離れ，その酵素Eは(反応の前後で変化しないため)再び別の基質Sと結合する。このときの反応は次のように表すことができる。

$$\mathrm{E + S} \underset{k_{-1}}{\overset{k_1}{\rightleftarrows}} \mathrm{E \cdot S} \xrightarrow{k_2} \mathrm{E + P}$$

このとき，題意にある「生成速度vは$v = K_2[\mathrm{E \cdot S}]$と表すことができる」というのは，EとSからE・Sが生成する反応(速度定数はk_1)のほうが，E·SがEとPになる反応(速度定数はk_2)に比べて圧倒的に速く，EとPが生成する速度は，E·S ⟶ E + Pの速度でほとんど決まってしまうということである(このような多段階反応全体の速度を支配する反応を律速段階という)。これは，k_2がk_1やk_{-1}よりも非常に小さいためである。

[Ⅱ] **問1** (ウ)　$FeCl_3$水溶液のように，反応物と均一に混合した状態で働く触媒を<u>均一触媒</u>という。

(エ)　MnO_2粉末のように，反応物と均一に混合しない状態で働く触媒を<u>不均一触媒</u>という。反応物の状態が気体や液体であり，触媒の状態が固体の場合は不均一触媒となる。

問2　E + S $\rightleftarrows$ E·S の可逆反応において，化学平衡の法則より，

$$K=\frac{[\mathrm{E\cdot S}]}{[\mathrm{E}][\mathrm{S}]}$$

ここに，④式を代入すると，

$$K=\frac{[\mathrm{E\cdot S}]}{\underline{(c-[\mathrm{E\cdot S}])[\mathrm{S}]}} \quad \cdots(*)$$

問3　(∗)式を変形して[E·S]について解くと，

$$Kc[\mathrm{S}]-K[\mathrm{E\cdot S}][\mathrm{S}]=[\mathrm{E\cdot S}] \quad \Leftrightarrow \quad [\mathrm{E\cdot S}]=\underline{\frac{Kc[\mathrm{S}]}{1+K[\mathrm{S}]}}$$

問4　本問の③式に**問3**の結果を代入すると，

$$v=k[\mathrm{H_2O}][\mathrm{E\cdot S}]$$

$$\Leftrightarrow \quad v=k[\mathrm{H_2O}]\times\frac{Kc[\mathrm{S}]}{1+K[\mathrm{S}]}$$

分母分子を[S]で割る

$$\Leftrightarrow \quad v=k[\mathrm{H_2O}]\times\frac{Kc}{\frac{1}{[\mathrm{S}]}+K}$$

ここで，[S] → ∞のとき$\left(\frac{1}{[\mathrm{S}]}\to 0\right)$，題意より v は $v_{\max}$ となるので，上式は，

$$v_{\max}=k[\mathrm{H_2O}]\times\frac{Kc}{0+K}=k[\mathrm{H_2O}]\times c$$

$$=5.0\times 0.30=\underline{1.5}\,〔\mathrm{mmol/(L\cdot 秒)}〕$$

別解）［S］が非常に大きいとき($v_{\max}$ となるとき)，E はほとんど E·S となっている。よって，[E]≪[E·S]となるため，④式は次のように近似できる。

$$[\mathrm{E}]+[\mathrm{E\cdot S}]=c \quad \Leftrightarrow \quad [\mathrm{E\cdot S}]\fallingdotseq c$$

以上より，③式から，

$$v=k[\mathrm{H_2O}][\mathrm{E\cdot S}]$$

$$\Leftrightarrow \quad v_{\max}\fallingdotseq k[\mathrm{H_2O}]\times c=5.0\times 0.30=1.5〔\mathrm{mmol/(L\cdot 秒)}〕$$

問5　$v=k[\mathrm{H_2O}][\mathrm{E\cdot S}]$

$$\Leftrightarrow \quad \frac{1}{2}v_{\max}=k[\mathrm{H_2O}]\times\frac{Kc[\mathrm{S}]}{1+K[\mathrm{S}]}$$

$$\Leftrightarrow \quad \frac{1}{2}\times 0.50=5.0\times\frac{0.10\times 0.10[\mathrm{S}]}{1+0.10[\mathrm{S}]}$$

$$\therefore \quad [\mathrm{S}]=\underline{1.0\times 10}〔\mathrm{mmol/L}〕$$

テーマ

28 平衡論①(糖類)

フレーム 28

◎結合定数とは

⇨ ある糖 S を水に溶かし，その糖と結合して複合体 S·X を形成する同濃度の物質 X の変化量を x〔mol/L〕とすると，平衡状態における各物質の濃度〔mol/L〕はバランスシートより以下のようになる。

	S	+	X	⇄	S·X	
初期量	c		c		0	(単位：mol/L)
変化量	$-x$		$-x$		$+x$	
平衡時	$c-x$		$c-x$		x	

よって，化学平衡の法則より，S·X が生成する反応の平衡定数 K(結合定数という)は次式のように表される。

$$K = \frac{[\mathrm{S\cdot X}]}{[\mathrm{S}][\mathrm{X}]} = \frac{x}{(c-x)\times(c-x)} = \frac{x}{(c-x)^2}\ \text{〔L/mol〕}$$

◎物質収支の条件

⇨ ある元素(ここでは糖 S そのもの)に注目すると，**その元素の物質量〔mol〕はどんな化学変化が起こっても不変**である。そのため，ある元素について初期量と平衡時の量を用いて方程式を作成することができる。

［例］ c〔mol〕の糖 S を水に溶かして 1 L にしたときの，平衡状態での糖 S のモル濃度[S]について，

$[\mathrm{S}]_{全} = [\mathrm{S}] + [\mathrm{S\cdot X}]$

⇔ $c = [\mathrm{S}] + [\mathrm{S\cdot X}]$

※『理論化学編』の P.235 を参照。

実践問題　　1回目　2回目　3回目

目標：10分　実施日：　／　　／　　／

次の文を読んで，以下の問いに答えよ。数値は有効数字2桁まで求めよ。

［　1　］の水溶液に，ヨウ素ヨウ化カリウム水溶液(ヨウ素溶液)を加えると，青～青紫色に変化する。この反応は［　2　］と呼ばれ，［　1　］やヨウ素(I_2)の検出に利用される。これは，らせん状になっている［　1　］の長い分子の中にI_2分子が取り込まれるためと考えられている。らせんのひとまわりは6～7分子のα－グルコースでつくられ，図1のようにその中に1分子のI_2が取り込まれると推定されている。

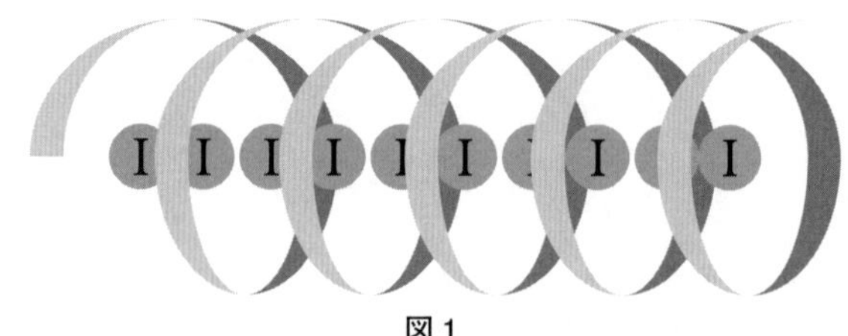

図1

アミロースと［　3　］からなる［　1　］に希酸などを作用させて加水分解するとき，すべてがグルコースになる前に反応を中断すると，いろいろな重合度の生成物が得られる。これをデキストリンといい，分子式は［　1　］と同じ［　4　］で表される。

デキストリン分子の両端が化学結合した環状分子は，シクロデキストリンと呼ばれる。6分子のα－グルコースが環状につながったシクロデキストリンをα－シクロデキストリンと呼び，環の直径は［　1　］のらせんの直径とほぼ同じである。このほか，7分子のα－グルコースが環状につながったβ－シクロデキストリンや，8分子が環状につながったγ－シクロデキストリンが知られている。シクロデキストリンは［　1　］と同様に［　2　］と類似の反応を起こす。このとき，シクロデキストリンの環の中に1分子のI_2が取り込まれると考えられている。

問1　［　1　］～［　3　］にあてはまる適当な語句を記せ。［　4　］には重合度をnで表した分子式を記せ。

問2　α－グルコースの構造式を記せ。

問3　シクロデキストリン(CD)の分子の環の中にI_2分子が取り込まれる反応(図2)が平衡状態になっているとき，各物質のモル濃度を[CD]，[I_2]，[$CD\cdot I_2$]とすると，反応の平衡定数K_Cは(1)式のように表される。

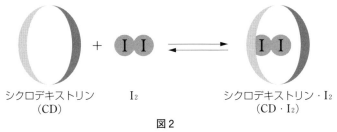

シクロデキストリン (CD)　+　I_2　⇄　シクロデキストリン・I_2 ($CD \cdot I_2$)

図2

$$K_C = \frac{[CD \cdot I_2]}{[CD][I_2]} \quad \cdots\cdots(1)$$

K_Cは結合定数とも呼ばれ，2つの物質がどれだけ強く結合しているかを示す指標となる。シクロデキストリンとI_2が結合する前のそれぞれのモル濃度を$[CD]_0$，$[I_2]_0$とすると，K_Cは(2)式で表される。

$$K_C = \frac{[CD \cdot I_2]}{([CD]_0 - [CD \cdot I_2])([I_2]_0 - [CD \cdot I_2])} \quad \cdots\cdots(2)$$

α－シクロデキストリン(α－CD)はβ－シクロデキストリン(β－CD)と比較すると，I_2とより強く結合することが知られている。これを証明するため，α－シクロデキストリンあるいはβ－シクロデキストリンをそれぞれI_2と等しいモル濃度(6.09×10^{-4} mol/L)で混合して，一定温度に保った。平衡状態における各物質のモル濃度を調べたところ，$[\alpha - CD \cdot I_2] = 5.42 \times 10^{-4}$ mol/L，$[\beta - CD \cdot I_2] = 2.22 \times 10^{-4}$ mol/Lであった。α－シクロデキストリンとI_2，β－シクロデキストリンとI_2の結合定数を求めよ。

(2014　浜松医科)

解答

問1 1　デンプン　2　ヨウ素デンプン反応　3　アミロペクチン
4　$(C_6H_{10}O_5)_n$

問2

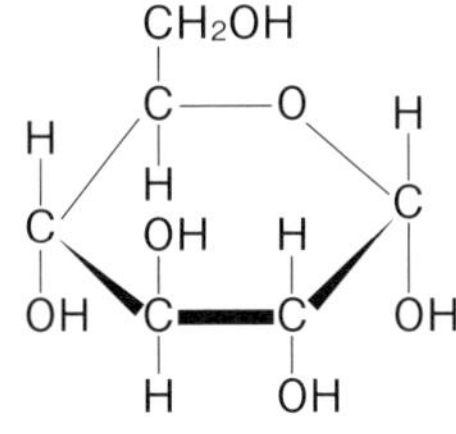

問3　α－シクロデキストリンとI_2の結合定数…1.2×10^5 L/mol
β－シクロデキストリンとI_2の結合定数…1.5×10^3 L/mol

[解説]

問3　[α－シクロデキストリンと I_2 の結合定数]

$$K_C = \frac{[\alpha\text{-CD}\cdot I_2]}{([\alpha\text{-CD}]_0-[\alpha\text{-CD}\cdot I_2])([I_2]_0-[\alpha\text{-CD}\cdot I_2])}$$

$$= \frac{5.42\times10^{-4}}{(6.09\times10^{-4}-5.42\times10^{-4})(6.09\times10^{-4}-5.42\times10^{-4})}$$

$$= 1.20\cdots\times10^{5} \fallingdotseq \underline{1.2\times10^{-5}\text{[L/mol]}}$$

[β－シクロデキストリンと I_2 の結合定数]

$$K_C = \frac{[\beta\text{-CD}\cdot I_2]}{([\beta\text{-CD}]_0-[\beta\text{-CD}\cdot I_2])([I_2]_0-[\beta\text{-CD}\cdot I_2])}$$

$$= \frac{2.22\times10^{-4}}{(6.09\times10^{-4}-2.22\times10^{-4})(6.09\times10^{-4}-2.22\times10^{-4})}$$

$$= 1.48\cdots\times10^{3} \fallingdotseq \underline{1.5\times10^{3}\text{[L/mol]}}$$

(1)式から(2)式への変形の仕方

シクロデキストリン(CD)とヨウ素 I_2 を c〔mol/L〕ずつ溶解させ，各物質が x〔mol/L〕反応したとき，平衡状態における各物質の濃度〔mol/L〕はバランスシートより以下のようになる。

	CD	+	I_2	$\rightleftarrows$	$CD\cdot I_2$	
初期量	c		c		0	(単位：mol/L)
変化量	$-x$		$-x$		$+x$	
平衡時	$c-x$		$c-x$		x	

よって，平衡時の CD のモル濃度[CD]は，

$$[CD] = c-x = [CD]_0-[CD\cdot I_2] \quad \cdots\cdots①$$

$$[I_2] = c-x = [I_2]_0-[CD\cdot I_2] \quad \cdots\cdots②$$

以上より，(1)式に①，②式を代入すると，以下のように(2)式が導かれる。

$$K_C = \frac{[CD\cdot I_2]}{[CD][I_2]} = \frac{[CD\cdot I_2]}{([CD]_0-[CD\cdot I_2])([I_2]_0-[CD\cdot I_2])}$$

※①式は，物質収支の条件を用いて以下のように導くことができる。

$$[CD]_0 = [CD]+[CD\cdot I_2]$$

$$\Leftrightarrow \quad [CD] = [CD]_0-[CD\cdot I_2]$$

テーマ 29

平衡論②(アミノ酸)

フレーム 29

◎等電点とは

⇨ 水溶液中では陽イオン・陰イオン・双性イオンの間で平衡状態となっており(各イオンの割合は溶液の pH によって変化する), この平衡混合物の正負の電荷が等しくなるときの pH。

◎等電点の算出(中性アミノ酸の場合)

⇨ 中性アミノ酸(の陽イオン)は 2 価の弱酸とみなすことができ, 電離定数からアミノ酸溶液中の$[H^+]$を求めることで等電点を求めることができる。

⇨ この中性アミノ酸の陽イオンをA^+, 双性イオンを$A^\pm$, 陰イオンをA^-と表すと, 以下の電離平衡が成り立つ。

$$A^+ \overset{K_1}{\rightleftarrows} A^\pm \overset{K_2}{\rightleftarrows} A^-$$

ここで, 第 1 電離と第 2 電離の電離定数をそれぞれ K_1, K_2 とすると,

$$A^+ \rightleftarrows A^\pm + H^+ \qquad K_1 = \frac{[A^\pm][H^+]}{[A^+]} \quad \cdots\cdots ①$$

$$A^\pm \rightleftarrows A^- + H^+ \qquad K_2 = \frac{[A^-][H^+]}{[A^\pm]} \quad \cdots\cdots ②$$

このとき, ①式×②式より, 辺々を掛け合わせると,

$$K_1 \times K_2 = \frac{[A^\pm][H^+]}{[A^+]} \times \frac{[A^-][H^+]}{[A^\pm]}$$

$$\Leftrightarrow \quad K_1K_2 = [H^+]^2 \frac{[A^-]}{[A^+]}$$

さらに, 等電点では$[A^+]=[A^-]$なので,

$$[H^+]^2 = K_1K_2$$

$$\Leftrightarrow \quad [H^+] = \sqrt{K_1K_2} \quad (\because \ [H^+] > 0)$$

$$\therefore \quad pH = -\log[H^+] = -\frac{1}{2}\log K_1K_2$$

有機編 第5章 計算

◎イオン存在比の算出(中性アミノ酸の場合)

⇨　水溶液中の双性イオン$A^{\pm}$の存在比をfとすると，fは水素イオン濃度$[H^+]$と電離定数K_1，K_2を用いて以下のように表すことができる。

$$f=\frac{[A^{\pm}]}{[A^+]+[A^{\pm}]+[A^-]}$$

右辺の分母分子を$[A^{\pm}]$で割る

$$\Leftrightarrow\ f=\frac{1}{\frac{[A^+]}{[A^{\pm}]}+1+\frac{[A^-]}{[A^{\pm}]}}$$

①式を変形すると，$\frac{[A^+]}{[A^{\pm}]}=\frac{[H^+]}{K_1}$

②式を変形すると，$\frac{[A^-]}{[A^{\pm}]}=\frac{K_2}{[H^+]}$

これらを代入する

$$\Leftrightarrow\ f=\frac{1}{\frac{[H^+]}{K_1}+1+\frac{K_2}{[H^+]}}$$

実践問題　　1回目　2回目　3回目

目標：18分　実施日：　／　　／　　／

［Ｉ］　次の文を読み，**問1～2**に答えなさい。

天然のα－アミノ酸は，一般に下の構造式で表され，タンパク質を構成するものとして知られている。

$$H_2N-\underset{}{\overset{\displaystyle R\atop |}{C}}H-COOH$$

この構造式中のRは側鎖と呼ばれる部分であり，アラニンではRはCH_3，グルタミン酸ではRは$(CH_2)_2COOH$である。α－アミノ酸は少なくとも一つのアミノ基とカルボキシ基をもつため，結晶をつくるときは水素イオンがカルボキシ基からアミノ基に移動した構造をとる。このような，一つの分子の中に正負の電荷を合わせもつイオンを(　ア　)と呼ぶ。

水溶液中では，下の図のような電離平衡が存在し，溶液のpHによってこれら3種類のイオンの割合は変化する。

$$H_3N^+-\overset{\displaystyle R\atop |}{C}H-COOH \underset{H^+}{\overset{OH^-}{\rightleftarrows}} H_3N^+-\overset{\displaystyle R\atop |}{C}H-COO^- \underset{H^+}{\overset{OH^-}{\rightleftarrows}} H_2N-\overset{\displaystyle R\atop |}{C}H-COO^-$$

ここではこれらの3種類のイオンのうち，陰イオンをイオンA，（　ア　）をイオンB，陽イオンをイオンCとする。イオンA，B，Cのもつ電荷はそれぞれ−1，0，＋1である。3種類のイオンがもつ電荷が全体として0になるときのpHを，そのα−アミノ酸の（　イ　）と呼ぶ。イオンA，B，Cの濃度をそれぞれ[A]，[B]，[C]で表す。pHが（　イ　）に等しいとき，次の式が成り立つ。

$$-1\times[\mathrm{A}]+(\text{ウ})\times[\mathrm{B}]+(\text{エ})\times[\mathrm{C}]=0 \quad \cdots\cdots(\text{式}1)$$

イオンBの電離平衡定数をK_B，イオンCの電離平衡定数をK_Cとすれば，次の式が成り立つ。

$$K_B=(\text{オ})\times\frac{[\mathrm{H}^+]}{[\mathrm{B}]} \quad \cdots\cdots(\text{式}2)$$

$$K_C=(\text{カ})\times\frac{[\mathrm{H}^+]}{[\mathrm{C}]} \quad \cdots\cdots(\text{式}3)$$

以上のことから，pHが（　イ　）に等しいとき，pHはK_BとK_Cを用いて次のように表される。

$$\mathrm{pH}=-\log_{10}(\text{キ}) \quad \cdots\cdots(\text{式}4)$$

問1　（　ア　），（　イ　）に適切な語句を，（　ウ　），（　エ　）に適切な数値を入れなさい。また（　オ　），（　カ　）を埋めて式2，式3を完成させなさい。

問2　式1〜3が成り立つ条件で，pHをK_BとK_Cから求める計算式を導く過程を示しなさい。また，（　キ　）に適切な式を入れなさい。

（2012　鹿児島）

［Ⅱ］　次の文章を読み，**問1**から**問4**に答えよ。ただし計算値は有効数字2桁で示せ。

一つの分子の中にアミノ基（$-\mathrm{NH_2}$）と，カルボキシ基（−COOH）を持つ化合物を［（ア）］という。これら二つの官能基が同一の炭素原子に結合しているものを，特に［（イ）］という。生体の重要な成分であるタンパク質は，約20種類の［（イ）］が縮合重合してできている。水溶液中では，［（イ）］は(1)，(2)式で示される電離平衡により，pHに応じて$\mathrm{AH_2}^+$，AH，およびA^-の3種類の化学種として存在する。特にAHの状態で存在する化学種を［（ウ）］イオンと呼ぶ。

$$\underset{\mathrm{AH_2}^+}{\mathrm{R{-}\overset{\overset{\large H}{|}}{\underset{\underset{\large NH_3^+}{|}}{C}}{-}COOH}} \overset{K_1}{\rightleftarrows} \underset{\mathrm{AH}}{\mathrm{R{-}\overset{\overset{\large H}{|}}{\underset{\underset{\large NH_3^+}{|}}{C}}{-}COO^-}}+\mathrm{H}^+ \qquad (1)$$

$$\mathrm{R{-}\underset{\underset{\displaystyle NH_3^+}{|}}{\overset{\overset{\displaystyle H}{|}}{C}}{-}COO^-} \underset{}{\overset{K_2}{\rightleftarrows}} \mathrm{R{-}\underset{\underset{\displaystyle NH_2}{|}}{\overset{\overset{\displaystyle H}{|}}{C}}{-}COO^- + H^+} \qquad (2)$$

AH　　　　　　　　A^-

では（イ）の一つである化合物Xについて，水溶液中での電離平衡を考えてみよう。化合物Xについて，(1)，(2)式の電離定数は，$K_1 = 1.0 \times 10^{-4}$ mol/L，$K_2 = 1.0 \times 10^{-10}$ mol/Lである。それぞれの化学種濃度を$[AH_2^+]$，$[AH]$，$[A^-]$，また水素イオン濃度を$[H^+]$で表すと，電離定数K_1，K_2は，次式で示される。

$K_1 =$（エ）　　　　(3)

$K_2 =$（オ）　　　　(4)

水溶液中での化学種AHの存在割合をfとすると，fは次式で示される。

$$f = \frac{[AH]}{[AH_2^+] + [AH] + [A^-]} \qquad (5)$$

(3)～(5)式から，fは電離定数K_1，K_2および$[H^+]$を用いて(6)式のように表すことができる。

$$f = \frac{1}{（カ） + 1 + （キ）} \qquad (6)$$

問1　文中の空欄(ア)～(ウ)に適切な語句，(エ)～(キ)に適切な式を入れよ。

問2　化合物Xについて，pHとfの関係はどのようになるか。正しい関係(実線)を図1の(a)～(c)から選べ。

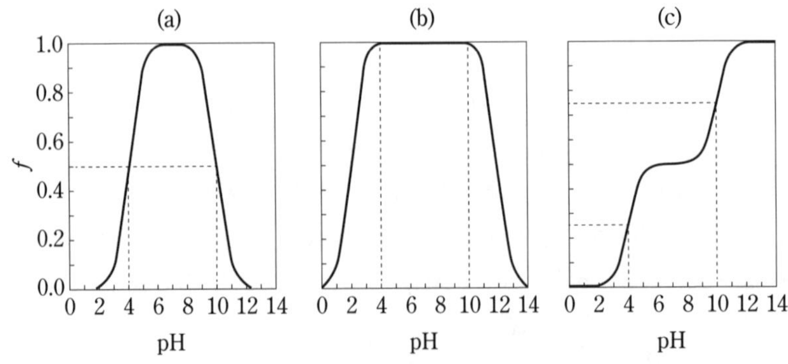

図1　pHとfとの関係

問3 化合物Xがおもに AH の化学種で存在し，(1)，(2)式の電離平衡において陽イオン種(AH_2^+)と陰イオン種(A^-)の両者の濃度が等しくなる pH を等電点と呼ぶ。$[AH_2^+]=[A^-]$の条件と，(3)，(4)式を用いて，化合物Xの等電点を求めよ。またその計算過程も示せ。

問4 陽イオン交換樹脂を用いれば，水溶液中に存在する陽イオンの化学種のみを選択して回収することができる。化合物Xを効率よく回収するために，91％以上を陽イオン種(AH_2^+)として水溶液中に存在させる必要がある。このためには，水溶液の pH をいくらまで下げればよいか。またその計算過程も示せ。

(2000 東北)

解答

［Ⅰ］**問1**（ア） 双性イオン　（イ） 等電点　（ウ） 0　（エ） 1

（オ） [A]　（カ） [B]

問2 ［計算過程は解説参照］　（キ） $\sqrt{K_B K_C}$

［Ⅱ］**問1**（ア） アミノ酸　（イ） α－アミノ酸　（ウ） 双性(または両性)

（エ） $K_1=\dfrac{[AH][H^+]}{[AH_2^+]}$　（オ） $K_2=\dfrac{[A^-][H^+]}{[AH]}$

（カ） $\dfrac{[H^+]}{K_1}$　（キ） $\dfrac{K_2}{[H^+]}$　(（カ），（キ）は順不同)

問2 (a)　**問3** 7.0

問4 pH を 3.0 まで下げればよい。(計算過程は解説を参照)

[解説]

［Ⅰ］ **問1，2** イ～エ pH がα－アミノ酸の等電点に等しいとき，各イオンの濃度にその電荷をかけた総和は 0 となる(電気的中性の条件式と同じような考え方)。

$$-1\times[A]+0\times[B]+1\times[C]=0 \quad \cdots\cdots(式1)$$

$$\Leftrightarrow \quad [A]=[C] \quad \cdots\cdots(式1)$$

オ～キ 各電離式とその電離定数 K_B，K_C は次式のように表される。

第1電離　$C \rightleftarrows B+H^+$　$K_C=\dfrac{[B][H^+]}{[C]}$　……(式3)

第2電離　B ⇄ A + H$^+$　　$K_B = \dfrac{[A][H^+]}{[B]}$　……(式2)

ここで，(式2)×(式3)より，双性イオンである[B]を消去すると，

$$K_B \times K_C = \frac{[A][H^+]}{[B]} \times \frac{[B][H^+]}{[C]} \quad \Leftrightarrow \quad K_B K_C = [H^+]^2 \frac{[A]}{[C]}$$

また，等電点においては[A]＝[C]より，

$[H^+]^2 = K_B K_C \quad \Leftrightarrow \quad [H^+] = \sqrt{K_B K_C}$

$\therefore \quad pH = -\log_{10}[H^+] = -\log_{10}\sqrt{K_B K_C}$　……(式4)

[Ⅱ]　**問1**　(エ)，(オ)　(1)，(2)式より，電離定数K_1，K_2は次式で表される。

$AH_2^+ \rightleftarrows AH + H^+$　　$K_1 = \underline{\dfrac{[AH][H^+]}{[AH_2^+]}}_{(エ)}$　……(3)

$AH \rightleftarrows A^- + H^+$　　$K_2 = \underline{\dfrac{[A^-][H^+]}{[AH]}}_{(オ)}$　……(4)

(カ)，(キ)　(5)式の右辺の分母分子を[AH]で割ると，fは次式で表される。

$$f = \frac{[AH]}{[AH_2^+] + [AH] + [A^-]} \quad \cdots\cdots(5)$$

$$= \frac{1}{\dfrac{[AH_2^+]}{[AH]} + 1 + \dfrac{[A^-]}{[AH]}}$$

$$= \frac{1}{\underline{\dfrac{[H^+]}{K_1}}_{(カ)} + 1 + \underline{\dfrac{K_2}{[H^+]}}_{(キ)}}$$

(3)式を変形すると，$\dfrac{[AH_2^+]}{[AH]} = \dfrac{[H^+]}{K_1}$

(4)式を変形すると，$\dfrac{[A^-]}{[AH]} = \dfrac{K_2}{[H^+]}$

これらを代入する

問2　[pH ＝ 4のとき]　(6)式に[H$^+$]＝ 10^{-4} を代入すると，

$$f = \frac{1}{\dfrac{[H^+]}{K_1} + 1 + \dfrac{K_2}{[H^+]}} = \frac{1}{\dfrac{10^{-4}}{1.0\times10^{-4}} + 1 + \dfrac{1.0\times10^{-10}}{10^{-4}}} \fallingdotseq 0.5$$

（$\dfrac{1.0\times10^{-10}}{10^{-4}}$：ムシ）

[pH ＝ 10のとき]　(6)式に[H$^+$]＝ 10^{-10} を代入すると，

$$f = \frac{1}{\dfrac{[H^+]}{K_1} + 1 + \dfrac{K_2}{[H^+]}} = \frac{1}{\dfrac{10^{-10}}{1.0\times10^{-4}} + 1 + \dfrac{1.0\times10^{-10}}{10^{-10}}} \fallingdotseq 0.5$$

（$\dfrac{10^{-10}}{1.0\times10^{-4}}$：ムシ）

よって，上記の2点(pH，f)＝(4，0.5)，(10，0.5)を通る(a)が正しいグラフとなる。

問3　(3)式×(4)式より，辺々を掛け合わせると，

$$K_1 \times K_2 = \frac{[\text{AH}][\text{H}^+]}{[\text{AH}_2{}^+]} \times \frac{[\text{A}^-][\text{H}^+]}{[\text{AH}]}$$

$$\Leftrightarrow \quad K_1K_2 = [\text{H}^+]^2 \frac{[\text{A}^-]}{[\text{AH}_2{}^+]}$$

さらに，等電点では$[\text{AH}_2{}^+] = [\text{A}^-]$なので，

$$[\text{H}^+]^2 = K_1K_2$$

$$\Leftrightarrow \quad [\text{H}^+] = \sqrt{K_1K_2} \qquad (\because [\text{H}^+] > 0)$$

$$= \sqrt{(1.0\times10^{-4})\times(1.0\times10^{-10})}$$

$$= 1.0 \times 10^{-7} \text{〔mol/L〕}$$

$$\therefore \quad \text{pH} = -\log[\text{H}^+] = -\log(1.0 \times 10^{-7}) = \underline{7.0}$$

問4　水溶液中の陽イオン$\text{AH}_2{}^+$の存在割合をf'とおくと，f'は次式で表される(陽イオン$\text{AH}_2{}^+$の存在割合が91％以上のとき，陰イオンA^-の存在割合は極めて小さいので無視してよい)。このf'が0.91以上となる$[\text{H}^+]$の範囲を求めればよい。よって，

$$f' = \frac{[\text{AH}_2{}^+]}{[\text{AH}_2{}^+] + [\text{AH}] + [\text{A}^-]}$$

(ムシ)

$$= \frac{[\text{AH}_2{}^+]}{[\text{AH}_2{}^+] + [\text{AH}]}$$

右辺の分母·分子を$[\text{AH}_2{}^+]$で割る

$$= \frac{1}{1 + \dfrac{[\text{AH}]}{[\text{AH}_2{}^+]}}$$

(3)式を変形すると，$\dfrac{[\text{AH}]}{[\text{AH}_2{}^+]} = \dfrac{K_1}{[\text{H}^+]}$

これを代入する

$$= \frac{1}{1 + \dfrac{K_1}{[\text{H}^+]}}$$

$$= \frac{1}{1 + \dfrac{1.0\times10^{-4}}{[\text{H}^+]}} \geqq 0.91$$

$$\therefore \quad [\text{H}^+] \geqq 1.01\cdots \times 10^{-3}[\text{mol/L}]$$

以上より，pHを$\underline{3.0}$まで下げればよい。

テーマ

30 平衡論③(抽出)

フレーム 30

◎分配の法則とは

⇨ 混ざり合わない2種類の溶媒 ℓ_1, ℓ_2 に有機化合物 A(芳香族化合物が頻出)を溶解させたときの平衡状態を考えたとき,

$$A(\ell_1) \rightleftarrows A(\ell_2)$$

$$K_D = \frac{[A(\ell_2)]}{[A(\ell_1)]}$$

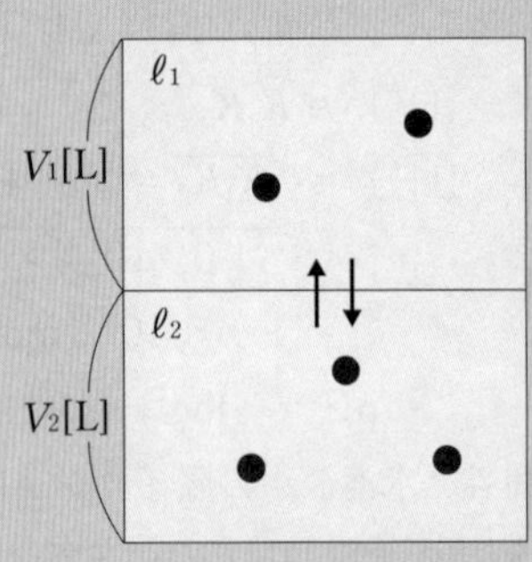

よって,**温度が一定であれば,2つの溶媒に存在する A の濃度の比は一定値(K_D)になる。**

※分配係数 K_D について

⇨ K_D は2種類の溶媒の組み合わせと溶質の種類によって決まる。また,用いる濃度単位は mol/L だけでなく,g/L や g/mL などの他の濃度単位を用いてもよい。

⇨ K_D の値を用いることで,抽出により回収できる有機化合物の量を推測したり,効率の良い抽出を行うには何回の抽出作業を行えばいいかを推測したりすることができる。

《計算解法》

⇨ K_D を用いて,二相(水相と有機相)に抽出したい有機化合物 A がどのくらいの量ずつ存在しているのかを求める。

⇨ その際,**化学平衡の法則(K_D =〜)だけでなく,物質収支の条件**(⇨ P.285)**による関係式もあわせて用いる**ことが多い。

⇨ 体積の異なる二相に溶質が分配されて存在するため,ここで用いる物質収支の法則の単位は mol/L や g/L などの濃度単位ではなく,mol や g であることに注意する(次式は mol 単位での関係式)。

$$n_A[\text{mol}] = [A(\ell_1)] \times V_1 + [A(\ell_2)] \times V_2$$

実践問題　　1回目　2回目　3回目

目標：18分　実施日：　／　　／　　／

互いに混じり合わない溶媒への溶解度の違いを利用して，水溶液に溶解した化合物を有機溶媒相へ抽出することができる。この操作について，以下の問いに答えなさい。

化合物Xは水にも有機溶媒にも溶解し，これらが十分に撹拌されて平衡に達した際，その溶解度の比は，分配係数 $P = \frac{\text{有機溶媒相の濃度}}{\text{水相の濃度}}$ で表すことができる。

化合物Xが 1.00×10^{-3} mol/L の濃度で溶解した水溶液Aが 100 mL ある。この水溶液Aから化合物Xを有機溶媒相に抽出する実験を行う。

問1．このような水溶液からの物質の抽出操作に用いる有機溶媒として不適当と考えられるものはどれか。記号で答えなさい。

（ア）クロロホルム　（イ）ヘキサン　（ウ）ベンゼン
（エ）エタノール　（オ）ジエチルエーテル

問2．100 mL の水溶液Aに有機溶媒を 100 mL 加え，良く撹拌した後静置し，有機溶媒相と水相を分離させた。有機溶媒相に含まれる化合物Xの物質量〔mol〕を，分配係数 P を用いて答えなさい。

問3．上記**問2**の操作の代わりに 100 mL の水溶液Aに有機溶媒を 50.0 mL 加えて1回目の抽出を行い，有機溶媒相を分取した後，残った水相に新たに有機溶媒 50.0 mL を加えて2回目の抽出を行った。これら1回目，2回目の抽出操作によって有機溶媒相に回収される化合物Xの物質量を，分配係数 P を用いて答えなさい。

問4．分配係数 P が 2.00 であった場合，上記**問3**の2段階の抽出作業を行うことによって，上記**問2**の1段階の抽出作業のみの場合に比して，化合物Xの抽出量は何％増加するか答えなさい。

問5．実際の抽出操作では，水相の混入を防ぐために，水相，有機溶媒相共に，各操作において全量は回収しなかった。分配係数 2.00 の化合物Xは，上記**問3**の 50.0 mL の2回の抽出操作を行った場合，回収率が何％以上あれば，上記**問2**の 100 mL の1回の抽出操作による収量を超えることができるか，導出過程も併せて答えなさい。但し，各操作において，水相および有機溶媒相の回収率は同じであるものとする。

（2013　慶應・医）

解答

問1　(エ)　　**問2**　$\dfrac{P}{1+P}\times 1.00\times 10^{-4}$〔mol〕

問3　1回目… $\dfrac{P}{2+P}\times 1.00\times 10^{-4}$ mol

2回目… $\dfrac{2P}{(2+P)^2}\times 1.00\times 10^{-4}$ mol

問4　12.5 %

問5　50.0 %以上(計算過程は解説を参照)

[解説]

問1　(エ)のエタノールは水と任意の割合で混ざるため，抽出操作における有機溶媒としては不適当である。なお，(ア)のクロロホルムは水よりも密度が大きいため抽出操作において下層になるが，それ以外の有機化合物は水よりも密度が小さいため上層になる。

問2　Xは，以下のような平衡状態となる。

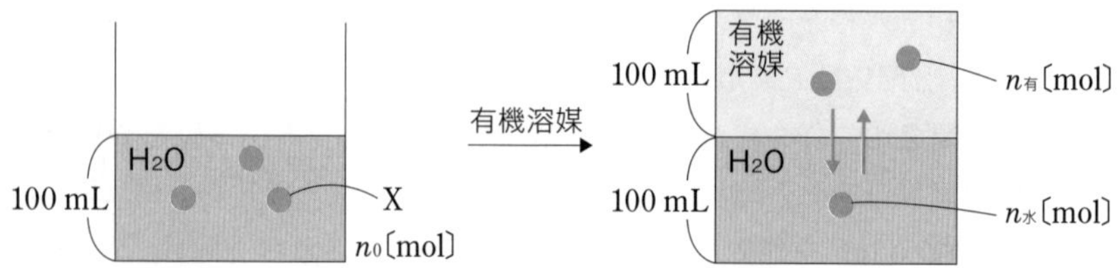

有機溶媒を加える前に水相にあったXの初期量 n_0〔mol〕は，

$$n_0 = 1.00\times 10^{-3}\text{〔mol/L〕}\times \frac{100}{1000}\text{〔L〕} = 1.00\times 10^{-4}\text{〔mol〕}$$

ここで，この操作で水相に残るXの物質量を $n_{水}$〔mol〕とおくと，有機溶媒相に回収されるXの物質量 $n_{有}$〔mol〕は次式で表される(物質収支の条件)。

$n_{有} = n_0 - n_{水}$〔mol〕

よって，与式(化学平衡の法則)より，

$$P = \frac{\text{有機溶媒相の濃度}}{\text{水相の濃度}} = \frac{\dfrac{n_{有}\text{〔mol〕}}{100\text{〔mL〕}}}{\dfrac{n_{水}\text{〔mol〕}}{100\text{〔mL〕}}}$$

$$\Leftrightarrow\ P = \frac{n_{有}}{n_{水}} = \frac{n_0 - n_{水}}{n_{水}}$$

$$\Leftrightarrow \quad n_{水} = \frac{1}{1+P} \times n_0$$

以上より，有機溶媒相に回収されるXの物質量 $n_{有}$〔mol〕は，

$$n_{有} = n_0 - n_{水}$$

$$= n_0 - \frac{1}{1+P} \times n_0$$

$$= \frac{P}{1+P} \times n_0$$

$$= \frac{P}{1+P} \times 1.00 \times 10^{-4} \text{〔mol〕}$$

問3　Xは，以下のような平衡状態となる。

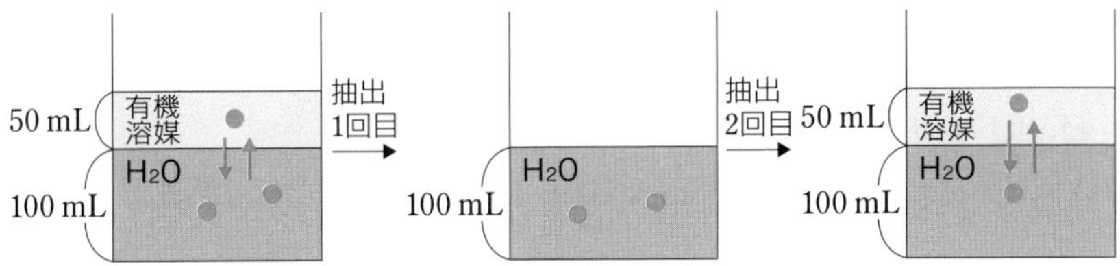

ここで，1回目の操作の後に水相に残るXの物質量を n_1〔mol〕とおくと，与式(化学平衡の法則)より，

$$P = \frac{\dfrac{n_0 - n_1 \text{〔mol〕}}{50.0 \text{〔mL〕}}}{\dfrac{n_1 \text{〔mol〕}}{100 \text{〔mL〕}}} \qquad \therefore \quad n_1 = \frac{2}{2+P} \times n_0$$

よって，1回目の操作で回収できたXの物質量〔mol〕は，

$$n_0 - n_1 = n_0 - \frac{2}{2+P} \times n_0$$

$$= \frac{P}{2+P} \times n_0 = \frac{P}{2+P} \times 1.00 \times 10^{-4} \text{〔mol〕} \quad \cdots\cdots ①$$

さらに，2回目の操作の後に水相に残るXの物質量を n_2〔mol〕とおくと，与式(化学平衡の法則)より，

$$P = \frac{\dfrac{n_1 - n_2 \text{〔mol〕}}{50.0 \text{〔mL〕}}}{\dfrac{n_2 \text{〔mol〕}}{100 \text{〔mL〕}}} \qquad \therefore \quad n_2 = \frac{2}{2+P} \times n_1 \text{〔mol〕}$$

よって，2回目の操作で有機溶媒相に回収できるXの物質量〔mol〕は，

$$n_1 - n_2 = n_1 - \frac{2}{2+P} \times n_1 = \frac{P}{2+P} n_1$$

$$= \frac{P}{2+P} \times \frac{2}{2+P} \times n_0$$

$$= \underline{\frac{2P}{(2+P)^2} \times 1.00 \times 10^{-4}} \text{〔mol〕} \quad \cdots\cdots②$$

問4

《1段階での抽出》

問2の結果より，

$$\frac{P}{1+P} \times 1.00 \times 10^{-4} = \frac{2.00}{1+2.00} \times 1.00 \times 10^{-4} = \frac{2}{3} \times 10^{-4} \text{〔mol〕}$$

《2段階での操作》

［1回目の操作］

1回目の抽出で有機溶媒相に回収できるXの物質量〔mol〕は，**問3**①式より，

$$\frac{2}{2+P} \times n_0 = \frac{2.00}{2+2.00} \times 1.00 \times 10^{-4} = \frac{1}{2} \times 10^{-4} \text{〔mol〕}$$

［2回目の操作］

2回目の抽出で有機溶媒相に回収できるXの物質量〔mol〕は，**問3**②式より，

$$\frac{2P}{(2+P)^2} \times 1.00 \times 10^{-4} = \frac{2 \times 2.00}{(2+2.00)^2} \times 1.00 \times 10^{-4} = \frac{1}{4} \times 10^{-4} \text{〔mol〕}$$

よって，2回の抽出で回収できたXの総物質量〔mol〕は，

$$\underbrace{\left(\frac{1}{2} \times 10^{-4}\right)}_{1回目} + \underbrace{\left(\frac{1}{4} \times 10^{-4}\right)}_{2回目} = \frac{3}{4} \times 10^{-4} \text{〔mol〕}$$

以上より，1段階の操作よりも2段階の操作のほうが回収量は増加しているので，その増加した割合[%]は，

$$\frac{\text{増加量〔mol〕}}{\text{1段階での回収量〔mol〕}} \times 100 = \frac{\overbrace{\frac{3}{4} \times 10^{-4}}^{2段階} - \overbrace{\frac{2}{3} \times 10^{-4}}^{1段階} \text{〔mol〕}}{\frac{2}{3} \times 10^{-4} \text{〔mol〕}} \times 100$$

$$= \underline{12.5} \text{〔%〕}$$

問 5　有機溶媒相における X の回収率を α とおく(題意より，水相の回収率も α となる)。

《1 段階での抽出》

1 段階の操作で回収される X の物質量〔mol〕は，**問 2** の結果を用いると，

$$\left(\frac{P}{1+P}\times n_0\right)\times\alpha=\frac{2.00}{1+2.00}\times n_0\times\alpha=\frac{2}{3}\alpha n_0\text{〔mol〕}$$

《2 段階での操作》

［1 回目の操作］

1 回目の操作で回収できる X の物質量〔mol〕は，**問 3** ①式を用いると，

$$\left(\frac{P}{2+P}\times n_0\right)\times\alpha=\frac{2.00}{2+2.00}\times n_0\times\alpha=\frac{1}{2}\alpha n_0\text{〔mol〕}$$

［2 回目の操作］

$$P=\frac{\dfrac{n_1-n_2\text{〔mol〕}}{50.0\text{〔mL〕}}}{\dfrac{n_2\text{〔mol〕}}{100\alpha\text{〔mL〕}}}$$

$$\Leftrightarrow\ 2.00=\frac{2(n_1-n_2)\alpha}{n_2}\qquad\therefore\ n_2=\frac{\alpha}{1+\alpha}\times n_1\text{〔mol〕}$$

また，2 回目の操作の際の水相の体積が「100〔mL〕×回収率 α」であることに注意すると，有機溶媒相に回収できる X の物質量〔mol〕は，

$$n_1-n_2=\frac{2}{2+P}\times n_0\times\alpha-\frac{\alpha}{1+\alpha}n_1$$

$$=\frac{2}{2+2.00}\times n_0\times\alpha-\frac{\alpha}{1+\alpha}\times\frac{1}{2}n_0\alpha$$

$$=\frac{\alpha^2}{2(1+\alpha)}n_0\text{〔mol〕}$$

よって，2 段階での回収量が 1 段階での回収量を上回るとき，次式が成り立つ。

$$\underbrace{\overbrace{\frac{1}{2}\alpha n_0}^{1\text{回目}}+\overbrace{\frac{\alpha^2}{2(1+\alpha)}n_0}^{2\text{回目}}}_{2\text{段階}}\geqq\underbrace{\frac{2}{3}\alpha n_0}_{1\text{段階}}\qquad\therefore\ \alpha\geqq\frac{1}{2}$$

以上より，回収率が <u>50.0 %</u>以上のとき，2 段階での回収量が 1 段階での回収量を上回る。

有機編 第5章 計算

テーマ 31

高分子①(重合度)

フレーム 31

◎分子量

⇨　浸透圧測定を行い，ファント・ホッフの法則より分子量を求める(⇨ 詳しくは『理論化学編』P.300 を参照)。

$$\Pi = CRT$$

$$\Leftrightarrow \quad \Pi = \frac{\overset{\text{mol}}{\frac{w}{M}}}{\underset{\text{L}}{V}} RT$$

$$\Leftrightarrow \quad M = \frac{wRT}{\Pi V}$$

※ただし，上式に補正を入れる場合がある(⇨[Ⅰ]を参照)。

◎重合度

⇨　繰り返し単位の式量と分子量から，次式のような n を用いた一次方程式を立て，これを解く。

(繰り返し単位の式量) × n ＝分子量

実践問題　　1回目　2回目　3回目

目標：18分　実施日：　／　　／　　／

原子量は H = 1，C = 12，N = 14，O = 16 を用いよ。気体定数は，$R = 8.3 \times 10^3$ Pa·L/(K·mol) とする。

[Ⅰ]　次の文章を読み，各問に答えよ。計算過程を示し，結果は有効数字 2 桁で記せ。

高分子化合物の溶液が示す浸透圧 Π は，希薄溶液でも理想的な状態からのずれが大きく補正項を加えた次式で表される。

$\Pi = CRT(1 + AC)$　(A：補正係数)　……(1)

溶質の分子量をM, 溶液1L中の溶質の質量をg数で表した濃度をbとすると, 式(1)は式(2)のように変形できる。

$$\frac{\Pi}{b} = \boxed{\quad ア \quad} \quad \cdots\cdots(2)$$

式(2)を用いて高分子化合物の分子量を決定することができる。

ある高分子化合物の温度300Kにおける種々の濃度bに対する浸透圧Πを測定した結果を表1に示す。

表1

b〔g/L〕	Π〔Pa〕
10	360
30	1150
50	1990
80	3440

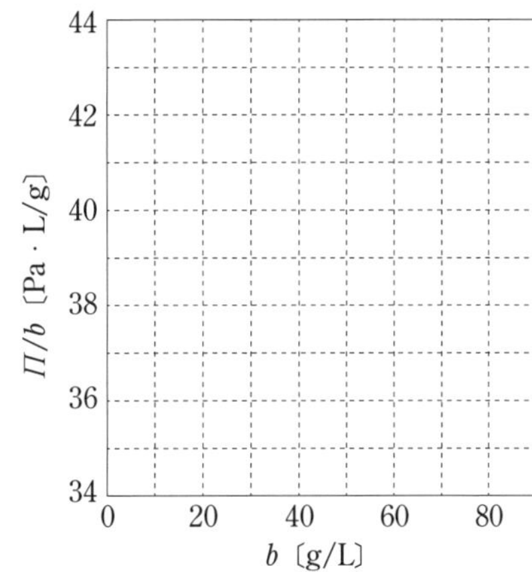

問1 ［ア］に適切な式を下から選び, 記号で答えよ。

(a) $\dfrac{RT}{M}$　(b) $\dfrac{RT}{M}(1 + Ab)$　(c) $\dfrac{RT}{M}\left(1 + \dfrac{A}{M}b\right)$

(d) $\dfrac{M}{RT}\left(1 + \dfrac{A}{M}b\right)$　(e) $\dfrac{M}{RT}\left(1 + \dfrac{M}{A}b\right)$

問2 表1の値を用いてbと$\dfrac{\Pi}{b}$の関係を前図に図示せよ。グラフはフリーハンドでていねいに描くこと。

問3 **問2**で描いたグラフをもとに高分子化合物の分子量を計算せよ。

（2014　防衛医科）

［II］ 次の文章を読み, 以下の設問に答えよ。計算問題では, 必要な式や計算も記せ。

ポリエステルは分子内にエステル結合を繰り返し持つ高分子化合物である。代表的なポリエステルであるポリエチレンテレフタラート(PET)は, 二価アルコール［(a)］と二価カルボン酸［(b)］との［(ア)］重合によってつくられる。PETは［(イ)］性を持ち, 加熱・冷却により成型加工品を作ることができる。しかも,

PETは軽量で強度が高いことから，飲料容器(PETボトル)や繊維として現代生活に欠かせないものとなっている。

しかし，PETはその化学的安定性のため自然界ではほとんど分解されることはなく，さらに燃焼性が悪いことから衣類・カーペットなどに再生されている。

なお，ポリエステルの中には，ポリ乳酸のように自然界の微生物によって分解される［(ウ)］性高分子とよばれるものもある。

問1．文章中の(ア)～(ウ)に適切な語句を記せ。

問2．化合物(a)および(b)の構造式を記せ。

問3．PETの繰り返し単位の分子量を整数値で求めよ。

問4．平均分子量が3.84×10^4のPETの平均重合度(重合体を構成する単量体の平均個数)の値を求めよ。

問5．PETを高収率で得るためには，化合物(a)と(b)の物質量を等しく用いなければならない。いま**問4**の平均重合度を持つPETを1.00 molつくるのに(a)と(b)はそれぞれ何kg必要か。

(2012　法政)

解答

［Ⅰ］**問1**　(c)　　**問2**　　**問3**　7.1×10^4

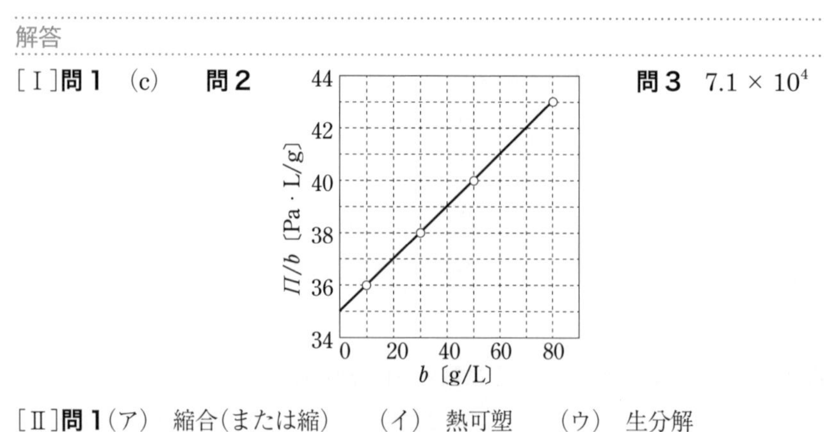

［Ⅱ］**問1**(ア)　縮合(または縮)　　(イ)　熱可塑　　(ウ)　生分解

問2(a)　$CH_2(OH)CH_2OH$　　(b)　HOOC–⟨ベンゼン環⟩–COOH

問3　192(過程省略)　　**問4**　2.00×10^2(過程省略)

問5(a)　1.24×10〔kg〕(過程省略)　　(b)　3.32×10〔kg〕(過程省略)

[解説]

［Ⅰ］ **問 1**　(1)式より，

$$\Pi = CRT(1 + AC)$$

$$\Leftrightarrow \quad \Pi = \frac{\frac{b}{M}}{V} RT\left(1 + A\frac{\frac{b}{M}}{V}\right)$$

$V = 1$〔L〕を代入し，両辺を b で割る

$$\Leftrightarrow \quad \frac{\Pi}{b} = \underline{\frac{RT}{M}\left(1 + \frac{A}{M}b\right)}$$

問 3　**問 2** で作成したグラフの $\left(b,\ \frac{\Pi}{b}\right) = (0,\ 35)$ と，**問 1** の結果より，

$$\frac{\Pi}{b} = \frac{RT}{M}\left(1 + \frac{A}{M}b\right) \overset{b\to 0}{\Longrightarrow} 35 = \frac{(8.3\times10^3)\times300}{M}\left(1 + \frac{A}{M}\times0\right)$$

$$\therefore \quad M = 7.11\cdots\times10^4 \fallingdotseq \underline{7.1\times10^4}$$

［Ⅱ］ **問 1 ～ 4**　この PET の平均重合度を n とおくと，

n (a)$\underline{\text{HO—CH}_2\text{—CH}_2\text{—OH}}$ ＋ n (b)$\underline{\text{HO—C(=O)—C}_6\text{H}_4\text{—C(=O)—OH}}$

(ア)$\underline{\text{縮合重合}}$ ⟶ $\left[\text{O—CH}_2\text{—CH}_2\text{—O—C(=O)—C}_6\text{H}_4\text{—C(=O)}\right]_n$ ＋ $2n\,H_2O$

‖

問 3 $\underline{192}\times n = 3.84\times10^4$

$n = $ 問 4 $\underline{2.00\times10^2}$

問 5　重合度 2.00×10^2 の PET 1 mol をつくるのに必要なエチレングリコール $HO-(CH_2)_2-OH$（＝ 62）の質量〔kg〕は，

エチレングリコール〔mol〕

1〔mol〕× 2.00×10^2 × 62〔g/mol〕＝ 1.24×10^4〔g〕

＝ (a)$\underline{1.24\times10\text{〔kg〕}}$

同様に，必要なテレフタル酸 $HOOC-C_6H_4-COOH$（＝ 166）の質量〔kg〕は，

テレフタル酸〔mol〕

1〔mol〕× 2.00×10^2 × 166〔g/mol〕＝ 3.32×10^4〔g〕

＝ (b)$\underline{3.32\times10\text{〔kg〕}}$

テーマ

32 高分子②(反応率)

フレーム 32

◎反応率

⇨ 高分子化合物の重合している部分を部分的に反応(エステル化やスルホン化など)させる場合がある。

⇨ このときの反応させた割合を反応率〔%〕といい，以下のステップで求める。

Step1 反応する部分構造に着目して，反応率を用いて化学反応式を書く。

Step2 重合度や反応率を用いて分子量や式量を表す。

Step3 化学反応式の係数を用いて反応量計算を行う。

※ Step2 では，重合度や反応率を用いずに，反応する部分構造の式量のみで対応できることもある(⇨[Ⅱ]問A解説を参照)。

実践問題 1回目 2回目 3回目

目標：20分 実施日： ／ ／ ／

原子量はH = 1，C = 12，N = 14，O = 16，Na = 23，S = 32，Cl = 35.5 を用いよ。

［Ⅰ］ セルロースに濃硝酸と濃硫酸の混合物を作用させるとヒドロキシ基の一部がエステル化されたニトロセルロースを生じる。いま，セルロース 9.0 g からニトロセルロース 14.0 g が得られた。このとき，セルロース分子中のヒドロキシ基でエステル化されなかったものは，ヒドロキシ基全体の何 %にあたるかを計算し，その数値を記入せよ。ただし，小数点以下を切り捨てよ。

(2000 立命館)

［Ⅱ］ 次の文を読み，**問 1〜4** に答えよ。

ビニロンは，日本で開発された合成繊維として知られている。その合成は，①酢酸ビニルを重合させてポリ酢酸ビニルを得た後，②[A]してポリビニルアルコールとし，③これをホルムアルデヒドで処理し不溶性の繊維とするという段階を経て行われる。現在，このような合成繊維のほかに合成樹脂や合成ゴムなど極めて多くの合成高分子化合物が利用されている。これらはいろいろな長所をもち，日常生活に欠かせないが，その廃棄物の処理については社会的に大きな問題となっている。

問1 下線部①のようにして得たポリ酢酸ビニルの分子量を求めたところ，平均分子量が86000であった。重合度はいくらか。整数値で求めよ。

問2 文中の[A]に適当な語句を入れ，さらに，この反応に使用する試薬名を記せ。

問3 下線部②の反応により得られたポリビニルアルコール8.8gを溶解した水溶液に，下線部③のように30%ホルムアルデヒド水溶液4.0gを加えた。この場合，ポリビニルアルコールのヒドロキシ基の何%が反応するか。整数値で求めよ。

問4 **問3**のようにして最終的に得られたビニロンの平均分子量はいくらか。有効数字3桁で求めよ。

（2000　岐阜薬科）

［Ⅲ］ 次の文章を読み，〔1〕～〔3〕の問いに答えよ。

スチレンと少量の*p*－ジビニルベンゼン(分子式$C_{10}H_{10}$，構造式［ X ］)との付加重合で合成した高分子化合物を，［ ア ］でスルホン化して得た水に不溶の網目状樹脂は，陽イオン交換樹脂としてよく利用される。スチレン104gに*p*－ジビニルベンゼン13gを混合し完全に重合させた高分子化合物をスルホン化したところ，173gの樹脂が得られた。導入できるスルホ基の数は各スチレン構造部につき1個だけなので，全スチレン構造部の［ A ］%がスルホン化されたと考えられる。

この樹脂を粒状としガラス管につめ，塩化ナトリウム水溶液を注入すると，［ イ ］は樹脂に結合し，樹脂からは［ ウ ］が水溶液中に出てくる。濃度未知の塩化ナトリウム水溶液300mLを十分な量の陽イオン交換樹脂に通した後，樹脂を完全に水洗した。水洗液も合わせた流出液全体500mLのうち20mLを取り，それを中和するのに2.0mol/L水酸化ナトリウム水溶液が10mL必要であった。使用した塩化ナトリウム水溶液300mL中には塩化ナトリウムが［ B ］g含まれていたと考えられる。

問1 文章中の［ ア ］～［ ウ ］について，最も適当な語句を次の選択肢の中から選べ。

① 濃硝酸　　② 濃硫酸
③ 水酸化ナトリウム　　④ 酢酸ビニル
⑤ ビニルアルコール　　⑥ ベンゼンスルホン酸ナトリウム

⑦ H_2O　⑧ H^+　⑨ Na^+　⑩ Cl^-　⑪ NaCl

問2　文章中の［ A ］と［ B ］について，数値を整数で求めよ。

問3　文章中の化合物［ X ］の構造式を，解答例にならって記せ。

（解答例）

$$\text{C}_6\text{H}_4(\text{CH}_2-\text{CH}_3)-\text{CH}(\text{NH}_2)-\text{COO}^-$$

（2005　立命館）

解答

［Ⅰ］　33 %

［Ⅱ］**問1**　1000

問2　A…けん化　　必要な試薬…水酸化ナトリウム水溶液

問3　40　　**問4**　4.64×10^4

［Ⅲ］**問1**ア　②　　イ　⑨　　ウ　⑧

問2A　70　　B　29

問3X　$CH_2{=}CH-C_6H_4-CH{=}CH_2$（p-位）

［解説］

［Ⅰ］　ヒドロキシ基の x〔%〕がエステル化されなかったとすると，この反応の化学反応式は次式のように表される。

$$1[C_6H_7O_2(\overset{1}{OH})_3]_n \xrightarrow[\text{エステル化}]{} 1\left[C_6H_7O_2(OH)_{3\times\frac{x}{100}}(\overset{46}{ONO_2})_{3\times\frac{100-x}{100}}\right]_n$$

分子量　　$162n$　　　　$\left\{162+(46-1)\times 3\times\dfrac{100-x}{100}\right\}n$

よって，この化学反応式の係数比より，

セルロース〔mol〕：ニトロセルロース〔mol〕＝ 1：1

$$\Leftrightarrow\ \frac{9.0\,[\text{g}]}{162n\,[\text{g/mol}]} : \frac{14.0\,[\text{g}]}{\left\{162+(46-1)\times 3\times\dfrac{100-x}{100}\right\}n\,[\text{g/mol}]} = 1:1$$

$\therefore\ x = 33.3\cdots \fallingdotseq \underline{33\,[\%]}$

[Ⅱ] **問1** このポリ酢酸ビニルの重合度を n とおくと,

$$\left[\begin{array}{l} CH_2—CH \\ \quad\quad\ | \\ \quad\quad OCOCH_3 \end{array}\right]_n = 86000$$

$\Leftrightarrow \quad 86n = 86000 \qquad \therefore \quad n = \underline{1000}$

問3 ポリビニルアルコールのヒドロキシ基のうち x〔%〕がホルムアルデヒド HCHO(= 30)によりアセタール化されたとすると,この反応の化学反応式は次式のように表される。

$$1\left[\begin{array}{l} CH_2-CH \\ \quad\quad\ | \\ \quad\quad OH \end{array}\right]_n \frac{n}{2}\times\frac{x}{100}HCHO \xrightarrow{\text{アセタール化}} \left[\begin{array}{l} CH_2-CH \\ \quad\quad\ | \\ \quad\quad OH \end{array}\right]_{n\times\frac{100-x}{100}} \cdots\cdots \left[\begin{array}{l} CH_2-CH-CH_2-CH \\ \quad\quad\ | \quad\quad\quad\quad | \\ \quad\quad O—CH_2—O \end{array}\right]_{\frac{n}{2}\times\frac{x}{100}}$$

分子量　$44n$　　30

よって,この化学反応式の係数比より,

ポリビニルアルコール〔mol〕:ホルムアルデヒド〔mol〕$= 1 : \frac{n}{2} \times \frac{x}{100}$

$$\Leftrightarrow \quad \frac{8.8〔g〕}{44n〔g/mol〕} : \frac{4.0\times\frac{30}{100}〔g〕}{30〔g/mol〕} = 1 : \frac{n}{2} \times \frac{x}{100}$$

$\therefore \quad x = \underline{40}$〔%〕

問4 **問3**における化学反応式の右辺のビニロンの構造に着目すると,このビニロンの平均分子量は,**問1**,**3**の結果より,

$$\underbrace{44 \times n \times \frac{100-x}{100}}_{\text{非アセタール化部分}} + \underbrace{100 \times \frac{n}{2} \times \frac{x}{100}}_{\text{アセタール化部分}}$$

$$= 44 \times 1000 \times \frac{100-40}{100} + 100 \times \frac{1000}{2} \times \frac{40}{100}$$

$= \underline{4.64 \times 10^4}$

[Ⅲ] **問2** A　スチレンの重合度を x, p−ジビニルベンゼンの重合度を y, さらにスルホン化されたスチレンの割合を α〔%〕とおくと,この反応の化学反応式は次式のように表される(反応した部分構造の式量が「81 − 1」となることに注目)。

有機編 第5章 計算

$$x\ \text{CH}_2{=}\text{CH}(\text{C}_6\text{H}_4)\text{H} + y\ \text{CH}_2{=}\text{CH}(\text{C}_6\text{H}_4)\text{CH}{=}\text{CH}_2 \xrightarrow{\text{共重合}} \left[\text{CH}_2\text{-CH}(\text{C}_6\text{H}_4)\boxed{\text{H}}\right]_x \cdots \left[\text{CH}_2\text{-CH}(\text{C}_6\text{H}_4)\text{CH-CH}_2\right]_y \xrightarrow[\text{スルホン化}]{\text{濃}H_2SO_2} \boxed{1}\left[\text{CH}_2\text{-CH}(\text{C}_6\text{H}_4)\boxed{SO_3H}\right]_{x\times\frac{\alpha}{100}} \cdots \left[\text{CH}_2\text{-CH}(\text{C}_6\text{H}_4)\text{H}\right]_{x\times\frac{100-\alpha}{100}} \cdots \left[\text{CH}_2\text{-CH}(\text{C}_6\text{H}_4)\text{CH-CH}_2\right]_y$$

（H：1，SO_3H：81）

よって，この化学反応式の係数比より，

$$\text{スチレン〔mol〕：増加した部分構造〔mol〕} = x : 1 \times x \times \frac{\alpha}{100}$$

$$\Leftrightarrow \quad \frac{104〔g〕}{104〔g/mol〕} : \frac{173-(104+13)〔g〕}{81-1〔g/mol〕} = x : \frac{\alpha}{100}x$$

$\therefore \quad \alpha = \underline{70}〔\%〕$

B　元の NaCl 水溶液 300 mL 中に含まれていた NaCl の物質量を x〔mol〕とおくと，「用いた NaCl〔mol〕＝交換される Na^+〔mol〕＝流出する H^+〔mol〕」より，中和滴定の量的関係から次式が成り立つ。

$$\underbrace{x〔mol〕\times \overbrace{\frac{20〔mL〕}{500〔mL〕}}^{\text{採取により減少した割合}}}_{\text{中和される }H^+〔mol〕} = \underbrace{2.0〔mol/L〕\times \frac{10}{1000}〔L〕\times \overset{\text{価数}}{1}}_{\text{NaOH が放出する }OH^-〔mol〕}$$

$\therefore \quad x = 0.50〔mol〕$

よって，元の NaCl 水溶液 300 mL 中に含まれていた NaCl の質量〔g〕は，

$58.5〔g/mol〕\times 0.50〔mol〕= 29.2 \fallingdotseq \underline{29}〔g〕$

テーマ
33 核　酸

フレーム 33

◎シャルガフの法則(DNA)

⇨ 塩基には**相補性**があり，**水素結合**により塩基対を形成する。

⇨ DNA の 2 本鎖中の塩基の物質量〔mol〕について，次式が成り立つ。

公式①　$A + G = T + C$

公式②　$\frac{T}{A} = \frac{C}{G} = 1$

◎配列パターンの算出(RNA)

⇨ 転写における RNA の塩基配列や翻訳で生成するペプチド鎖のアミノ酸配列のパターンを求める。

⇨ 高校数学における**順列**や**組合せ**の考え方を用いることが多い。

実践問題　　1回目　2回目　3回目

目標：15分　実施日：　／　　／　　／

［Ⅰ］ 次の文章を読み，各問いに答えなさい。計算問題では計算過程も示し，有効数字 2 桁まで求めなさい。必要があれば，次の値を使うこと。

H　1.00　　C　12.0　　O　16.0

核酸は，リン酸，塩基，(　ア　)からなるヌクレオチドという構成単位が連なった高分子化合物であり，DNA と(　イ　)がある。DNA と(　イ　)では(　ア　)の種類が異なり，DNA では(　ウ　)，(　イ　)では(　エ　)である。(A)DNA を構成する塩基は A，G，T，C の略号で示した 4 種類である。2 本の鎖状の DNA 分子は，一方の鎖中の塩基と，他方の鎖中の塩基との間で塩基対を形成し，(　オ　)構造と呼ばれる立体構造をとる。

問 1　文章中の(　ア　)～(　オ　)に，適切な語句を入れなさい。

問 2　下線部(A)について，A，G，T，C の略号で示される塩基の名称をそれぞれ示しなさい。

問 3　ある生物由来の 2 本鎖 DNA 分子の塩基組成を調べたところ，A の割合は 30 %であった。この DNA の G，T，C の割合はそれぞれ何 %か求めなさい。

問4 上記**問3**の 2 本鎖 DNA 分子は，2.0×10^6 塩基対から構成されていた。A，G，T，C の塩基を含むヌクレオチドの分子量を，それぞれ 300，320，290，280 とした場合，この 2 本鎖 DNA の分子量はいくらになるか求めなさい。ただし，ここで与えたヌクレオチドの分子量は，DNA 鎖を構成している各ヌクレオチド単位のものとする。

(2011　香川)

［Ⅱ］ 次の文章を読み，下の問い(**問1～5**)に答えよ。数値は特に指示のない限り有効数字 3 桁で表すこと。

核酸の構成単位は［ア］と五炭糖と塩基が結合した［イ］である。核酸には，(a)<u>その五炭糖がデオキシリボースからなる DNA とリボースからなる RNA がある</u>。DNA に含まれる塩基には，アデニン，グアニン，シトシンおよびチミンの 4 種類あり，アデニンは［ウ］と，グアニンは［エ］とそれぞれ水素結合により塩基対をつくる。このような塩基の関係を［オ］という。また，これら 4 種類の塩基の並び方を DNA の塩基配列とよび，この塩基配列がタンパク質の［カ］を指定している。DNA は遺伝子の本体であり，その(b)<u>遺伝情報は RNA に写し取られる</u>。RNA に含まれる塩基には，アデニン，グアニン，シトシンに加え，DNA の場合のチミンの代わりに［キ］が含まれる。写し取られた RNA の塩基配列は，3 個 1 組で順に読み取られ，3 個の塩基配列につき 1 個のアミノ酸が指定され，順に結合して(c)<u>タンパク質のポリペプチド鎖がつくられていく</u>。

問1 問題文中の［ア］～［キ］にあてはまる適切な語句をそれぞれ記入せよ。

問2 下線部(a)について，デオキシリボースとリボースの違いを説明せよ。

問3 下線部(b)および(c)について，この過程をそれぞれ何と呼ぶか。名称を記せ。

問4 DNA の塩基配列の中でアデニンの占める割合が 25.5 %(mol %)であったとき，グアニンの占める mol %を求めよ。

問5 タンパク質をタンパク質分解酵素により分解したところ Met－Ser－Tyr－Gly－Lys のアミノ酸配列を持つペプチドが得られた(ただし，アミノ酸は簡略記号で示す)。このペプチドを指定する RNA の塩基配列は何種類考えられるか。下の遺伝暗号表を参考にして答えよ。

UUU	フェニルアラニン	UCU	セリン	UAU	チロシン	UGU	システイン
UUC		UCC		UAC		UGC	
UUA	ロイシン	UCA		UAA	終止	UGA	終止
UUG		UCG		UAG		UGG	トリプトファン
CUU	ロイシン	CCU	プロリン	CAU	ヒスチジン	CGU	アルギニン
CUC		CCC		CAC		CGC	
CUA		CCA		CAA	グルタミン	CGA	
CUG		CCG		CAG		CGG	
AUU	イソロイシン	ACU	トレオニン	AAU	アスパラギン	AGU	セリン
AUC		ACC		AAC		AGC	
AUA		ACA		AAA	リシン	AGA	アルギニン
AUG	メチオニン	ACG		AAG		AGG	
GUU	バリン	GCU	アラニン	GAU	アスパラギン酸	GGU	グリシン
GUC		GCC		GAC		GGC	
GUA		GCA		GAA	グルタミン酸	GGA	
GUG		GCG		GAG		GGG	

(2016　徳島・薬)

解答

［Ⅰ］**問1**ア　糖(または五炭糖，ペントース)　　イ　RNA(またはリボ核酸)
　ウ　デオキシリボース　　エ　リボース　　オ　二重らせん

問2A　アデニン　　G　グアニン　　T　チミン　　C　シトシン

問3G　20 %　　T　30 %　　C　20 %

問4　1.2×10^9

［Ⅱ］**問1**ア　リン酸　　イ　ヌクレオチド　　ウ　チミン　　エ　シトシン
　オ　相補性　　カ　アミノ酸配列　　キ　ウラシル

問2　リボースは2位のC原子にヒドロキシ基が結合しているのに対して，デオキシボースはヒドロキシ基の替わりに水素原子が結合している。

問3(c)　転写　　(d)　翻訳

問4　24.5 mol %

問5　96 種類

[解説]

［Ⅰ］ **問3** シャルガフの法則より，A〔%〕とT〔%〕について，

$$\frac{T}{A}=1 \quad \Leftrightarrow \quad \frac{T}{30}=1 \qquad \therefore \quad T=\underline{30〔\%〕}$$

また，G〔%〕とC〔%〕について，

$$\frac{C}{G}=1 \quad \Leftrightarrow \quad C=G$$

ここで，A，G，T，Cの合計量〔%〕について，

$$A+G+T+C=100 \quad \Leftrightarrow \quad 30+G+30+C=100$$
$$\Leftrightarrow \quad G+C=40 \qquad \therefore \quad G=C=\underline{20〔\%〕}$$

問4 この2本鎖DNA分子中の塩基対が 2.0×10^6 なので，ヌクレオチドの個数は，$(2.0\times10^6)\times2=4.0\times10^6$

よって，この2本鎖DNA分子1 mol中の質量〔g〕，つまり，モル質量〔g/mol〕は，

$$\underbrace{(4.0\times10^6)\times\frac{30}{100}\times300}_{A}+\underbrace{(4.0\times10^6)\times\frac{20}{100}\times320}_{G}$$

$$+\underbrace{(4.0\times10^6)\times\frac{30}{100}\times290}_{T}+\underbrace{(4.0\times10^6)\times\frac{20}{100}\times280}_{C}=1.18\cdots\times10^9$$

$$\fallingdotseq \underline{1.2\times10^9}$$

［Ⅱ］ **問4** シャルガフの法則より，A〔mol %〕とT〔mol %〕について，

$$\frac{T}{A}=1 \quad \Leftrightarrow \quad \frac{T}{25.5}=1 \qquad \therefore \quad T=25.5〔\text{mol}\ \%〕$$

また，G〔mol %〕とC〔mol %〕について，

$$\frac{C}{G}=1 \quad \Leftrightarrow \quad C=G$$

ここで，A，G，T，Cの合計量〔mol %〕について，

$$A+G+T+C=100 \quad \Leftrightarrow \quad 25.5+G+25.5+C=100$$
$$\Leftrightarrow \quad G+C=49 \qquad \therefore \quad G=C=\underline{24.5〔\text{mol}\ \%〕}$$

問5 遺伝暗号表より，塩基配列のパターンについて，Metは1パターン，Serは6パターン，Tyrは2パターン，Glyは4パターン，Lysは2パターンなので，アミノ酸配列「Met－Ser－Tyr－Gly－Lys」を指定するRNAの塩基配列のパターンは，$1\times6\times2\times4\times2=\underline{96〔種類〕}$

さくいん

MEMO

MEMO

【著者紹介】

犬塚　壮志（いぬつか・まさし）

◉――現役専門塾「ワークショップ」講師、オンライン予備校「JUKEN 7」特別講師。福岡県久留米市生まれ。元駿台予備学校化学科講師。東京大学大学院学際情報学府修了。

◉――大学在学中から受験指導に従事し、業界最難関といわれている駿台予備学校の採用試験に当時最年少の25才で合格。駿台予備校時代に開発したオリジナル講座は、開講初年度で申込当日に即日満員御礼となり、キャンセル待ちがでるほどの大盛況ぶり。その講座は3,000人以上を動員する超人気講座となり、季節講習会の化学受講者数は予備校業界で日本一となる（映像講義除く）。

◉――さらに大学受験予備校業界でトップクラスのクオリティを誇る同校の講義用テキストや模試の執筆、カリキュラム作成にも携わる。

◉――「教育業界における価値協創こそが、これからの日本を元気にする」をモットーに研修講師として独立。「大人の学び方改革」を目的に事業を興す。その傍ら、教える人がもっと活躍できるような世の中を創るべく、現在は企業向け人材育成のプログラム開発の支援なども行う。

◉――おもな著書は『国公立標準問題集CanPass 化学基礎＋化学』（駿台文庫）、『偏差値24でも、中高年でも、お金がなくても、今から医者になる法』（共著、KADOKAWA）など。

●株式会社ワークショップ：https://workshop-prep.com

●合同会社JUKEN 7 ：https://juken7.net

化学の解法フレーム［無機化学・有機化学編］

2024年６月17日　　第１刷発行

著　者――犬塚　壮志

発行者――齊藤　龍男

発行所――株式会社かんき出版

東京都千代田区麹町4-1-4 西脇ビル　〒102-0083

電話　営業部：03(3262)8011㈹　編集部：03(3262)8012㈹

FAX　03(3234)4421　　　　　振替　00100-2-62304

https://kanki-pub.co.jp/

印刷所――ベクトル印刷株式会社

ISBN978-4-7612-3118-7 C7043